Design and Characteristics of Hydraulic Free Piston Engine

液压自由活塞发动机设计与特性研究

赵振峰　张付军　赵长禄　著

北京理工大学出版社
BEIJING INSTITUTE OF TECHNOLOGY PRESS

内 容 简 介

本书详细研究和分析了液压自由活塞发动机原理、设计方法、动态特性等内容，针对液压自由活塞发动机运行参数对循环稳定性的影响机理、自由活塞缸内燃烧特性、试验测试以及应用方案等方面开展了理论与机理研究。从动力学、热力学、流体力学、控制理论等多学科全方位进行了分析，探索研究了其工作机理，对该类型发动机的应用推广奠定了理论基础。

本书可作为从事新型动力装置科研技术人员的参考书，尤其可供从事自由活塞类型发动机的技术人员阅读。

版权专有　侵权必究

图书在版编目（CIP）数据

液压自由活塞发动机设计与特性研究/赵振峰，张付军，赵长禄著.—北京：北京理工大学出版社，2021.4
ISBN 978 – 7 – 5682 – 7920 – 8

Ⅰ.①液…　Ⅱ.①赵…　②张…　③赵…　Ⅲ.①液压缸 – 活塞式发动机 – 研究　Ⅳ.①TK05

中国版本图书馆 CIP 数据核字（2021）第 070735 号

出版发行 / 北京理工大学出版社有限责任公司
社　　址 / 北京市海淀区中关村南大街 5 号
邮　　编 / 100081
电　　话 /（010）68914775（总编室）
　　　　　（010）82562903（教材售后服务热线）
　　　　　（010）68948351（其他图书服务热线）
网　　址 / http://www.bitpress.com.cn
经　　销 / 全国各地新华书店
印　　刷 / 三河市华骏印务包装有限公司
开　　本 / 710 毫米 × 1000 毫米　1/16
印　　张 / 21.25
彩　　插 / 3
字　　数 / 366 千字
版　　次 / 2021 年 4 月第 1 版　2021 年 4 月第 1 次印刷
定　　价 / 98.00 元

责任编辑 / 陈莉华
文案编辑 / 陈莉华
责任校对 / 周瑞红
责任印制 / 李志强

图书出现印装质量问题，请拨打售后服务热线，本社负责调换

前 言

在能源危机和环境污染问题日益严峻的情况下，各种新型动力装置受到了业内人士的普遍关注。液压自由活塞发动机以其结构紧凑、零部件少和能量传递链短等优势，在当今车辆发动机小型化和高效、低排放的发展趋势下，具有广阔的应用前景。它将活塞式内燃机与柱塞式液压泵耦合为一体，通过往复直线运动的活塞组件实现燃料的热能直接到液压能的输出，可以实现发动机与车辆运转状态的解耦，有利于车辆在面工况范围内获得较高的效率。由于该发动机的活塞不受机械约束而处于"自由"状态，导致其工作原理与传统往复活塞发动机存在很大不同。本书从理论分析和试验验证角度详细研究了液压自由活塞发动机的工作原理、设计方法、动态特性等内容，针对液压自由活塞发动机运行参数对循环稳定性的影响机理、自由活塞缸内燃烧特性、控制策略、试验测试以及应用方案等方面开展了理论与机理研究，从动力学、热力学、流体力学、控制理论等多学科，进行了全方位的分析，为其应用推广奠定了理论基础。

本书由北京理工大学赵振峰副教授主持编著。全书共十一章，其中第1章、第4章至第6章、第10章至第11章由赵振峰副教授撰写，第2章至第3章由张付军教授撰写，第8章至第9章由赵长禄教授撰写，第7章由吴维副教授撰写，全书由赵振峰副教授拟定编写大纲与统稿。在本书的撰写过程中，得到了苑士华教授、黄英教授、荆崇波副教授的大力支持和帮助，在此表示感谢！

刘嘉博士、郭锋博士、张栓录博士、陈宇硕士、何媚硕士、陈娟硕士、葛淑娟硕士、王蕾博士、冯熠硕硕士等研究生参与了本书部分章节相关内容的研究，在此表示感谢！

本书是在大量的科研和教学活动基础上总结形成的，可作为本专业研究生教学参考书，也可以作为从事新型动力装置科研技术人员的参考书，尤其可以为专门从事自由活塞类型发动机的技术人员、研发人员提供参考。

由于时间仓促，作者学识有限，书中不妥之处在所难免，恳请读者提出宝贵意见，以利改进。

目 录

第1章 液压自由活塞发动机概述 ·· 1
- 1.1 引言 ·· 1
- 1.2 液压自由活塞发动机概述 ·· 2
  - 1.2.1 液压自由活塞发动机分类 ·· 2
  - 1.2.2 液压自由活塞发动机的特点 ··· 5
  - 1.2.3 液压自由活塞发动机应用前景 ·· 9
- 1.3 液压自由活塞发动机的发展历程 ··· 9
  - 1.3.1 自由活塞发动机概念的提出 ··· 10
  - 1.3.2 车辆的静液压复合驱动概念 ··· 11
  - 1.3.3 液压自由活塞发动机 ·· 12
- 1.4 液压自由活塞发动机国内外研究现状 ·· 15
  - 1.4.1 单活塞式液压自由活塞发动机的研究现状 ····························· 15
  - 1.4.2 双活塞式液压自由活塞发动机的研究现状 ····························· 18
  - 1.4.3 对置活塞式液压自由活塞发动机的研究现状 ·························· 20
  - 1.4.4 混合式液压自由活塞发动机的研究现状 ································ 22
  - 1.4.5 其他形式液压自由活塞发动机的研究现状 ····························· 23
- 1.5 液压自由活塞发动机工作特性和缸内过程研究进展 ······················· 24
  - 1.5.1 仿真计算方法研究现状 ··· 25
  - 1.5.2 液压自由活塞发动机试验研究进展 ······································· 25
  - 1.5.3 其他形式的自由活塞发动机研究进展 ···································· 26
- 1.6 液压自由活塞发动机研究工作存在的主要问题 ······························ 26
- 1.7 液压自由活塞发动机未来发展趋势 ·· 27

第2章 液压自由活塞发动机工作原理及热力学基础 ···················· 28
- 2.1 工作原理与系统概述 ·· 28
- 2.2 热力循环及热效率分析 ·· 30
  - 2.2.1 混合循环分析 ·· 31

2.2.2 实际循环特点分析 ·· 32
  2.2.3 热效率分析 ·· 32
  2.2.4 等容度分析 ·· 34
 2.3 热力学第二定律分析 ··· 35
  2.3.1 热力学第二定律基础 ·· 36
  2.3.2 㶲平衡方程及㶲损失分析 ·· 37
  2.3.3 混合循环的㶲平衡计算 ·· 37
  2.3.4 㶲平衡计算结果参数分析 ·· 42
  2.3.5 热力学分析结果比较 ·· 44
第3章 液压自由活塞发动机基于能量的参数化设计方法 ·························· 46
 3.1 基于能量法的参数化设计方法概述 ······································ 46
  3.1.1 能量法参数化模型的建立 ·· 46
  3.1.2 压缩过程计算 ·· 48
  3.1.3 膨胀过程计算 ·· 48
  3.1.4 活塞与柱塞面积参数匹配 ·· 49
  3.1.5 液压自由活塞发动机输出流量及功率匹配 ···························· 50
 3.2 参数匹配规律研究 ·· 50
  3.2.1 活塞组件面积匹配规律 ·· 50
  3.2.2 液压力参数匹配规律 ·· 54
  3.2.3 循环喷油量（膨胀冲程气体平均压力）的影响规律 ···················· 55
  3.2.4 发动机运行频率的影响规律 ·· 56
第4章 液压自由活塞发动机建模与动态特性 ···································· 57
 4.1 仿真模型的建立 ·· 57
  4.1.1 仿真模型物理描述 ·· 57
  4.1.2 仿真模型的简化与假设 ·· 57
  4.1.3 活塞动力学模型 ·· 58
  4.1.4 缸内热力学模型 ·· 59
  4.1.5 液压腔模型的建立 ·· 62
  4.1.6 控制器模型简介 ·· 63
 4.2 动态仿真结果及分析 ·· 63
  4.2.1 仿真边界条件设定 ·· 63
  4.2.2 活塞运行特性仿真结果及分析 ······································ 64
  4.2.3 液压流量、压力特性仿真结果及分析 ································ 66
  4.2.4 调频特性仿真结果及分析 ·· 68
  4.2.5 仿真模型的实验验证 ·· 68

4.3 活塞运动规律研究 ·· 69
4.3.1 液压系统参数对活塞运动的影响规律 ············ 70
4.3.2 发动机参数对活塞运动的影响规律 ············ 74
4.4 发动机运动特性分析 ·· 79
4.4.1 活塞运动规律影响因素分析 ······················ 79
4.4.2 稳定运行条件分析 ···································· 82
4.4.3 活塞质量对系统的影响 ···························· 83
4.4.4 初始压力对系统的影响 ···························· 86
4.4.5 输入能量对系统的影响 ···························· 86
4.5 活塞运动规律的控制策略研究 ································ 87
4.5.1 液压参数匹配分析 ···································· 87
4.5.2 燃油参数匹配分析 ···································· 87
4.5.3 起动过程控制策略 ···································· 90
4.5.4 工作频率控制策略 ···································· 91

第5章 液压自由活塞发动机缸内气流及换气特性 ············ 92
5.1 缸内气流数值模拟理论 ·· 93
5.1.1 CFD仿真的基本流程 ································ 93
5.1.2 CFD仿真的物理模型 ································ 94
5.1.3 CFD仿真的控制方程 ································ 94
5.1.4 控制方程的离散化 ···································· 96
5.2 缸内气流仿真建模 ·· 97
5.2.1 计算网格 ·· 97
5.2.2 边界条件与求解器设置 ···························· 99
5.2.3 三维仿真结果 ·· 99
5.3 液压自由活塞发动机缸内气体流动数值仿真分析 ···· 101
5.3.1 缸内气流运动规律数值仿真分析 ············ 101
5.3.2 活塞速度对缸内挤流的影响 ···················· 107
5.4 换气系统工作原理 ·· 109
5.4.1 配气系统设计 ·· 109
5.4.2 气门控制策略设计 ···································· 110
5.5 换气过程数值模拟计算 ·· 110
5.5.1 数学模型 ·· 111
5.5.2 仿真计算方法 ·· 113
5.5.3 扫气效果评价指标 ···································· 115
5.6 换气过程数值分析结果 ·· 116

- 5.6.1 扫气压力的影响 ………………………………………………… 116
- 5.6.2 排气正时的影响 ………………………………………………… 117
- 5.6.3 扫气口高度的影响 ……………………………………………… 118
- 5.6.4 扫气过程的优化 ………………………………………………… 119

第6章 液压自由活塞发动机燃烧特性 …………………………………… 122
6.1 燃烧放热规律的研究方法 ……………………………………………… 123
- 6.1.1 实测示功图计算 ………………………………………………… 123
- 6.1.2 数值模拟计算 …………………………………………………… 129

6.2 示功图分析 ……………………………………………………………… 130
- 6.2.1 $p-V$ 示功图 …………………………………………………… 130
- 6.2.2 压升率 $dp/dt - t$ 图 …………………………………………… 131
- 6.2.3 燃烧放热率曲线 ………………………………………………… 131
- 6.2.4 多变指数 n 求解 ……………………………………………… 132

6.3 发动机放热规律研究 …………………………………………………… 134
- 6.3.1 燃烧放热规律计算 ……………………………………………… 134
- 6.3.2 燃烧放热特点分析 ……………………………………………… 137
- 6.3.3 运行参数对放热率的影响 ……………………………………… 140
- 6.3.4 放热率拟合研究 ………………………………………………… 148

6.4 基于支持向量机的预测燃烧放热率模型 ……………………………… 157
- 6.4.1 支持向量机理论依据 …………………………………………… 157
- 6.4.2 参数误差的传递 ………………………………………………… 159
- 6.4.3 支持向量机运算及结果分析 …………………………………… 162
- 6.4.4 预测效果分析 …………………………………………………… 163

6.5 影响放热率的相关参数循环波动性研究 ……………………………… 166
- 6.5.1 喷射参数 ………………………………………………………… 166
- 6.5.2 液压腔压力分布 ………………………………………………… 167
- 6.5.3 扫气过程参数 …………………………………………………… 168

6.6 负载响应特性对燃烧过程的影响 ……………………………………… 171

第7章 液压自由活塞发动机液压阀组特性 ……………………………… 175
7.1 液压阀组功能分析 ……………………………………………………… 175
- 7.1.1 液压自由活塞发动机液压阀组分析 …………………………… 175
- 7.1.2 液压自由活塞发动机液压阀组工作过程分析 ………………… 176

7.2 系统配流阀工作特性 …………………………………………………… 178
- 7.2.1 配流阀数学模型研究 …………………………………………… 178
- 7.2.2 阀芯位移测试系统 ……………………………………………… 180

7.2.3　配流阀阀芯位移时间响应结果及其分析 …………………… 181
　　7.2.4　配流阀对液压自由活塞发动机泵腔效率的影响 …………… 184
7.3　系统频率控制阀工作特性 ……………………………………………… 185
　　7.3.1　基本结构与工作原理 ………………………………………… 185
　　7.3.2　数学模型 ……………………………………………………… 188
　　7.3.3　动态压力特性测试系统 ……………………………………… 190
7.4　液压自由活塞发动机频率控制阀工作特性研究 ……………………… 192
　　7.4.1　阀芯工作稳定性分析 ………………………………………… 192
　　7.4.2　开关过程动态特性分析 ……………………………………… 193
　　7.4.3　流量特性分析 ………………………………………………… 198
　　7.4.4　工作特性影响因素分析 ……………………………………… 198

第8章　液压自由活塞发动机控制策略 …………………………………… 204
8.1　发动机对控制系统的要求 ……………………………………………… 204
8.2　控制系统总体方案 ……………………………………………………… 205
　　8.2.1　液压自由活塞发动机控制系统组成 ………………………… 205
　　8.2.2　传感器 ………………………………………………………… 206
　　8.2.3　执行装置模块 ………………………………………………… 207
　　8.2.4　控制器MCU选型 ……………………………………………… 210
　　8.2.5　微处理器资源分配 …………………………………………… 211
8.3　控制策略设计 …………………………………………………………… 212
　　8.3.1　起动控制策略 ………………………………………………… 212
　　8.3.2　工作频率控制策略 …………………………………………… 214
　　8.3.3　燃油喷射控制策略 …………………………………………… 215
　　8.3.4　排气门控制策略 ……………………………………………… 217

第9章　液压自由活塞发动机的稳定性研究 ……………………………… 220
9.1　液压自由活塞发动机非线性振动分析 ………………………………… 220
　　9.1.1　受力分析 ……………………………………………………… 221
　　9.1.2　系统非线性模型 ……………………………………………… 223
9.2　液压自由活塞发动机非线性模型的解析解 …………………………… 223
　　9.2.1　可解条件 ……………………………………………………… 224
　　9.2.2　解析解分析 …………………………………………………… 225
9.3　稳定性判据及评价指标 ………………………………………………… 227
　　9.3.1　非线性模型的稳定判据 ……………………………………… 227
　　9.3.2　参数稳定区域分析 …………………………………………… 231
　　9.3.3　液压自由活塞发动机各参数稳定区域分析 ………………… 233

9.4 液压自由活塞发动机稳定性控制方法研究 ·············· 236
  9.4.1 液压自由活塞发动机参数映射能量图谱 ············ 236
  9.4.2 基于稳定判据的控制方法 ·············· 238
  9.4.3 失稳控制结果 ·············· 240

第10章 液压自由活塞发动机试验 ·············· 243
10.1 样机试验系统简介 ·············· 243
  10.1.1 原理样机及控制系统简介 ·············· 244
  10.1.2 高压油源系统 ·············· 246
  10.1.3 进气系统 ·············· 246
10.2 起动过程试验研究 ·············· 247
  10.2.1 液压自由活塞发动机起动过程概述 ·············· 247
  10.2.2 控制腔压力对起动过程的影响 ·············· 248
  10.2.3 扫气压力对起动过程的影响 ·············· 249
10.3 活塞运动特性试验研究 ·············· 250
  10.3.1 试验参数 ·············· 250
  10.3.2 活塞位移特性试验结果 ·············· 251
  10.3.3 活塞速度特性试验结果 ·············· 252
  10.3.4 活塞加速度特性试验结果 ·············· 253
  10.3.5 液压特性试验结果 ·············· 253
10.4 频率控制特性试验研究 ·············· 255
  10.4.1 活塞下止点位置对液压自由活塞发动机的影响 ·············· 255
  10.4.2 活塞在下止点处停止机理 ·············· 257
  10.4.3 活塞低频循环特性分析 ·············· 257
  10.4.4 影响液压自由活塞发动机运行最低频率因素分析 ·············· 260
10.5 参数影响规律试验研究 ·············· 261
  10.5.1 喷油正时的影响 ·············· 261
  10.5.2 气门正时的影响 ·············· 264
  10.5.3 进气压力的影响 ·············· 265
10.6 液压自由活塞发动机低频运行试验 ·············· 266
  10.6.1 液压自由活塞发动机起动控制试验 ·············· 267
  10.6.2 液压自由活塞发动机稳定运行特性研究 ·············· 273
  10.6.3 液压自由活塞发动机连续运行的气门控制试验 ·············· 284
  10.6.4 液压自由活塞发动机连续运行的循环间变动 ·············· 287
10.7 液压自由活塞发动机试验性能指标计算 ·············· 290
  10.7.1 指示性能指标 ·············· 290

10.7.2　有效性能指标 ………………………………………………………… 291
第11章　液压自由活塞发动机应用 ………………………………………………… 294
　11.1　液压自由活塞发动机整体推进系统设计 ……………………………………… 294
　　11.1.1　恒压网络系统 ………………………………………………………… 295
　　11.1.2　液压变压器介绍 ……………………………………………………… 296
　　11.1.3　液压自由活塞发动机整体推进系统工作原理 ……………………… 298
　11.2　液压自由活塞发动机整体推进系统关键部件参数选型 ……………………… 299
　　11.2.1　液压自由活塞发动机功率选择 ……………………………………… 299
　　11.2.2　驱动马达排量与传动比的选择 ……………………………………… 300
　　11.2.3　液压变压器的选择 …………………………………………………… 301
　　11.2.4　液压蓄能器的选择 …………………………………………………… 301
　11.3　整车模型 ………………………………………………………………………… 303
　　11.3.1　液压变压器变量机构数学模型 ……………………………………… 303
　　11.3.2　整车联合仿真模型 …………………………………………………… 305
　11.4　整车控制策略 …………………………………………………………………… 307
　　11.4.1　液压变压器的控制方式 ……………………………………………… 307
　　11.4.2　整车能量管理策略 …………………………………………………… 316

参考文献 ………………………………………………………………………………… 322

第1章

液压自由活塞发动机概述

1.1 引　　言

　　近年来，随着经济的快速发展，汽车保有量持续增长，作为汽车主要动力的内燃机工业出现了空前迅猛的发展。然而，尽管内燃机进行了多种措施的优化与革新，但是随着汽车保有量与日俱增，带来的汽车废气污染问题和能源危机困惑日益突出，对人类健康、生态平衡造成巨大威胁。据统计，截至2019年6月世界机动车辆的保有量已突破10亿辆，而我国机动车保有量已达3.4亿辆，机动车总量及增量均居世界第一。2018年中国汽车年产量为2 800万辆，连续十年蝉联全球第一。这惊人的数量背后也带来一系列问题，内燃机消耗掉的石油燃料占到60%以上，由此带来的废气污染物其数量之多、危害之大可想而知，对于石油资源的透支使用已经提升到战略高度。目前，能源危机和环境保护已经成为当今内燃机技术发展的焦点，这一点从越来越严格的汽车排放法规和飙升的油价也可见一斑[1-3]。

　　在如此巨大的双重压力下，内燃机工业正处于其历史发展的转折点。人们一方面积极致力于传统发动机本身的改进和优化，不断完善其性能，力图在满足环保法规要求的基础上尽可能提高经济性；另一方面孜孜追求新技术、新原理，努力开发新型动力装置，以适应能源结构的变化和满足日益严格的性能要求。在此背景下，各种新型动力如雨后春笋般发展起来，如燃料电池、氢燃料发动机、代用燃料发动机、太阳能发动机等，以及多种动力混合驱动的各种类型的混合动力汽车、纯电动汽车等也纷纷涌现或重新崛起，大有在车辆动力系统舞台上呈"百花齐放，百家争鸣"之景象。

　　液压自由活塞发动机（Hydraulic Free Piston Engine，HFPE）是一种集内燃机与液压泵为一体的新型内燃机，综合内燃机技术、液压技术、微电子技术、控制技术，以其潜在节能、环保、燃料适应性强、高功率密度、高度柔性布置等优势，在能源危机与环境保护的背景下也应运而生[4-5]。

1.2 液压自由活塞发动机概述

液压自由活塞发动机是将往复活塞式内燃机与柱塞式液压泵集成为一体的特种发动机。液压自由活塞发动机将内燃机活塞的往复运动通过与之刚性连接的液压柱塞直接转化为液压能驱动负载工作，以液压能实现动力的非刚性传输。液压自由活塞发动机在结构上省去了传统内燃机中将活塞往复运动转化为曲轴旋转运动的曲柄连杆机构和柱塞泵中将旋转运动转化为往复运动的斜盘机构[6-7]，与传统发动机的结构对比示意图如图1.1所示。液压自由活塞发动机具有结构简单、零件数量少、重量轻等优点，同时由于液压自由活塞发动机缩短了传动链、活塞不受侧压力、不受机械约束等结构特点，实现了综合传动效率提高、摩擦损失减少等优点，容易实现压缩比可变、活塞运动规律可控，进而具有优化缸内燃烧过程、提高液压自由活塞发动机燃料适应性等潜在优势。

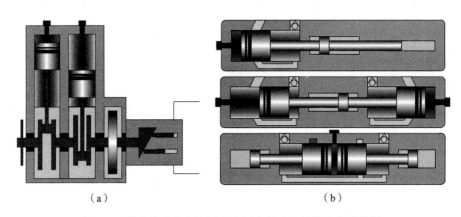

图1.1 传统发动机与液压自由活塞发动机结构比较示意图
(a) 传统发动机与液压泵组合；(b) 液压自由活塞发动机

1.2.1 液压自由活塞发动机分类

根据活塞的布置方式，自由活塞发动机的结构形式可分为三种[8-10]：单活塞式（Single piston）、双活塞式（Dual piston）、对置活塞式（Opposed piston）和四缸混合式（Four cylinder complex configuration），如图1.2所示。

第1章 液压自由活塞发动机概述 3

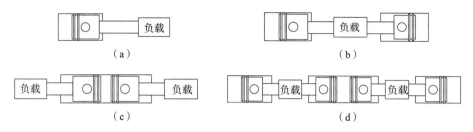

图1.2 液压自由活塞发动机的结构形式
(a) 单活塞式；(b) 双活塞式；(c) 对置活塞式；(d) 四缸混合式

1. 单活塞式液压自由活塞发动机

如图1.3所示为一种单活塞式结构的自由活塞发动机，该发动机输出的是液压能，又称为液压自由活塞发动机。单活塞式液压自由活塞发动机结构主要由三部分组成：内燃机系统、负载系统和活塞回位液压系统（简称回复系统）。回复系统在工作过程中存储能量，以用于下一个压缩循环。单活塞式液压自由活塞发动机的负载和回复系统可以使用同一个液压缸，也可以将二者分开。与其他结构形式的液压自由活塞发动机相比较，单活塞式液压自由活塞发动机的最大优势是结构简单和可控性高。回复系统可以较精确地控制回复能量，从而控制压缩过程，调节压缩比和活塞冲程，同时也可以通过控制回复能量的释放时刻来控制发动机的工作频率。然而，为了获得更加紧凑的系统结构，独立的回复系统虽然可以拥有更高的发动机可控性，却成为发动机紧凑化的一大劣势。同时，由于活塞在运动过程中受力不平衡，发动机沿活塞轴向的振动较大，对发动机参数测量提出了很高要求，尤其是活塞位移的测量[11-13]。

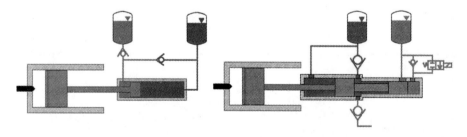

图1.3 一种单活塞式液压自由活塞发动机

2. 双活塞式液压自由活塞发动机

如图1.4所示为一种双活塞式液压自由活塞发动机。双活塞式液压自由活塞发动机有两个独立的燃烧室，负载系统为电磁式和液压式的，输出的能量形式则分别为电能和液压能。与单活塞式液压自由活塞发动机不同的是,双活塞式液压自由活塞发动机没有回复系统,一边压缩冲程的压缩能量来源于另一边膨胀冲程的能量,因此,双活塞式液压自由活塞发动机更容易获得紧凑的结构和较高的功率密度[14-16]。

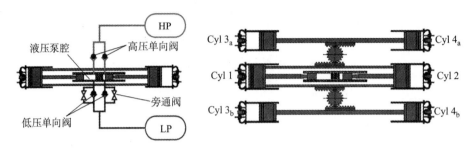

图1.4　一种双活塞式液压自由活塞发动机

近年来,越来越多的国内外研究机构对双活塞式液压自由活塞发动机进行了相关研究,并取得了一些成果。然而,双活塞式的独特设计也给发动机的控制带来了一些难题。例如,精确的冲程和压缩比控制,活塞运动规律控制等。这是由于其中一个气缸内的燃烧过程影响着另一气缸的压缩冲程,即便是燃烧过程的微小变化也将对另一气缸的压缩冲程造成影响。此外,双活塞式液压自由活塞发动机对负载和循环波动非常敏感,负载以及循环间的微小变化都有可能导致发动机熄火。因此研究者采用齿轮啮合,多缸并行的策略来解决这一问题,取得了一定的成果。

3. 对置活塞式液压自由活塞发动机

如图1.5所示为一种对置活塞式液压自由活塞发动机结构示意图。对置活塞式液压自由活塞发动机同样有两个独立的活塞,但只有一个燃烧室,

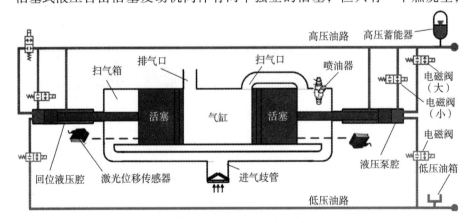

图1.5　一种对置活塞式液压自由活塞发动机

两个动力活塞共用一个气缸。对置活塞式液压自由活塞发动机的最大特点是受力平衡,因而振动问题所造成的影响很小,可以省去减振装置。但是,由于对置活塞式液压自由活塞发动机要求两个动力活塞的运动过程绝对同步,在设计上一般通过机械同步机构来实现,因而也必将造成发动机的结构较为复杂。

关于对置活塞式液压自由活塞发动机的相关研究主要集中在自由活塞原理提出的初期(1925—1960年),并以自由活塞压气机和自由活塞发气机为主。

4. 混合式液压自由活塞发动机

单活塞式与双活塞式液压自由活塞发动机的自平衡性较差,而对置活塞式的自平衡性较好,因此明尼苏达大学的研究者将对置活塞式与双活塞式液压自由活塞结合,制作出混合式液压自由活塞发动机。该发动机采用外连杆将进气活塞与排气活塞对置,液压负载设置与传统对置式液压自由活塞的结构相同,如图1.6所示。这种结构中发动机的燃烧室采用直流扫气的方案,而又省去了气门机构。对于无曲柄连杆结构的液压自由活塞发动机而言,不需要额外的机械液压附件来完成扫气过程,结构紧凑。另外位于中间的双活塞与外连杆活塞的液压作用方向正好相反,这就解决了对置自由活塞的同步性问题。

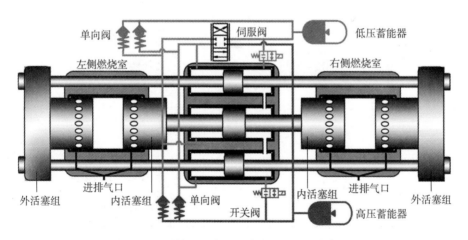

图1.6 一种四缸混合对置式液压自由活塞发动机

1.2.2 液压自由活塞发动机的特点

由于液压自由活塞发动机的结构和工作原理与传统内燃机存在较大差别,使其作为车辆动力系统在性能方面与传统内燃机相比存在以下潜在优势。

1. 结构上的潜在优势

液压自由活塞发动机省去了曲柄连杆机构，带来的直接优点是发动机的运动件减少、总体重量减轻，可降低制造、维修成本。从运动件的受力情况来看，液压自由活塞发动机活塞不受曲柄连杆机构约束，无侧压力，摩擦磨损小，提高机械效率的同时延长了使用寿命。

以液压自由活塞发动机作为车辆动力系统可以省去离合器、变速箱、传动轴等机械传动部件，使整个动力系统结构紧凑、重量减轻。液压自由活塞发动机与负载之间通过液压进行功率传递，利用蓄能器的储能作用，使得液压自由活塞发动机输出功率和负载功率之间成功实现解耦，液压自由活塞发动机可按照优化的燃料经济性曲线运行，避免了传统发动机非经济工况，提高了综合效率。液压自由活塞发动机单元独立、与车轮之间无刚性连接，可实现柔性布置，提高了车辆动力舱空间利用率。通过液压变压器可实现无级变速、无级转向等功能，同时，液压自由活塞发动机动力系统中借助液压泵/马达机构可以实现制动能的高效回收。图1.7、图1.8给出了传统发动机动力传动系统和液压自由活塞发动机动力传动系统示意图。

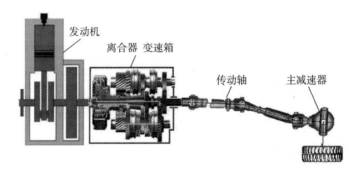

图1.7　传统发动机动力传动系统

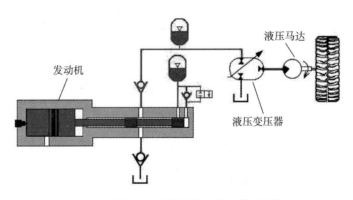

图1.8　液压自由活塞发动机动力传动系统

2. 活塞运动方面的特性

液压自由活塞发动机活塞运动不受机械约束，运动规律完全取决于活塞两端的受力情况，可以通过控制作用于活塞上的力达到改变活塞运动规律、液压自由活塞发动机压缩比等参数的目的，对于改善冷起动性能、提高燃料适应性能非常有利，甚至可用重质、低质燃料。该特性对于液压自由活塞发动机用于特殊场合车辆的动力装置具有独特优势。

对比液压自由活塞发动机和传统发动机的活塞运动位移曲线和速度曲线可知，相比传统发动机，液压自由活塞发动机活塞运动位移曲线和速度曲线关于上止点呈现明显的不对称性，如图1.9所示，活塞压缩过程较膨胀过程所用时间长，从速度对比图1.10也可以看出，压缩过程的活塞速度较膨胀过程小，且关于上止点不对称。上止点附近活塞速度较传统发动机大，有利于缸内气流组织。

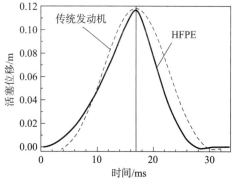
图1.9 活塞位移曲线对比

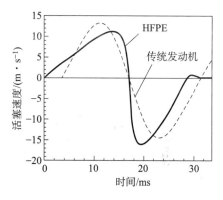
图1.10 活塞速度曲线对比

3. 功率调节和热效率方面的特点

对于单活塞式液压自由活塞发动机，其功率调节可以通过改变活塞运动频率实现，活塞运动频率不同则单位时间内输出高压液体流量不同，在输出压力一定的前提下实现液压自由活塞发动机输出功率的调节。这种"调频"功率调节方式，避免了传统发动机在低速低负荷时性能恶化的缺点。图1.11给出了频率控制阀信号与活塞位移之间的相互关系[17]，通过改变频率控制阀信号的频率和占空比实现活塞在下止点停止时间 Δt 的长短，进而改变活塞运动频率，实现液压自由活塞发动机输出功率的调节，如图1.12所示。

从图 1.12 中不难看出,液压自由活塞发动机不同工作频率与传统发动机不同转速对于活塞运动情况存在本质区别,对于液压自由活塞发动机来说,不同工作频率所对应的活塞运动位移曲线形状不发生变化,活塞的运动规律在不同频率时具有一致性,频率改变只改变活塞在下止点处停止时间。而对于传统发动机来说,发动机在运行过程中由于活塞受曲柄连杆机构的约束而处于不间断连续运行状态,转速降低时活塞运动速度随之降低。

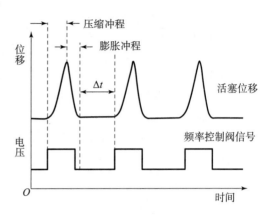

图 1.11　频率控制阀信号与活塞位移的关系

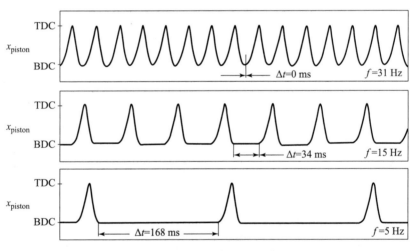

图 1.12　不同频率时活塞位移曲线
TDC—上止点；BDC—下止点

综上所述,液压自由活塞发动机尽管可以在不同频率工作,但是,活塞各个循环的运动一致性保证了液压自由活塞发动机缸内循环状况的单一性,使得液压自由活塞发动机能够保持在一个预先匹配好的良好工况下运行,而不会因液压自由活塞发动机输出功率的改变而恶化,这也是避免传统发动机由于曲柄连杆机构对活塞的约束导致低速低负荷时活塞运动速度降低而引起的漏气严重、气流组织减弱、燃烧速度降低等不良状况发生。

1.2.3 液压自由活塞发动机应用前景

作为一种原动力装置,结合液压自由活塞发动机的特点,可以作为车辆动力系统应用于相应场合,尤其适用于常压变流量及能量回收场合,如各种工程机械、叉车、吊车等移动机械,配合液压变压器及多液压自由活塞发动机单元组合方案可很大程度上扩大其应用范围,同时发挥液压自由活塞发动机的独特优势。作为能量回收和"调频"方式调节功率的典型应用领域是市区公共交通车辆,通过能量回收和蓄能器技术可以提高动力装置的功率利用范围,曼内斯曼·力司乐(Mannesmamm Rexroth)正在研制用30 kW的液压自由活塞发动机代替180 kW传统发动机来驱动市区公共汽车。结合液压自由活塞发动机重量轻、体积小等特点可以与传统发动机形成多种形式的混合驱动方案,如图1.13所示。由于液压自由活塞发动机具有良好的冷起动性能、良好的燃料适应性等特点,也可以推广应用于各种用途的军用车辆及各种用途的军用武器平台。

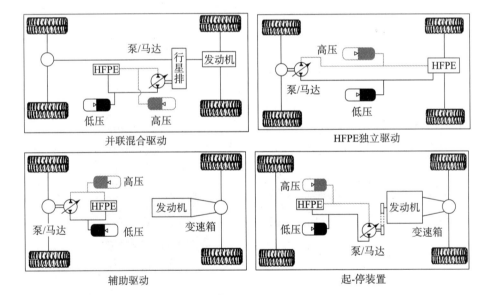

图1.13 液压自由活塞发动机应用方案示意图

1.3 液压自由活塞发动机的发展历程

液压自由活塞发动机是对自由活塞发动机技术的继承和发展,是现代内燃机技术、液压技术、微电子技术的综合,其发展历程大致经历了以下几个阶段。

1.3.1 自由活塞发动机概念的提出

早在鲁道夫·狄塞尔（Rudoff Diesel）发明往复活塞式柴油机之前，人们就在探索动力机械过程中曾多次提出"自由"活塞概念。其中以1857年意大利恩·贝尔桑奇（Engentio Bersanti）等人研制的"自由"活塞发动机为代表，第一次成功实现爆发做功，它并不采用曲柄连杆机构，而是活塞与输出轴之间采用齿轮－齿条装置连接。之后法国人兰诺（Lenoir）也研制成功第一台足以实用的火花点火式、二冲程、无压缩冲程的"自由"活塞煤气机。但是一般认为自由活塞发动机产生于20世纪20年代，以法国人Pescara研制成功并申请自由活塞发动机专利为标志，当时用作空气压缩机，其原理图如图1.14所示。这称得上第一台真正意义上的自由活塞发动机[18-20]。

自由活塞发动机在20世纪50年代就有了正式的工业产品，这期间不少国家竞相研究试制，并投入运用。如法国SIGMA公司、英国自由活塞发动机公司（Free Piston Engine Crop.）、美国GM公司等都先后研制了自由活塞发动机，并应用于船舶、机车、汽车等方面。我国也于1958年试制成功了红旗4115型自由活塞燃气轮机组ZF2115S，如图1.15所示[21]。

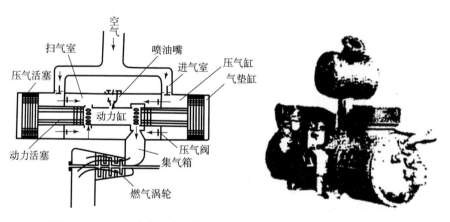

图1.14　Pescara自由活塞压气机　　　图1.15　ZF2115S自由活塞发动机

尽管当时有很多科研机构投入较大人力物力对其进行研制，但是由于技术条件和研究手段限制，导致自由活塞发动机存在许多靠当时的技术手段难以解决的问题，到20世纪60年代自由活塞发动机的发展热潮逐渐减退。但是近年来，随着内燃机技术、液压技术以及微电子控制技术的飞速发展，结合静液压复合驱动技术的独特优势，作为自由活塞发动机的继承与发展，液压自由活塞发动机于20世纪80年代初引起相关行业的高度重视，掀起了液压自由活塞发动机的研究高潮。

1.3.2 车辆的静液压复合驱动概念

车辆的静液压复合驱动技术是在能源危机和环境保护问题日益严峻的情况下，人类对汽车节能技术和清洁车辆的开发过程中提出的一种复合驱动形式。利用静液压驱动在工业领域的成熟技术，结合车辆传动的特点，将液压储能技术应用到车辆液压传动中，充分发挥液压传动功率密度高、响应快速、容易实现能量回收等优点，是基于二次调节静液传动技术而形成的一种新型复合驱动。静液压驱动技术具有无级变速的精细速度调节、容易实现正反转、能防止发动机超负荷运转以及可靠性高等优点，尤其在负载变化频繁的复杂运行工况，更能发挥其优势。静液压复合驱动利用液压蓄能器等储能元件将车辆在行驶过程中多余的能量回收储存起来，应用于车辆起步和加速阶段，形成了内燃机和液压动力装置联合驱动的复合系统[22-26]。

对于复合驱动，储能元件的性能是驱动性能发挥的核心。比较液压储能和其他储能方式可知，液压储能具有很高的功率密度，对于工况频繁发生变化的车辆具有很强的竞争力。表1.1给出了3种常用储能元件的性能比较。

表1.1 3种常用储能元件性能比较

储能元件	储能形式	材料	能量密度/$(kJ \cdot kg^{-1})$	功率密度/$(W \cdot kg^{-1})$
蓄能器	液压能	钢/复合材料	1.6/12.8	981
飞轮	机械能	钢/复合材料	63/318	784
蓄电池	电能	铅酸蓄电池	64.8	110

储能元件的能量密度表征的是储能元件储能能力的大小，功率密度反映了储能元件的充、放能速度。在3种储能元件中，蓄能器的功率密度最大，表征其储能或释放能量的速度最快，非常符合负载变化频繁的车辆工况。蓄电池的能量密度最大，但是其功率密度非常小，即能量的储存和释放所需要的时间过长，对于频繁变化工况的车辆适应性差。

对于静液压复合驱动技术，在美国、日本、德国等国家的汽车企业、科研院所等都开展了大量的研究工作，采用传统发动机进行串联、并联方式的复合驱动研究占主导地位，经过多年的研究、探索，成果显著[27-30]。

但是，常见的液压复合驱动技术是基于传统发动机与液压动力元件进行串、并联组合实现，多动力驱动或局部工况采用纯液压驱动来避免发动机的恶劣工况，虽然在一定程度上对车辆的经济性和排放性能有一定程度的缓解作用，但由于存在传动链冗长、效率低下、蓄能器储能有限等瓶颈问题，制约着其大面积推广。正是由于液压复合驱动的不足，促使了液压自由活塞发动机的产生和发展。

1.3.3 液压自由活塞发动机

在自由活塞发动机和静液压驱动研究的基础上，20世纪80年代初液压自由活塞发动机应运而生，它是对自由活塞发动机和液压复合驱动技术的继承和发展。液压自由活塞发动机将传统内燃机驱动变量液压泵的静液复合驱动系统，省去内燃机将活塞的往复运动转化为旋转运动的曲柄连杆机构，和变量液压泵将旋转运动转化为往复运动的旋转斜盘组件，而直接将内燃机的活塞与液压泵的柱塞刚性连接为一个整体，内燃机活塞按照内燃机工作原理往复运动，带动液压泵柱塞往复运动，实现液压油由低压到高压的转化，这样既缩短了冗长的传动链，又省去了不同运动形式之间的反复转换，既保留了液压复合驱动系统的主要特性，同时由于活塞运动规律的改变为液压自由活塞发动机冷起动、燃料适应性、经济性、排放性能等诸多方面带来了潜在优势。其发展历程大致经历了以下几个阶段。

1. 初期（1980—1990年）

图1.16中的液压自由活塞发动机采用二冲程回流扫气方案，负载为具有一定压力的液压油，采用液压蓄能器作为储能元器件。图1.17中为以液压自由活塞发动机为动力源的推进系统。利用液压自由活塞发动机输出的液压油直接驱动液压马达，从而柔性地将发动机内能转变为驱动系统的动能。以上为代表的专利停留在概念阶段，没有相关对应的样机。这主要是受限于当时的液压电磁阀及电子控制系统响应。此外威斯康星大学及通用汽车公司也提出了相似的设计方案，为验证方案的有效性，利用计算机建立了热力学及动力学模型并得出了若干设计方案。

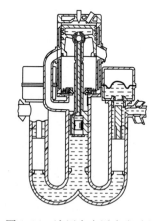

图1.16 液压自由活塞发动机

第1章 液压自由活塞发动机概述

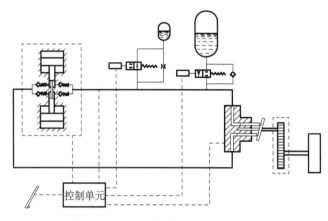

图1.17 液压自由活塞发动机推进系统

2. 发展期（1990—2000年）

进入20世纪90年代后，电子控制技术的快速发展使得液压自由活塞的液压阀的高频响应及控制成为可能。在此阶段主要以荷兰Innas公司及坦佩雷工业大学试制的液压自由活塞发动机为主要代表。其中图1.18中为Innas公司试制的液压自由活塞发动机原理样机，该公司率先将液压自由活塞发动机成功应用于小型叉车、起重机械及机液混合动力系统，试制的第五代样机取得了阶段性成果，但发动机存在循环稳定性差甚至熄火等严重问题。坦佩雷工业大学试制的样机（见图1.19）能够完成多个循环的运行，但停留在样机阶段。此外日本的Hibi教授等人在同一时期展开了对对置活塞式液压自由活塞发动机的相关研究。

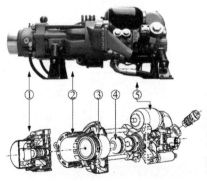

图1.18 Innas液压自由活塞发动机
①—缸盖；②—缸体；③—活塞；
④—柱塞；⑤—蓄能器

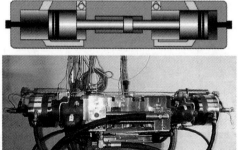

图1.19 坦佩雷工业大学液压自由活塞发动机

3. 后发展期（2000年至今）

进入21世纪后，凭借现代开发工具和先进燃料系统，液压自由活塞发动机的技术难题已经被转化为发展良机。液压自由活塞发动机进入了后发展时期。浙江大学在21世纪最初几年展开了双活塞式液压自由活塞发动机的研究工作，图1.20为研制的相关样机。在后续的工作中，为避免单缸失火带来的不稳定性问题，研究者采用单侧双活塞布置方式。北京理工大学[31-36]自2006年起一直从事液压自由活塞发动机方面的研究，并研制了单活塞式原理样机，如图1.21所示。样机能够实现多循环运行，并在缸内工作工程、液压及电磁阀控制、循环稳定性特征等诸多方面展开了深入的研究。天津大学开展了对置式液压自由活塞发动机相关研究工作，研究重点主要侧重于液压及发动机控制策略、缸内工作过程、新型燃烧方式在液压自由活塞发动机上的应用等，试制的原理样机如图1.22所示。与天津大学的液压自由活塞发动机相类似，美国明尼苏达大学研制了四缸混合对置式液压自由活塞发动机，其原理样机如图1.23所示，并进行了相关运行测试，在发动机运行控制策略及排放性改善方面做出了重要贡献。

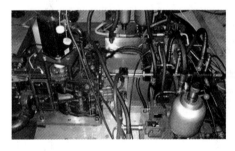

图1.20 浙江大学的液压自由活塞发动机

图1.21 北京理工大学的液压自由活塞发动机

图1.22 天津大学的液压自由活塞发动机

图1.23 明尼苏达大学的液压自由活塞发动机

1.4 液压自由活塞发动机国内外研究现状

在液压自由活塞发动机实际研究方面,吸引了欧、美、日等众多科研机构的研究兴趣,在过去的十多年中,都取得了丰硕的研究成果,3种结构形式的液压自由活塞发动机都有相关科研院所在进行原理样机和相关主题内容的研究,下面对3种结构类型开展研究的科研机构的研究状况分别进行介绍。

1.4.1 单活塞式液压自由活塞发动机的研究现状

开展单活塞式液压自由活塞发动机研究的机构主要有:荷兰的 Innas BV 工程公司、美国威斯康星 – 麦迪逊大学和 Caterpillar 有限公司、德国的 Dresden TU 等机构,其中以 Innas BV 公司为代表,投入的时间和精力最多,已经将第五代液压自由活塞发动机装车试验。

1. 荷兰 Innas BV 公司[8-9,11,37-39]

荷兰 Innas BV 工程公司在液压自由活塞发动机研制方面做了大量的研究探索工作,自1987年以来先后研制出5代液压自由活塞发动机原理样机,最新试制的第五代 CHIRON 号样机,其工作原理图和原理样机如图 1.24 所示,包括内燃机部分、泵部分和活塞组件恢复部分。原理图中右边的小液压活塞配合蓄能器和频率控制阀用于液压自由活塞发动机活塞压缩冲程,称为恢复系统;中间液压活塞用于泵出高压油,称为泵部分,电磁阀控制活塞的运动频率;内燃机部分采用二冲程回流扫气、HEUI 缸内直喷柴油机。CHIRON 原理样机为单活塞式液压自由活塞发动机,输出功率约 17 kW,活塞工作最大频率为 42 Hz,气缸直径为 110 mm,活塞冲程在 120~125 mm 内可变,泵端输出流量为 35 L/min,输出压力为 26~32 MPa,

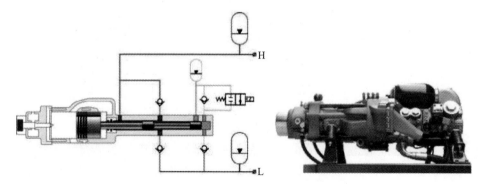

图 1.24 Innas BV 工程公司第五代样机 CHIRON

外形尺寸为 820 mm×350 mm×300 mm，质量为 90 kg。Innas BV 将该机型配合液压变压器装于小型叉车上试运行效果良好，图 1.25 是 CHIRON 在小型叉车上的实施方案和布置情况。

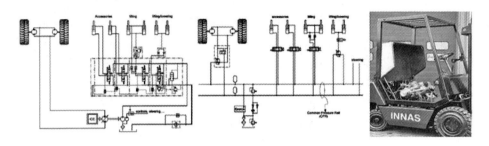

图 1.25　Innas BV 工程公司将 CHIRON 样机用于小型叉车

Innas BV 工程公司在对液压自由活塞发动机开发研制过程中进行了大量仿真计算工作，在活塞运动学方面详细比较了液压自由活塞发动机与传统发动机的动力学区别，并且进行了大量的试验研究工作，对示功图和放热率进行了初步计算，获得了缸内过程研究的原始数据，在液压自由活塞发动机的研制方面积累了大量宝贵经验。

2. 美国威斯康星－麦迪逊大学和 Caterpillar 有限公司[40]

美国威斯康星－麦迪逊大学（University of Wisconsin–Madison）研制的单活塞结构液压自由活塞发动机原理和结构示意图如图 1.26 所示，利用中间活塞作为回位活塞，尾端活塞作为泵活塞输出液压能。

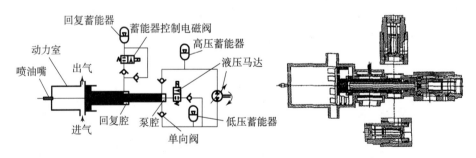

图 1.26　Wisconsin–Madison 液压自由活塞发动机原理图和结构示意图

威斯康星－麦迪逊大学对该液压自由活塞发动机进行了热力学和动力学的耦合仿真研究，重点分析了设计参数对系统的影响，对该种结构的液压自由活塞发动机开展了较为深入的研究。

Caterpillar 有限公司于 2000 年申请了单活塞式液压自由活塞发动机专

第1章 液压自由活塞发动机概述　17

利，之后的几年时间也对液压自由活塞发动机进行了大量的研究工作。

3. 北京理工大学[39-48]

北京理工大学在液压自由活塞发动机的研制上投入了较大的人力及物力。于2005年起开展了单活塞式原动直线泵，也就是单活塞液压自由活塞发动机的研究，已研制了两代样机，均为柴油直喷直流扫气、锥阀配流形式，研究结果表明，因活塞运动直接由气缸气体压力、液压腔油液压力决定，易受柴油燃烧、配流阀响应等的影响，柴油燃烧过程呈现等容过程特征，同时系统存在活塞运动特征参数波动较大、易熄火、功率密度较低、配流阀效率不高等问题。北京理工大学成功试制的第二代样机如图1.27所示。研究者在液压自由活塞柴油机连续稳定运行的基础之上，初步讨论了其起动过程、循环波动及循环稳定性，掌握了大量的经验及方法。

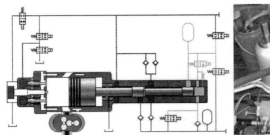

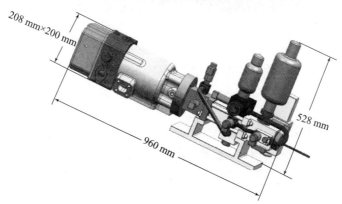

图1.27　北京理工大学的液压自由活塞发动机（第二代）

1.4.2 双活塞式液压自由活塞发动机的研究现状

开展双活塞式液压自由活塞发动机研究的机构主要有：芬兰的 Tampere 工业大学流体及自动化学院（IHA）、芬兰赫尔辛基工业大学内燃机实验室、芬兰 VVT 过程技术研究中心、美国密执安大学、国内的浙江大学。

1. 芬兰 Tampere 工业大学[49-51]

芬兰 Tampere 工业大学在双活塞式液压自由活塞发动机研究方面投入了很大精力，完成了双活塞式液压自由活塞发动机的结构设计、试验测试、控制系统和液压系统设计等工作。图 1.28 为 Tampere 工业大学所研制的 EMMa2 双活塞式液压自由活塞发动机原理图和样机，EMMa2 为双活塞结构，单元输出功率为 13~18 kW，工作频率为 0~28 Hz，气缸直径为 90 mm，活塞冲程为 112~114 mm，泵端输出流量为 88 L/min，压力为 10 MPa，外形尺寸为 110 mm×350 mm×200 mm，质量为 120 kg。

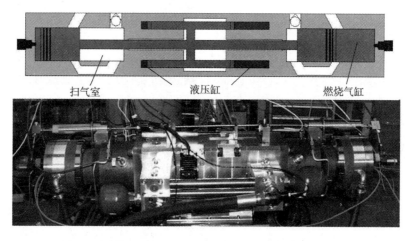

图 1.28 芬兰 Tampere 工业大学的 EMMa2 原理图及样机

芬兰 Tampere 工业大学所研制的 EMMa2 也已经装在小型工程车辆进行试验，图 1.29 是装置该 EMMa2 的举升机、挖掘机和小型推土机，目前 Tampere 工业大学已经在研制下一代 20~25 kW 机型。

芬兰赫尔辛基工业大学内燃机实验室对双活塞式 EMMa2 利用 GT - Suite 进行了性能一维仿真计算、扫气口设计、利用 Star - CD 进行了三维流场仿真计算和活塞运动学仿真计算，并进行了试验验证。

芬兰 VVT 中心对 EMMa2 进行了缸内燃烧分析和三维燃烧仿真计算。详细分析了缸内化学过程分别按单步反应和两步反应对计算结果的影响，分

第1章 液压自由活塞发动机概述 19

图1.29 装置了EMMa2的举升机、挖掘机和小型推土机

析了EMMa2的缸内反应过程中的温度变化、生成物含量等经济性和排放性的主要指标。

2. 浙江大学流体传统实验室[52-59]

浙江大学流体传动实验室也开展了双活塞式液压自由活塞发动机的研究工作，研制了原理样机，内燃机部分借用NF125FDI摩托车用二冲程汽油机，其原理图和试验装置如图1.30所示，活塞行程长度为50 mm，有效压缩比为6.6，气缸的工作容积约为125 cm^3，该实验室在双活塞液压自由活塞发动机的起动过程、能量匹配、动态特性研究、原理样机研制等方面取得了一定的研究成果。

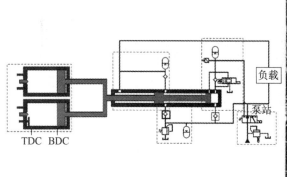

图1.30 浙江大学的双活塞式液压自由活塞发动机原理图和样机试验台

1.4.3 对置活塞式液压自由活塞发动机的研究现状

开展对置活塞式液压自由活塞发动机研究的机构主要有：日本的丰桥工业大学[60-61]、美国通用汽车研究实验室[62]、卡特皮勒公司以及美国的威斯康星-麦迪逊大学等，从结构形式上看，对置活塞式液压自由活塞发动机可以看作为共用一个动力缸的两个单活塞液压自由活塞发动机水平对称镜像布置，如果两活塞作完全镜像同步运动，则该系统没有振动。这种结构形式易于实现直流扫气，但显然其结构及控制系统将更为复杂。

1. 日本丰桥工业大学

日本丰桥工业大学的 Hibi 教授早在 20 世纪 70 年代就开展了液压自由活塞发动机的研究，从单活塞式液压自由活塞发动机的研究转向了对置式液压自由活塞发动机的研究。目前已研制出第五代对置式液压自由活塞发动机样机 TUT-94，其系统原理图和结构示意图如图 1.31 所示。

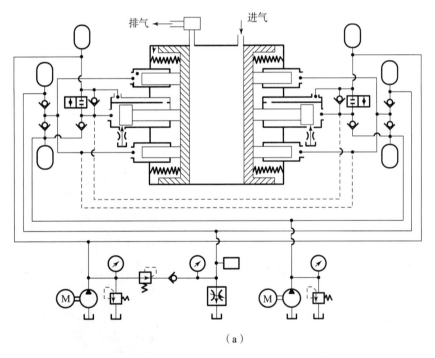

(a)

图 1.31 日本丰桥 Hibi 的对置式液压自由活塞发动机系统原理图和结构示意图
(a) 原理图

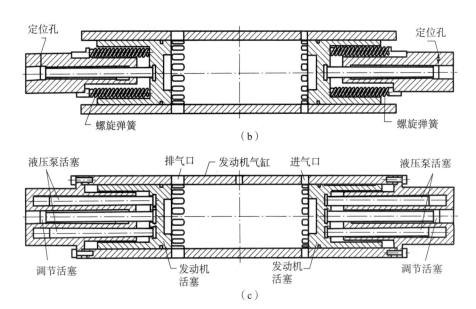

图 1.31 日本丰桥 Hibi 的对置式液压自由活塞发动机系统原理图和结构示意图（续）
(b) 横向截面；(c) 纵向截面

日本丰桥工业大学 Hibi 教授研制的对置活塞式液压自由活塞发动机采用单个动力活塞带动 3 个液压柱塞结构，其中一个柱塞用于活塞回位压缩过程，另两个柱塞用于泵油，单元输出功率为 32.5 kW，最大循环频率为 30 Hz，气缸直径为 100 mm，活塞冲程为 102~106 mm，外形尺寸为 888 mm × 860 mm × 500 mm，Hibi 教授对该对置活塞式液压自由活塞发动机进行了详细的系统设计和试验研究，关于对置活塞式液压自由活塞发动机的输出特性等方面的研究取得了一定成果。

2. 天津大学

天津大学内燃机研究所提出了一种对置活塞二冲程液压自由活塞发动机的方案，如图 1.32 所示。其机构上有两个活塞同时布置在一个气缸当中，两个活塞没有机械约束，依靠液压系统和缸内燃气的相互作用来控制活塞的运动。换气系统采用直流扫气与曲轴箱扫气相结合的形式。该发动机具有压缩比可调的优点，同时能够实现 HCCI 燃烧。此外研究者指出了活塞运动特征参数与扫气系数、发动机冲程、最大容许压缩比等关系密切，针对同步镜像活塞运动控制提出了采用 PI 反馈控制和预测活塞运动状态的前馈控制相结合的控制方法。

图1.32 天津大学内燃机研究所的对置活塞二冲程液压自由活塞柴油机原理示意图

1.4.4 混合式液压自由活塞发动机的研究现状

明尼苏达大学的 Zongxuan Sun 等人研究了对置式液压自由活塞发动机的控制方法及新型燃烧方式的应用,该发动机的原理样机如图1.33所示。由于自由活塞发动机去掉了曲柄连杆,活塞处于自由状态,因此活塞位移曲线不固定,最终导致喷油参数、燃烧相位等一系列不利于发动机稳定性的变化。为改善发动机的平稳运行,研究者提出了一种基于设定运动轨迹的控制策略。其中发动机冲程及活塞较高的运行频率增加了控制难度,针对这一特征研究者探究了线性反馈控制及非线性反馈控制的方案。结果表明:对于无反馈控制器的自由活塞发动机,其活塞位移运行轨迹与预设轨迹的误差为 ±3 mm;对于设有线性反馈控制器的自由活塞发动机,其位移运行轨迹与预设轨迹相比误差为 ±2 mm;对于基于自由活塞发动机的物理模型所建立的非线性反馈控制器而言,其对应的发动机运行结果表明误差控制效果更加明显,试验活塞运行轨迹与预设轨迹相比误差减小到 ±1 mm。值得指出的是,非线性反馈控制器在活塞冲程较大时,误差控制更加具有优势。在此基础之上,研究者针对不同的活塞位移轨迹研究了 HCCI 新型燃烧方式在自由活塞发动机中的应用。研究者重点考虑了化学动力学模型、

图1.33 明尼苏达大学的对置式液压自由活塞发动机原理样机

热力学模型以及活塞动力学模型。仿真研究发现：对于不同的活塞运动轨迹，对缸内温度分布、输出指示功、传热损失以及原子团生成规律影响不同。通过调整外部参数可以获取相应的活塞运动轨迹，从而控制缸内化学反应生成物，从而改善热效率、排放等[62-67]。同时这种方法也可应用于其他新兴燃烧方式。

1.4.5　其他形式液压自由活塞发动机的研究现状

美国环境保护署联合密西根大学开发了多缸液压自由活塞发动机（见图1.34），研制的多缸发动机采用压燃直喷六缸四冲程的形式，连续稳定运行工况下发动机的液压输出效率高达39%。但多缸并行的稳定性情况较差，为改善稳定性较差这一状况，Kevin Zaseck等人采用齿轮齿条机构驱动自由活塞结构[68]。与齿轮齿条结构相连的曲柄连杆结构还可以驱动进排气系统。但发动机仍然是以直线液压泵的形式输出液压能。虽然曲柄结构采用较小转动惯量来实现齿条结构的换向，但这种结构依然存在发动机动不平衡的情况。研究者采用自适应算法来确保曲柄的动能沿着设定点变化。该算法在目标转速为1 000 r/min工况下成功地消除了99%的扰动。此外，这种算法能够满足各缸不同负载工况的运行[69-70]。

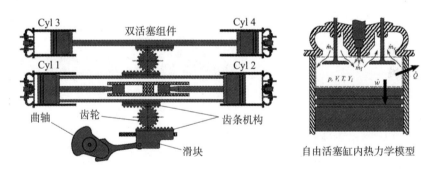

图1.34　密西根大学的液压自由活塞发动机原理示意图

传统的液压自由活塞发动机主要是以刚性活塞推动液压泵腔输出液压能，而美国密西根大学及范德堡大学提出了一种新型自由活塞动力系统，如图1.35、图1.36所示。由于气动系统具有较高的能量密度，因此用其替代传统的机电混合系统更具有吸引力。研究者研制了一种便携、紧凑、高效的大惯量自由液压活塞压缩机并建立了相关数学模型及原理样机试验平台。基于试验平台和数学模型，研究者研究了液压活塞的动态特性对发动机性能的影响[71-72]。该动力系统的输出功率能够供给成人大小的机械动力需求，利用不可压缩流体的柔性特性通过两片高刚度的隔膜片将燃烧室与压气腔连接起来,燃烧室的膨胀隔膜可以看作为自由活塞。这种结构既解决了密封问题,也进一步减少了摩擦损耗。这种动力装置实际是一种调谐共振器,因此为实现共振频率,传力液体的惯量及隔膜片的弹性选取非常重要,尤其是通过大幅度的膨胀可获取发动机良好的动态性能。此外,大流量的进排气阀的设计也保证了发动机动态性能的实现[73-75]。

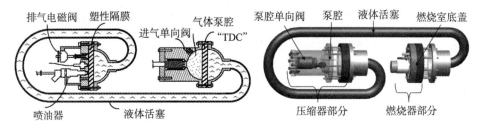

图1.35 美国密西根大学的液压自由活塞发动机原理样机

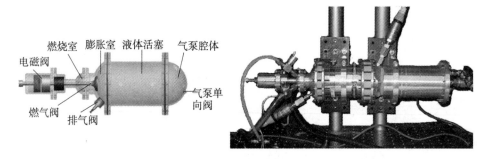

图1.36 美国范德堡大学的液压自由活塞发动机原理样机

1.5 液压自由活塞发动机工作特性和缸内过程研究进展

发动机工作特性和缸内过程的研究不外乎两种方法:利用仿真计算软件进行模拟计算与试验测试研究方法。对液压自由活塞发动机的研究也不例外,目前,上述介绍开展液压自由活塞发动机研究的各大科研机构在研制过程中同时开展了相关液压自由活塞发动机的理论研究工作,对其进行了动力学、运动学、热力学、参数匹配、性能特点等方面的相关研究工作,归纳起来从以下两种类型的研究方法进行阐述。

1.5.1 仿真计算方法研究现状

目前,虽然国际上有很多科研机构对液压自由活塞发动机进行理论研究,但是由于液压自由活塞发动机工作原理的特殊性带来的研究难度导致对于液压自由活塞发动机工作特性和缸内过程的研究仍然处于起步和探索阶段。对于液压自由活塞发动机仿真研究工作有两种处理方法,一种是利用现有的商业仿真软件进行液压自由活塞发动机建模,对其进行性能仿真计算;另一种是利用工具软件编写适用于液压自由活塞发动机的动力学、热力学方程进行数值模拟。

对于液压自由活塞发动机进行工作特性仿真研究工作具有代表性的有:Martti Larmi 和 Sten Isaksson 等人利用韦伯放热函数对双活塞式液压自由活塞发动机的燃烧过程进行描述,对活塞动力学建立了零维仿真模型,性能仿真基于发动机计算软件 GT-power 建立,进行了换气过程、动力学等方面的分析研究[50],计算分析了双活塞式液压自由活塞发动机的运动特性,并进行了试验验证;通用汽车研究实验室的 P. C. Baruah、浙江大学流体传动及控制实验室采用工具软件对双活塞式液压自由活塞发动机进行了动态模型构建和特性仿真,对双活塞式液压自由活塞发动机运动特点进行了深入研究[49,54,59];英国纽卡斯尔大学的 Mikalsen 和 Roskilly 建立自由活塞内燃发电机的单区燃烧模型,该模型基于 Heywood 提出的燃烧模型,考虑了点火延迟、当量空燃比等参数对燃烧的影响,对缸内温度和传热作了详细分析。

荷兰的 Innas BV 工程公司对单活塞式液压自由活塞发动机进行了详细的动力学仿真研究,并且比较了液压自由活塞发动机与传统发动机活塞运动规律的区别,为液压自由活塞发动机工作特性研究提供了有力帮助。芬兰赫尔辛基工业大学内燃机实验室和 VVT 中心,利用 Star-CD 对双活塞式液压自由活塞发动机进行了三维仿真计算,比较了两种缸内化学反应处理方法对计算结果的影响,为进一步研究液压自由活塞发动机化学动力学和反应生成物的研究提供理论依据。

1.5.2 液压自由活塞发动机试验研究进展

由于液压自由活塞发动机工作的特殊性,仿真研究存在对于热力学、动力学耦合的难度,对于液压自由活塞发动机直接进行试验研究的以 Somhorst 和 Achten 为代表,利用试验测试数据对液压自由活塞发动机燃烧放热率进行了计算,得出燃烧放热率峰值高,大部分燃油在预燃期燃烧等一些直观结论[37];日本丰桥工业大学的 Hibi 教授对对置活塞式液压自由活塞发动机进行了详细的结构设计和试验研究,重点研究了液压自由活塞发动机系统的输出特性及其影响规律。

总体来说,对于液压自由活塞发动机的试验研究还处于薄弱环节,尤其是对由于活塞运动规律改变而引起的缸内热力过程的研究缺乏进一步较为全面的研究。

1.5.3 其他形式的自由活塞发动机研究进展

与液压自由活塞发动机类似的以自由活塞发动机为动力源,以其他形式的介质作为能量输出的自由活塞发动机,常见的还有以电能输出的自由活塞直线发电机、以高压气体输出的自由活塞发气机等形式。不管以何种形式的介质输出,对于自由活塞发动机部分缸内工作过程的研究与液压自由活塞发动机缸内过程的研究有很多类似之处,下面对其他形式的自由活塞发动机缸内过程的研究方法进行简单介绍。

对于自由活塞发电机进行缸内气体流动研究以 A. P. Kleemann、J. C. Dabadiet 等为代表利用 CFD 软件对缸内流场进行了模拟计算[76-77];F. Jakob、B. Miriam 等为代表对自由活塞发电机缸内过程采用 KIVA – 3V 进行了三维仿真计算,对自由活塞发电机的效率、采用 HCCI 燃烧方式等新型燃烧方式进行了深入研究[78];以及以 Douglas 等为代表对多缸自由活塞发电机也进行了结构设计和性能计算研究[79]。

1.6 液压自由活塞发动机研究工作存在的主要问题

由前文相关技术综述反映的液压自由活塞发动机研究现状来看,在能源危机和环境保护双重压力下,液压自由活塞发动机以其独特的优势再次引起相关科研机构的高度重视,在近几年的研究中多家科研机构在原理样机设计、功能实现等方面取得了相当大的研究成果。然而,作为一种新型动力机械,对于液压自由活塞发动机运行特性产生机理的探索研究仍然存在许多亟待解决的关键问题,主要表现在以下几个方面。

1. 液压自由活塞发动机循环机理探索

对液压自由活塞发动机循环机理的研究涉及内燃机缸内热力过程、活塞动力学特性、液压流体力学特性等多个学科领域的交互耦合问题,若将诸多因素同时考虑,对液压自由活塞发动机准确地进行机理研究还有相当大的难度。

2. 液压自由活塞发动机试验研究

液压自由活塞发动机是一个复杂的多学科、多参数耦合系统,对其进行试验研究是一个非常庞大的工程,由于没有旋转机构、活塞不受机械约束等结构特点导致的压缩比可变、活塞运动关于上止点不对称等特性,使得对于传统发动机的试验方法和分析手段不再适用于液压自由活塞发动机。另外,对于液压自由活塞发动机高速活塞位移的测量、气缸压力与位移信号的同步采集等测试和采集手段都具有一定挑战,这些给液压自由活塞发动机试验研究和结果分析带来一定难度。

3. 液压自由活塞发动机配气、供油系统驱动问题

液压自由活塞发动机没有旋转机构,对于气门驱动和正时、喷油系统的驱动和正时是液压自由活塞发动机面临的一个必须解决的问题,往往需要一套基于活塞位置测量的液压驱动系统满足液压自由活塞发动机配气和喷油需求。由于活塞运动速度快、加速度大使得该位置信号的采集具有一定的难度,同时液压驱动气门、喷油器对于电磁阀的响应和流量又提出很高要求,这些因素对于液压自由活塞发动机的运行都有很大影响。

1.7 液压自由活塞发动机未来发展趋势

从目前的研究情况来看,液压自由活塞发动机未来研究重点主要包括:缸内燃烧反应机理、稳定性分析及控制策略研究、新型燃烧方式探索等。

液压自由活塞发动机的缸内燃烧与活塞运动存在强耦合关系,缸内燃烧反应的结果影响活塞的动力学表征,而活塞动力学表征反过来又影响缸内的工作过程。因此研究者将缸内燃烧反应机理与活塞动力学结合在一起,着重研究在活塞自由状态下的缸内燃烧反应,建立相关的化学动力学模型,深入开展基于化学动力学的缸内燃烧反应机理研究。

第 2 章

液压自由活塞发动机工作原理及热力学基础

液压自由活塞发动机的工作原理是将气缸内燃料燃烧释放出的热能通过刚性连接的活塞组件转化为液压能输出，与传统曲柄连杆式内燃机不同，液压自由活塞发动机活塞运动不受机械约束，其运动规律完全取决于所受力的情况，作用于活塞组件上的液压力和气缸压力通过活塞组件的运动交互耦合，形成复杂的多变系统。

本章针对液压自由活塞发动机热力循环的特点，根据热力学第一定律的能量分析法和热力学第二定律的㶲分析法，分别对液压自由活塞发动机热力循环进行了热效率和㶲效率分析，利用能量分析方法对影响液压自由活塞发动机循环热效率的因素进行分析，利用㶲平衡分析法对液压自由活塞发动机循环过程中各环节的㶲损失进行分析计算，对比能量利用效率和㶲效率的计算结果，为进一步提高液压自由活塞发动机能量利用率提供指导依据。

2.1 工作原理与系统概述

本章以单活塞式液压自由活塞发动机为研究对象，图 2.1 所示为所研制的液压自由活塞发动机系统原理图，从结构上来看主要由内燃机部分、液压泵部分和压缩部分组成。

液压自由活塞发动机内燃机部分采用二冲程柴油机工作原理，采用进气口-排气门的直流扫气方式，罗茨泵给气。由于液压自由活塞发动机没有旋转机构，根据研制过程中的实际条件，开发了电磁阀控制液压驱动的无凸轮配气机构和液压驱动供油系统。该配气机构和供油系统利用电磁阀控制高压液压油推动执行机构动作实现相应的功能，利用活塞位置信号实现排气门正时和喷油正时的触发，利用控制电磁阀信号脉宽实现气门时面值和循环喷油量的控制，实现了液压自由活塞发动机对配气机构和喷油系统的性能要求。

第 2 章 液压自由活塞发动机工作原理及热力学基础

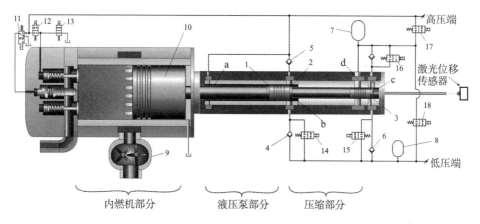

图 2.1 液压自由活塞发动机系统原理图

1—泵和回弹活塞；2—泵活塞；3—压缩活塞；4—吸油单向阀；5—压缩单向阀；
6—低压单向阀；7—压缩蓄能器；8—低压蓄能器；9—罗茨泵；10—动力活塞；
11—控制喷油用三通电磁阀；12—控制排气门开电磁阀；13—控制排气门关电磁阀；
14—失火活塞回位阀；15—低频活塞回位阀；16—频率控制阀；17—蓄能器补油阀；
18—蓄能器泄油阀；a—高压腔；b—泵腔；c—控制腔；d—油孔

液压泵部分采用柱塞式液压泵工作原理，动力活塞 10、泵活塞 2 和压缩活塞 3 刚性连在一起组成活塞组件，动力活塞在气缸内按二冲程柴油机的工作循环往复运动，带动泵活塞往复运动完成柱塞泵的工作循环，实现液压油从低压到高压的转化。

液压自由活塞发动机没有飞轮等机械惯性机构，起动和压缩冲程无法自行完成，在液压自由活塞发动机系统中设计了压缩部分为其起动和压缩冲程提供能量。压缩系统主要由压缩蓄能器、频率控制阀、压缩活塞、蓄能器压力调节阀等部分组成。

结合图 2.1，对液压自由活塞发动机的工作原理和过程简述如下：液压自由活塞发动机起动之前活塞组件位于下止点，如图示所示位置，当起动时，频率控制阀 16 开启，压缩蓄能器 7 中的高压油通过频率控制阀进入控制腔 c 作用于压缩活塞 3，推动活塞组件向上止点方向运动，当压缩活塞运动到打开蓄能器所在油孔 d 时，压缩蓄能器进入控制腔的高压油流量增大，加速活塞向上止点运动。当油孔 d 完全被压缩活塞打开后，频率控制阀即可关闭，在活塞组件向上止点运动过程中，泵活塞 2 将低压油经过吸油单向阀 4 吸入泵腔 b，同时，泵和回弹活塞 1 将一部分高压油输出，动力活塞完成了换气和压缩冲程，被罗茨泵 9 送入气缸内的空气被压缩，当动力活塞运动到上止点前某个位置时，控制喷油用三通电磁阀 11 开启，喷油器将高压燃油喷入气缸,雾状燃油在高温高压环境下着火燃烧,产生的高压气体推动活塞组件快速向下止点运动,动力活塞进入膨胀冲程,泵活塞将压缩冲程吸入的低压油加压并通过压缩单向阀5对外输出。压缩活塞将控制腔的压力油推回到压缩蓄能器,以备下次循环使用,活塞组件在泵和回弹活塞1的作用下停止在下止点处,等待频率控制阀再次给出开启信号。如此往复,实现了将燃料燃烧的热能到液压能的转化。

    压缩蓄能器7的压力调节采用如图2.1所示的蓄能器补油阀17和蓄能器泄油阀18控制,当需要提高蓄能器压力时,与高压端相连的蓄能器补油阀开启,高压端为蓄能器充压,提高其压力,当蓄能器压力过高时,与低压端相连的蓄能器泄油阀开启,将蓄能器中的高压油泄掉一部分,保证了蓄能器的压力稳定在设计压力值范围。蓄能器油孔d的作用是:由于频率控制阀流量有限,为了提高活塞压缩过程的速度,增加了流通面积较大的蓄能器油孔d,提高了活塞运动速度。

    液压自由活塞发动机失火后由于无旋转飞轮机构活塞无法自行进入下一循环,为此,液压自由活塞发动机系统设计了失火活塞回位阀14,当失火或者燃烧能量不足时,缸内气体能量不足以将活塞推回到下止点,通过开启电磁阀14将泵腔与低压段接通,活塞组件在高压油推动泵和回弹活塞1的作用下将活塞组件推回到下止点位置,以便于重新起动。当液压自由活塞发动机的运动频率较低时,即活塞组件在下止点处停留时间较长时,压缩蓄能器的高压油将通过压缩活塞泄漏到控制腔和泵腔,随着时间推移,泄漏量增大,压力升高,使得活塞组件在非控制状态下向上止点方向蠕动,一旦活塞蠕动超过蓄能器压力油孔d,则蓄能器高压油将快速推动活塞组件进入压缩冲程。为了避免该情况发生,增设了低频活塞回位阀15,当出现上述情况时,该电磁阀打开将控制腔与低压端连通,活塞组件在高压油推动泵和回弹活塞1的作用下将活塞再次推回到下止点,防止液压自由活塞发动机在频率控制阀开启之前进入循环。

2.2 热力循环及热效率分析

    与传统内燃机的热力循环一样,液压自由活塞发动机的热力循环也是由压缩、燃烧、膨胀和换气等多个过程所组成,循环过程中工质存在着质和量的变化,整个过程是不可逆的。在能量的转换过程中,实际循环还存在着机械摩擦、泵气、散热、燃烧等一系列不可避免的损失,其物理、化学过程非常复杂。为了掌握液压自由活塞发动机中热能利用的完善程度、热功转换的主要规律和寻求提高热效率利用率的途径,本节将液压自由活塞发动机简化为混合循环结合液压自由活塞发动机循环特点对其进行定性分析。

2.2.1 混合循环分析

图 2.2 所示描述了液压自由活塞发动机的混合循环过程。

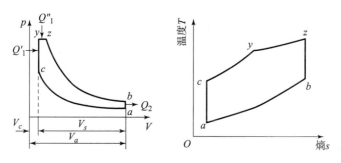

图 2.2 液压自由活塞发动机混合循环过程

图 2.2 中 ac 段为绝热压缩过程，zb 为绝热膨胀过程，该过程符合绝热方程：

$$pV^n = C \tag{2.1}$$

根据定义可得：

压缩比：$\varepsilon = V_a/V_c$；

定容压力升高比：$\lambda = p_y/p_c$；

定压预胀比：$\rho = V_z/V_y$。

上述式中，p 为缸内压力；V 为工作容积；n 为多变指数；C 为常数；V_a 为气缸工作容积；V_s 为气缸总容积；V_c、V_z、V_y 分别表示 c、z、y 点的容积；p_y、p_c、p_z 分别表示 y、c、z 点对应压力；m_1 为工质质量；c_p 为定压比热容；c_V 为定容比热容。

在 c 点燃料喷入燃烧室，开始着火燃烧，缸内气体压力先以等容方式沿 cy 线加入热量 Q'_1，使工质压力上升到最大值 p_z，然后又以等压方式沿 yz 线加入热量 Q''_1，则

$$Q'_1 = mc_V(T_y - T_c) \tag{2.2}$$

$$Q''_1 = mc_p(T_z - T_y) \tag{2.3}$$

整个燃烧过程加入的热量 Q_1 为：

$$Q_1 = Q'_1 + Q''_1 \tag{2.4}$$

排气过程放出的热量 Q_2 为：

$$Q_2 = mc_V(T_b - T_a) \tag{2.5}$$

根据热力学分析，可以得出循环热效率为：

$$\eta = 1 - \frac{1}{\varepsilon^{k-1}} \cdot \frac{\lambda \rho^k - 1}{\lambda - 1 + k\lambda(\rho - 1)} \tag{2.6}$$

式中，k 为绝热指数。

2.2.2 实际循环特点分析

液压自由活塞发动机实际循环是工质在气缸内实际经历的物理、化学过程，与传统曲柄连杆式内燃机相比，由于液压自由活塞发动机活塞不受机械约束，处于"自由"状态，其运动规律取决于作用于活塞上的液压力和缸内气体压力。液压自由活塞发动机结构和工作原理的特殊性导致活塞运动规律与缸内热力过程是一个复杂的热力学/动力学耦合交互影响的过程，即活塞运动规律的变化会导致缸内循环过程的参数随之发生相应的变化，如压缩比、缸内气体压力等参数，而缸内气体压力变化对活塞运动规律又有直接影响。

另外，与传统内燃机固定压缩比相比，液压自由活塞发动机运行过程中的压缩比、冲程可变，即上、下止点处于"浮动"状态，由此带来液压自由活塞发动机运行参数对活塞运动规律和缸内循环的影响规律与传统内燃机存在较大差异。如喷油正时、喷油量、配气正时、液压力等参数对活塞运动规律和缸内循环有着直接或间接的影响，这些因素导致液压自由活塞发动机循环过程的分析变得更为复杂多变。

本节及下节内容重点针对液压自由活塞发动机的实际循环过程，结合混合循环分析所涉及的压缩比、预胀比、压力升高比等参数在液压自由活塞发动机实际循环过程的变化趋势，以及由此带来的对循环热效率的影响情况进行分析讨论。

2.2.3 热效率分析

根据液压自由活塞发动机循环的热力学分析得出的热效率计算公式（2.6）可知，循环热效率 η 随 ε、ρ、λ 变化而变化。对其进行参数分析可以得到如图 2.3 所示效率 η 随压缩比 ε、预胀比 ρ 和压力升高比 λ 之间的关系。下面针对液压自由活塞发动机循环过程中压缩比、预胀

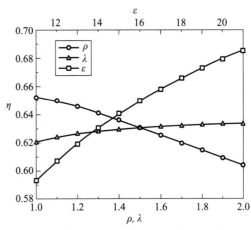

图 2.3　热效率影响规律

比和压力升高比的变化趋势,以及热效率的变化趋势进行逐一分析。

(一) 压缩比 ε

从图 2.3 可知,提高压缩比 ε 可以提高循环热效率 η。

对于液压自由活塞发动机来说,通过改变压缩系统的压力 p_3 可以实现液压自由活塞发动机可变压缩比控制,由于活塞组件不受机械约束,所以液压自由活塞发动机压缩比的提高不受零部件机械负荷限制;另外,液压自由活塞发动机活塞不受气缸侧压力、活塞传力过程无机械接触传递,所以提高压缩比对于液压自由活塞发动机内部摩擦所消耗的功率不会明显增加。上述两点制约传统柴油机压缩比提高的主要障碍对于液压自由活塞发动机不复存在,为液压自由活塞发动机压缩比提高提供了有利条件。

(二) 预胀比 ρ 和压力升高比 λ

从图 2.3 可以看出,循环热效率 η 随预胀比 ρ 的增大而减小,随压力升高比 λ 的增大而增大。

根据前述对液压自由活塞发动机的分析可知,由于活塞的"自由"状态导致缸内循环过程与活塞运动规律之间的制约关系使得压缩比、预胀比、压力升高比之间也存在一定的耦合关系,根据液压自由活塞发动机的原理特点,对于其循环过程的分析需要从影响活塞运动规律的主要因素着手。从缸内循环过程来看,喷油正时是影响循环状况的最主要因素,图 2.4 给出了不同喷油位置对压缩比 ε、

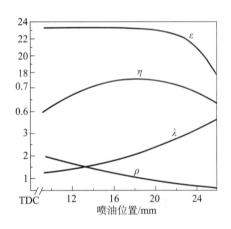

图 2.4 液压自由活塞发动机效率影响因素分析

预胀比 ρ 和压力升高比 λ 以及循环热效率 η 之间的关系,由于液压自由活塞发动机无旋转结构,喷油正时利用活塞位置控制,图中喷油位置指的是喷油时刻所对应的活塞位置。

对于传统发动机来说,活塞受曲柄连杆机构约束,循环过程中压缩比不变。而对于液压自由活塞发动机,由于活塞处于"自由"状态,当喷油提前量增大时,在活塞压缩过程后期由于燃料着火导致缸内气体压力升高,阻碍了活塞进一步向上止点运动,导致压缩比降低,如图 2.4 中 ε 曲线所示,当喷油时刻过早时,由于燃气对活塞压缩过程的阻力作用导致压缩比迅速下降。而喷油位置向靠近上止点方向移动时,即活塞接近压缩终了位置喷油时,对于压缩比的影响减小。

从压力升高比的影响来看，当喷油提前量增大时，图中喷油位置增大的方向，则由于喷入燃料燃烧时刻活塞在压缩过程中仍然具有相对较大的运动速度，活塞继续向上止点运动，直到速度降到零（到达上止点）。在该过程中，由于燃料燃烧和活塞继续向上止点运动共同导致该阶段的压力升高比 λ 增大。反之，当喷油提前量减小时，由于燃料着火时，活塞已经接近上止点位置，速度较低，由于燃气压力的阻止作用，活塞速度很快降低到零，压力升高主要由燃料燃烧导致，较喷油提前量大时有所降低。

根据液压自由活塞发动机活塞动力学分析可知，由于缸内气体压力正比于活塞加速度，导致其缸内最大爆发压力出现在上止点（实际最大爆发压力位于上止点后约 1 mm 处，近似上止点位置）。当喷油提前量增大时，压缩终了的容积较大，由于最高爆发压力出现在上止点处，使得循环预胀比减小；反之，当喷油提前量减小时，由于压缩终了的缸内容积小，使得预胀比增加。

根据以上液压自由活塞发动机对于影响循环效率的主要参数的分析，可以计算得出不同喷油位置对应的液压自由活塞发动机循环热效率曲线，如图 2.4 中 η 曲线所示，在一定喷油位置调节范围内，存在循环热效率最大值。

从图 2.5 所示液压自由活塞发动机实测 p - V 示功图可知，由于液压自由活塞发动机最大爆发压力出现在上

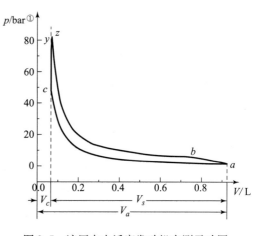

图 2.5　液压自由活塞发动机实测示功图

止点，混合循环中最大压力点 z 点与最小容积点（活塞上止点对应的气缸工作容积）y 点几乎重合于一点，由此可见液压自由活塞发动机循环更接近于等容循环。

2.2.4　等容度分析

为了对液压自由活塞发动机等容循环形式进行深层次剖析，对其进行等容度计算。

---

① 1 bar = 10^5 Pa。

根据对理想循环的热力学分析可知，等容燃烧的热效率最高，随着燃烧远离上止点，热效率逐渐下降。等容度指的是实际循环的热效率相对于等容循环热效率的下降程度。等容度表征了热机实际循环相对于等容循环的逼近程度。将实际循环的 $p-V$ 示功图进行微元化处理，将其分割成若干理想循环曲线（两条绝热曲线和两条定容曲线）围成的微元循环，如图2.6所示。

则微元循环的效率为：

$$\eta_{t\varphi} = 1 - \frac{1}{\varepsilon_\varphi^{k-1}} \quad (2.7)$$

式中，$\varepsilon_\varphi = V_a / V_\varphi$。

由于与实际循环相当的定容循环效率为：

$$\eta_t = 1 - \frac{1}{\varepsilon^{k-1}} \quad (2.8)$$

则该微元循环效率百分比为：

$$\eta_{dcv\varphi} = \frac{\eta_{t\varphi}}{\eta_t} = \frac{1 - \dfrac{1}{\varepsilon_\varphi^{k-1}}}{1 - \dfrac{1}{\varepsilon^{k-1}}} \quad (2.9)$$

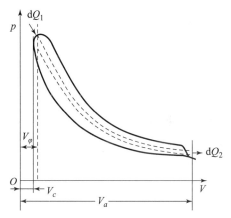

图2.6 微元等容循环示意图

由于微元循环的功为 $\eta_{t\varphi} dQ$，将该项积分，就可以得到指示功的热量，相当于等容循环功的热量为 $\eta_t dQ$，则等容度为：

$$\eta_{dcv} = \frac{1}{\eta_t Q} \int \eta_{t\varphi} dQ = \frac{1}{\eta_t Q} \int \eta_t \eta_{dcv\varphi} dQ = \frac{1}{Q} \int \frac{dQ}{dt} \eta_{dcv\varphi} dt \quad (2.10)$$

由式（2.10）可知，要使等容度 η_{dcv} 增大，必须在上止点附近使放热率 dQ/dt 增大，根据对液压自由活塞发动机燃烧过程的分析（见第6章）结果来看，液压自由活塞发动机放热率峰值出现在上止点附近，这也进一步说明了液压自由活塞发动机的循环过程更接近等容循环。

2.3 热力学第二定律分析

以上分析是以热力学第一定律作为基础的能量平衡法来进行分析的，这种方法反映了能量的守恒性，而没有考虑各种不同形式的能量在使用价值上的不等价性。热力学第二定律则能具体反映出造成能量损失的各个不可逆因素及其影响的严重程度，从而为液压自由活塞发动机能量的利用指明方向。

2.3.1 热力学第二定律基础

1. 熵的定义

熵是根据热力学第二定律导出的一个十分重要的概念。其定义为在微元可逆过程中，系统与外界交换的热量除以传热时系统的温度所得的商。即：

$$ds = \frac{dq}{T} \tag{2.11}$$

由式（2.11）可知，相同的热量，温度高则熵小，温度低则熵大。它指的是热量可以转变为功的程度，熵小则转变程度高，熵大则转变程度低。

根据熵的定义及热力学第一定律解析式可以得出理想气体熵的变化计算式为：

$$ds = \frac{du + pdV}{T} = \frac{c_V}{T}dT + \frac{R}{V}dV = \frac{dh - Vdp}{T} = \frac{c_p}{T}dT - \frac{R}{p}dp \tag{2.12}$$

式中，u 为内能；R 为气体常数；h 为焓。

2. 㶲的定义

在给定环境下任何形态的能量理论上能够转变为有用功的那部分能量称为该能量中的㶲或可用能，或称为有效能。㶲可分为多种形式。下面针对液压自由活塞发动机热力学分析所涉及的㶲类型进行简要介绍。

（1）机械㶲，包括动能和位能，理论上机械㶲能够全部转化为有用功。

（2）热量㶲，指其温度高于环境条件的系统，在给定的环境条件下发生可逆变化时，通过边界传递的热量所能做出的最大有用功。即热量㶲是热量 Q 相对于环境所能做出的最大有用功 E_Q：

$$E_Q = W_{\max} = \int \delta W_{\max} = \int \left(1 - \frac{T_0}{T}\right)\delta Q = Q - T_0 \Delta S \tag{2.13}$$

式（2.13）表示热量㶲是热量 Q 所能转换的最大有用功。其㶲值的大小不仅与 Q 有关，而且与温度 T 有关。式中 T_0 为初始温度。

（3）热力学能㶲，指的是闭口系统从给定任意状态以可逆变化到与环境平衡的状态所能做出的最大有用功，称为热力学能㶲，也叫闭口系㶲。

根据热力学分析和㶲的定义可知，闭口系统中可转化为机械功的部分为㶲。同时考虑到系统与环境之间的压力不同，因此在外界交换的功量中还应包括克服环境压力所做的膨胀功 $P_0(V - V_0)$，这部分功将为环境所吸收而转变为环境的热力学能而无法再转变为有用功。由此得出热力学能㶲为：

$$E_U = U - U_0 - T_0(S - S_0) - P_0(V - V_0) \tag{2.14}$$

式中，U 为当前状态下的内能；U_0 为变化到与环境相平衡状态下的内能；T_0 为环境温度；P_0 为环境压力；S 为当前状态下的熵；S_0 为变化到与环境相平衡状态下的熵。

对于 1 kg 工质，比热力学能㶲为：

$$e_U = u - u_0 - T_0(s - s_0) - p_0(v - v_0) \tag{2.15}$$

系统的热力学能㶲取决于环境状态和系统状态，当环境状态给定后，可以认为 E_U 是系统的状态参数。

2.3.2 㶲平衡方程及㶲损失分析

㶲分析方法的基础是㶲平衡方程。能量㶲是能量本身的特性，系统具有能量的同时具有能量㶲，工质携带能量或传递能量，同时也携带或传递能量㶲。热力学第二定律能量可用性平衡与热力学第一定律能量平衡的不同之处在于，能量的可用性是不守恒的，在能量可用性平衡中必须包括由于不可逆过程造成的损失项。在任何可逆过程都不会发生㶲损失，任何不可逆过程的发生，都会出现㶲损失。根据以上分析，系统㶲平衡方程为：

$$E_Q = \Delta E_U + E_{Q_0} + W_u + I \tag{2.16}$$

式中，E_Q 为系统吸入的热量 Q 中所含的热㶲；E_{Q_0} 为系统向环境放出的热中所含的热㶲；ΔE_U 为系统热力学㶲的变化；I 为㶲损失；W_u 为对外做的功。

式（2.16）与能量平衡方程相比增加了㶲损失项 I。根据㶲平衡方程可知，输入系统的热量㶲 E_Q 等于系统热力学能㶲的增量 ΔE_U、系统向外界放出的热㶲 E_{Q_0}、通过活塞对外做的机械㶲 W_u 以及系统的㶲损失 I 之和。根据系统热量㶲的定义式（2.13）可知，㶲损失中不仅包含了系统内部的㶲损失，而且还包括了系统传热温差带来的外部㶲损失。因此，系统的㶲平衡方程可以写为：

$$I + E_{Q_0} = E_Q - W - \Delta E_U = \int \left(1 - \frac{T_0}{T_r}\right) \delta Q - W - \Delta E_U \tag{2.17}$$

式中，T_r 为热源温度；W 为有用功。

2.3.3 混合循环的㶲平衡计算

理想混合循环过程如图 2.2 所示，在对其进行㶲平衡计算时主要考虑燃烧过程中的㶲损失、冷却㶲损失、排气㶲损失、空气动力学㶲损失及机械㶲损失等，针对液压自由活塞发动机循环特点分析其循环的㶲平衡特点，在此基础上计算液压自由活塞发动机的㶲效率。以下分析计算时取 1 kg 燃料作为计算基准。

1. 燃料的㶲值

燃料在燃烧时，化学能几乎全部转化为热能，做出有用功，该有用功称为燃料的化学㶲 e_F，单位为 kJ/kg，其简化计算公式为：

$$e_F = H_u\left(1.003\,8 + 0.136\,5\frac{m_H}{m_C} + 0.030\,8\frac{m_O}{m_C} + 0.010\,4\frac{m_S}{m_C}\right) \quad (2.18)$$

式中，m_C、m_H、m_O、m_S 分别为燃料中碳、氢、氧、硫的质量；H_u 为每千克燃料完全燃烧所放出的热量。

2. 燃烧㶲损失计算

根据能量分析法可知，如果有足够的空气、有充分的时间，则燃料能够实现完全燃烧，释放出所有的能量。在这种情况下不存在能量的损失，但是燃烧是一种氧化反应释放化学能的过程，属于不可逆过程，将会引起㶲损失。另外，由于燃烧过程不是在绝热条件下进行的，必然会存在传热引起的㶲损失，称之为绝热燃烧的㶲损失。

假设液压自由活塞发动机燃烧过程是由等容过程和等压过程组成的混合燃烧过程（见图2.2），根据㶲损失定义可知：

（1）等容过程㶲损失 a_{1V} 为：

$$a_{1V} = q'_1 - e_{1V} = q'_1 - \int_c^y\left(1 - \frac{T_0}{T}\right)dq = \int_c^y \frac{T_0}{T}dq \quad (2.19)$$

（2）等压过程㶲损失 a_{1p} 为：

$$a_{1p} = q''_1 - e_{1p} = q''_1 - \int_y^z\left(1 - \frac{T_0}{T}\right)dq = \int_y^z \frac{T_0}{T}dq \quad (2.20)$$

则整个燃烧过程中的㶲损失系数为：

$$\xi'_1 = \frac{a_{1V} + a_{1p}}{e_F} = \frac{a_{1V} + a_{1p}}{\underbrace{q'_1 + q''_1}_{\mu_z}} = \frac{\mu_z\left[\int_c^y \frac{T_0}{T}dq + \int_y^z \frac{T_0}{T}dq\right]}{c_V(T_y - T_c) + c_p(T_z - T_y)}$$

$$= \frac{\mu_z T_0\left[\int_c^y \frac{c_V}{T}dT + \int_y^z \frac{c_p}{T}dT\right]}{c_V(T_y - T_c) + c_p(T_z - T_y)} \quad (2.21)$$

若令

$$\lambda = \frac{p_y}{p_c} = \frac{T_y}{T_c};\ \rho = \frac{V_z}{V_y} = \frac{T_z}{T_y}$$

则式（2.21）可写为：

第 2 章 液压自由活塞发动机工作原理及热力学基础

$$\xi'_1 = \frac{\mu_z T_0 \left(\ln \dfrac{T_y}{T_c} + k_1 \ln \dfrac{T_z}{T_y} \right)}{(T_y - T_c) + k_1(T_z - T_y)} = \frac{\mu_z T_0 (\ln\lambda + k_1 \ln\rho)}{T_c(\lambda - 1) + k_1 T_z \left(1 - \dfrac{1}{\rho}\right)} \tag{2.22}$$

式中，ξ'_1 为燃烧过程中的㶲损失系数；μ_z 为燃烧过程有效热量系数；$k_1 = c_p/c_V$。

由于不完全燃烧造成的㶲损失为：

$$a_c = T_0 \frac{q_s}{\overline{T}} = \frac{T_0}{\overline{T}}(1-\mu_z)e_F \tag{2.23}$$

膨胀过程中的平均温度 $\overline{T}$ 为：

$$\overline{T} = \frac{T_z + T_b}{2} = \frac{T_0 \varepsilon^{k-1}\lambda\rho + T_0 \lambda\rho^k}{2} = \frac{\lambda}{2}T_0(\varepsilon^{k-1}\rho - \rho^k) \tag{2.24}$$

则由于不完全燃烧造成的㶲损失系数为：

$$\xi''_1 = \frac{a_c}{e_F} = \frac{\dfrac{T_0}{\overline{T}}(1-\mu_z)e_F}{e_F} = \frac{2(1-\mu_z)}{\lambda(\varepsilon^{k-1}\rho - \rho^k)} \tag{2.25}$$

燃烧过程总的㶲损失为：

$$\xi_1 = \xi'_1 + \xi''_1 \tag{2.26}$$

(3) 冷却㶲损失计算。

冷却㶲损失计算可分为两部分：压缩过程冷却㶲损失和膨胀过程冷却㶲损失。其中在压缩过程中，工质是从气缸壁面吸热中获得了㶲。

①压缩过程冷却㶲损失。

实际的压缩过程冷却㶲损失为压缩过程中的㶲：

$$e_{2c} = \int_a^c \left(1 - \frac{T_0}{T}\right)\mathrm{d}q \tag{2.27}$$

压缩过程中气缸内的工质为纯空气，设发动机的循环进气质量为 m_g，则压缩过程中的㶲损失系数为：

$$\xi'_2 = \frac{m_g \cdot e_{2c}}{e_F} = \frac{m_g \int_a^c \left(1 - \dfrac{T_0}{T}\right)\mathrm{d}q}{e_F} = \frac{m_g c_n \left[T_a(\varepsilon^{n_1-1} - 1) - T_0 \ln\varepsilon^{n_1-1}\right]}{e_F} \tag{2.28}$$

注意到：

$$c_n = \frac{n_1 - k_1}{n_1 - 1}c_V \tag{2.29}$$

式中，n_1 为该多变过程的多变指数。

于是，式（2.28）可写为：

$$\xi_2' = \frac{m_g \cdot e_{2c}}{e_F} = \frac{m_g \int_a^c \left(1 - \frac{T_0}{T}\right)dq}{e_F}$$

$$= \frac{m_g c_V \dfrac{n_1 - k_1}{n_1 - 1}\left[T_a(\varepsilon^{n_1-1} - 1) - T_0 \ln \varepsilon^{n_1-1}\right]}{e_F} \quad (2.30)$$

②膨胀过程冷却㶲损失。

膨胀过程中的冷却㶲损失计算根据混合循环图 2.2 所示，可分为等熵膨胀过程 zb 段的冷却㶲损失和等压膨胀过程 yz 段的冷却㶲损失两部分。

a. 等熵膨胀过程 zb 段的冷却㶲损失。

等熵膨胀过程 zb 段的冷却㶲损失为：

$$e_{2e} = (1 + m_g)\int_z^b \left(1 - \frac{T_0}{T}\right)dq = (1 + m_g)c_n \int_z^b \left(1 - \frac{T_0}{T}\right)dT \quad (2.31)$$

膨胀过程中未燃燃料㶲为：

$$e_F' = (1 - \mu_z)e_F \quad (2.32)$$

则等熵膨胀过程 zb 段的冷却㶲损失系数为：

$$\xi_2'' = \frac{e_F' - a_c - e_{2e}}{e_F}$$

$$= \frac{(1 - \mu_z)\left(1 - \dfrac{T_0}{T}\right)e_F - (1 + m_g)\int_z^b\left(1 - \dfrac{T_0}{T}\right)c_n dT}{e_F}$$

$$= (1 - \mu_z)\left(1 - \frac{T_0}{T}\right) - \frac{(1 + m_g)c_V^g \dfrac{n_2 - k_2}{n_2 - 1}\left[(T_b - T_z) - T_0 \ln \dfrac{T_b}{T_z}\right]}{e_F}$$

$$(2.33)$$

式中，n_2 为该多变过程的多变指数。

b. 等压膨胀过程 yz 段的冷却㶲损失。

等压膨胀过程与等熵膨胀过程的冷却㶲损失不同，两个过程换热强度相同，但是传热面积不同，只需要乘以系数 $\beta = (\rho - 1)/(\varepsilon - \rho)$ 进行换算即可。

$$\xi_2''' = \frac{\rho - 1}{\varepsilon - \rho}\xi_2'' \quad (2.34)$$

总的冷却㶲损失系数为:
$$\xi_2 = \xi'_2 + \xi''_2 + \xi'''_2 \qquad (2.35)$$

(4) 排气㶲损失计算。

根据图 2.2 可知,排气过程为定容散热过程,该过程中的㶲损失为:
$$e_3 = (1 + m_g) \int_a^b \left(1 - \frac{T_0}{T}\right) dq = (1 + m_g) c_V^g \int_a^b \left(1 - \frac{T_0}{T}\right) dT \qquad (2.36)$$

㶲损失系数为:
$$\xi_3 = \frac{e_3}{e_F} = \frac{(1 + m_g) c_V^g \int_a^b \left(1 - \frac{T_0}{T}\right) dT}{e_F} = \frac{(1 + m_g) c_V^g \left[(T_b - T_a) - T_0 \ln \frac{T_b}{T_a}\right]}{e_F} \qquad (2.37)$$

(5) 空气动力学损失。

① 进气过程由于节流作用引起的压力㶲损失为:
$$e'_4 = m_g R_g T_0 A \ln \frac{p_b}{p_0} = m_g R_g T_0 A \ln \frac{T_b}{T_0} \qquad (2.38)$$

式中,R_g 为气体常数;A 为节流面积。

进气过程的㶲损失系数为:
$$\xi'_4 = \frac{e'_4}{e_F} = \frac{m_g R_g T_0 A \ln \frac{p_b}{p_0}}{e_F} = \frac{m_g R_g T_0 A \ln \frac{T_b}{T_0}}{e_F} \qquad (2.39)$$

② 排气过程由于节流作用引起的压力㶲损失为:
$$e''_4 = (1 + m_g) R_g T_0 A \ln \frac{p_b}{p_0} = (1 + m_g) R_g T_0 A \ln \frac{T_b}{T_0} \qquad (2.40)$$

排气过程的㶲损失系数为:
$$\xi''_4 = \frac{e''_4}{e_F} = \frac{(1 + m_g) R_g T_0 A \ln \frac{p_b}{p_0}}{e_F} = \frac{(1 + m_g) R_g T_0 A \ln \frac{T_b}{T_0}}{e_F} \qquad (2.41)$$

总的空气动力学㶲损失系数为:
$$\xi_4 = \xi'_4 + \xi''_4 \qquad (2.42)$$

(6) 机械㶲损失系数计算:
$$\xi_5 = \frac{(N_i - N_e) \times 632}{N_e g_e e_F} \qquad (2.43)$$

式中,N_i 为指示功率;N_e 为有效功率;g_e 为燃油消耗率。

(7) 㶲效率计算：

$$\eta_e = \frac{632 N_e}{B \cdot e_F} = 1 - \xi_1 - \xi_2 - \xi_3 - \xi_4 - \xi_5 \tag{2.44}$$

2.3.4 㶲平衡计算结果参数分析

通过对理想混合循环各部分的㶲损失计算可知，混合循环的压力升高比 λ、预胀比 ρ 和压缩比 ε 对于各部分的㶲损失都有一定程度的影响，为了详细分析各参数对㶲的影响情况，对其进行了参数化分析。

图 2.7 给出了当其他参数不变时，改变压力升高比 λ 时对应各部分的㶲损失系数和㶲效率的变化情况。从图中可以看出，随着 λ 增大，等容度增加，燃烧的热效率增加，燃烧过程的㶲损失系数有所降低，而由于燃烧最高温度的增加，冷却㶲损失、排气㶲损失等均有不同程度的增加，导致整个循环过程的㶲损失随 λ 的增大而增加，使得㶲效率有所下降。

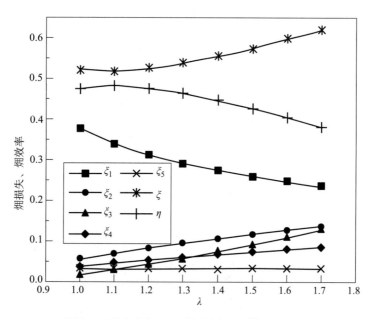

图 2.7 压力升高比 λ 对㶲损失、㶲效率的影响

图 2.8 给出了当其他参数不变时，改变预胀比 ρ 时对应各部分的㶲损失系数和㶲效率的变化情况。从图中可以看出，随着 ρ 增大，冷却㶲损失明显增加，排气㶲损失也略有增加，而燃烧过程的㶲损失略有降低，其他㶲损失影响不明显，综合各方面的㶲损失导致整个循环过程的㶲损失随 ρ

的增大而增加，使得㶲效率有所下降。这是由于，定容线比定压线陡，故加大定压燃烧份额造成的循环平均吸热温度增加不如循环平均放热温度增加得快，从而导致热效率反而下降。

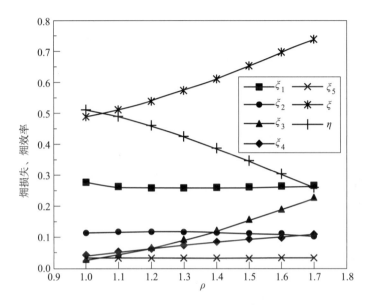

图 2.8　预胀比 ρ 对㶲损失、㶲效率的影响

图 2.9 给出了当其他参数不变时，改变压缩比 ε 时对应各部分的㶲损失系数和㶲效率的变化情况。根据前述分析可知，压缩比 ε 对燃烧过程的㶲损失和冷却㶲损失有直接影响，其他部分㶲损失与压缩比无直接关系，从图中可以看出，随着 ε 增大，压缩终了的温度压力都有所提升，燃烧过程有所改善，燃烧过程的㶲损失略有减小，冷却㶲损失略有增加，整个循环过程的㶲损失随 ε 的增大而略有下降，使得㶲效率略有提高。

根据上述对于理论混合循环过程的㶲损失分析，下面结合液压自由活塞发动机循环过程的特点分析其实际循环过程中各部分的㶲损失情况。

1. 压力升高比 λ

根据前述对图 2.5 液压自由活塞发动机实际循环过程示功图的分析和其等容度计算可知，液压自由活塞发动机循环过程更接近于等容循环，压力升高比较高，为 1.6 左右；从图 2.7 可知，虽然较高的压力升高比可以降低燃烧过程的㶲损失，但是会导致冷却㶲损失增加，进而使得整个循环过程中的㶲损失增大，㶲效率降低。

2. 预胀比 ρ

根据前面对液压自由活塞发动机工作过程的分析和热力学第一定律分

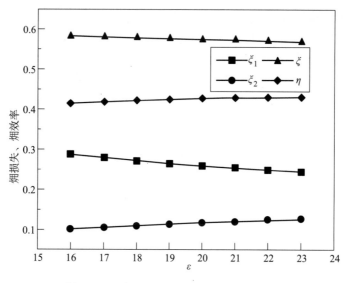

图2.9 压缩比 ε 对㶲损失、㶲效率的影响

析结果来看，液压自由活塞发动机的最大爆发压力出现在上止点附近，由于液压自由活塞发动机工作原理的特殊性，导致缸内燃烧开始后活塞仍然向上止点方向运动，使得预胀比 ρ 较小，甚至出现 $\rho<1$ 的情况；根据图2.8可知，预胀比较小时，各部分的循环过程中总的㶲损失减小，导致㶲效率增大，所以对于液压自由活塞发动机来说，较小的预胀比对于提高系统可用能的利用率非常有利。

3. 压缩比 ε

由图2.9可知，随着压缩比的提高，㶲损失降低，㶲效率提高，对于液压自由活塞发动机来说，其压缩比有条件在高压缩比状态下运行，有利于提高㶲效率。

2.3.5 热力学分析结果比较

为了提高液压自由活塞发动机能量利用率，需要对其系统进行可用能分析，以确定液压自由活塞发动机各部位的能量损失性质、大小。进行能量分析的理论依据是热力学第一定律和第二定律。热力学第一定律分析法依据能量在数量上守恒的关系，通过分析解释系统各部位能量数量上的转换、传递、利用和损失情况，确定该系统的能量利用或转换效率。热力学第一定律以能量在数量上的平衡为特点，考虑了能量在数量上的利用程度，反映了能量在数量上的外部损失。热力学第二定律分析法从能量数量和质量来分析液压自由活塞发动机各部位对能量的利用和损失情况。其中的㶲分析法揭示了能量中㶲的转换、传递、利用和损失情况，得到系统㶲效率，提出系统内部存在的能量质的贬值。

热力学第一定律和第二定律所揭示的不完善部位及损失的大小不同。表 2.1 对比了液压自由活塞发动机循环的各个环节中的能量损失和㶲损失。

表 2.1 液压自由活塞发动机的可用能分析对比

循环环节	能量损失/%	㶲损失/%	试验结果计算㶲损失/%
燃烧过程	—	27.4	23.7
冷却传热过程	25.4	12.1	16.1
排气	27.3	5.3	7.5
空气动力学	2.8	5.9	3.5
机械摩擦	3.7	3.2	2.9
合计	59.2	53.9	53.7
总效率	40.8	46.1	46.3

虽然液压自由活塞发动机的热能效率和㶲效率相差不大，但是它揭示的不完善部位的损失大小却大相径庭。根据热力学第一定律分析，最大能量损失发生在冷却传热和排气过程，而根据热力学第二定律分析，由于燃烧过程中存在不可逆过程导致的大量㶲损失，也正是这种不可逆过程引起的㶲损失，才大大增加了通过冷却和排气所带走热量的增加。

由以上分析可见，㶲分析与能量分析相比较，在揭露损失的原因、部位以及指出改进方向等方面更科学、更合理。但是能量分析也能为节约有用能指明一定的方向，譬如通过回收余热可以减少外部损失。所以在能量分析的基础上进行㶲分析，以能量分析和㶲分析相结合的方法分析有用能系统是非常必要的。

第 3 章

液压自由活塞发动机基于能量的参数化设计方法

本章从能量法入手，针对液压自由活塞发动机进行参数化设计方法研究，构建结构参数和性能参数之间的关系方程组，通过对其进行参数化研究，获得液压自由活塞发动机参数匹配规律，为液压自由活塞发动机原理样机的设计提供理论依据。

3.1 基于能量法的参数化设计方法概述

根据液压自由活塞发动机的工作原理和工作过程可知，液压自由活塞发动机是将喷入气缸的燃料燃烧的热能通过活塞组件转化为液压能输出，活塞组件的运动规律完全取决于作用于活塞组件上的力的情况，即作用于动力活塞上的缸内气体压力、作用于泵活塞上周期性变化的液压力以及泵和回弹活塞、压缩活塞上的恒定液压力，活塞组件在上述诸力共同作用下完成热能到液压能的转化。根据以上分析可知，液压自由活塞发动机工作过程是不同形式能量之间的相互转化过程，对其进行总体设计则是一个多参数、多变量交互耦合的复杂过程，本章在对液压自由活塞发动机进行总体设计时以活塞运动过程中能量平衡为依据，对液压自由活塞发动机进行基于能量法的参数化设计，构建结构参数和性能参数之间的关系方程组，通过对方程组的求解完成原理样机结构参数匹配设计，设计方法的正确性在后续的试验中已得以验证。

3.1.1 能量法参数化模型的建立

对于液压自由活塞发动机总体设计阶段，各个参数之间的相互关系是研究重点，对其进行参数化研究是非常必要的。为此对液压自由活塞发动机进行参数化建模，将活塞组件受到的液压作用力、缸内气体作用力、活塞组件上各个活塞的面积均作参数化处理，根据能量法原理，建立能量方程。根据液压自由活塞发动机的工作原理，对活塞组件进行工作过程力学分析和能量分析，提取活塞组件为研究对象，可以得到如图3.1所示的受力示意图。

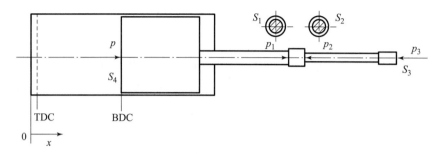

图3.1 活塞组件受力示意图

图3.1中，S_4为动力活塞面积，p为缸内气体压力；p_1为泵和回弹活塞上受到的恒定液压力，其作用面积为环形面积S_1；p_2为泵活塞上受到的周期性变化的液压力，其受力面积为环形面积S_2，p_2的周期性变化指的是：在压缩冲程，泵腔吸油，p_2为低压油压力，在膨胀冲程，泵活塞将低压油加压后输出，作用其上的压力p_2为高压；压缩活塞受到恒定液压力p_3的作用，其作用面积为S_3。设活塞位移零点为气缸盖底平面，正方向向右。

根据能量守恒定律，液压自由活塞发动机是将输入的燃油能量转化为输出的高压液压能，即以整个系统作为研究对象，可以看作活塞组件的往复运动能量来源于液压自由活塞发动机燃油提供的能量，在整个运动过程中遵守能量平衡原理，则有如下通式：

$$U = W_p + \sum_i Q_i + \sum_j h_j \cdot m_j = \sum_k W_k \quad (3.1)$$

式中，U为系统燃油提供的能量；W_p为作用在动力活塞上的机械功；Q_i为缸内气体与外界的热交换量；h_j为质量m_j带入（或带出）系统的能量；W_k为活塞组件推动液压油所做的功。

方程中的正负号作如下规定：加入系统的能量取正号，从系统中释放的能量取负号。在总体设计阶段，主要考虑系统的总体结构参数之间的关系，忽略次要因素、简化计算模型对于总体设计来说是很有必要的，该方程中忽略气缸内气体与外界的热交换，假设气缸内气体质量不发生变化，则上式可简化为：

$$U = W_p = \sum_k W_k \quad (3.2)$$

作用于活塞组件上的各个力对活塞组件做的功可以用下式计算：

$$U = (pS_4) \cdot x = (p_3 S_3) \cdot x + f(\dot{x})(p_2 S_2) \cdot x - (p_1 S_1) \cdot x + \text{sign}(\dot{x}) F_f \cdot x$$
$$(3.3)$$

式中，x 为活塞位移；$f(\dot{x})$ 为活塞 S_2 上受到的液压力与运动方向之间的关系；$\text{sign}(\dot{x})$ 为活塞组件受到的摩擦力与运动方向相反；F_f 为活塞组件所受摩擦力。

从能量角度来看，对于式（3.3）中缸内气体对活塞所做的功利用平均有效压力计算不失其正确性。

由于压缩过程和膨胀过程中泵活塞受到的液压力 p_2 不同，为了更方便说明问题，下面针对压缩过程和膨胀过程，分别对方程式（3.3）进行分析与求解计算。

3.1.2　压缩过程计算

压缩过程是指活塞组件在 p_3 作用下向上止点运动压缩气缸内气体的过程，在此过程中，泵活塞吸入泵腔低压油压力为 p_L，作用于泵活塞上的液压力 $p_2 = p_L$，泵和回弹活塞输出高压油，压力为 p_1，由于 $p_L \ll p_1$，为简化计算，在压缩过程计算时忽略 p_L 项，不计摩擦力，缸内气体处于封闭状态，不计漏气损失，则压缩过程的能量平衡方程可写为：

$$U_c = (p_c S_4) \cdot x = (p_3 S_3) \cdot x - (p_1 S_1) \cdot x \tag{3.4}$$

压缩过程中，缸内气体压力 p_c 按照压缩过程中气缸内气体内能的增加等于活塞对其所做的功计算，该过程为绝热压缩过程，可得：

$$E_c = \Delta U_c \tag{3.5}$$

$$\Delta U_c = \int_{\text{BDC}}^{\text{TDC}} F_{p_c} dx = \int_{\text{BDC}}^{\text{TDC}} p_c \cdot S_4 dx = \int_{\text{BDC}}^{\text{TDC}} p_c dV = \bar{p}_c V_0 \tag{3.6}$$

$$E_c = \int_{\text{BDC}}^{\text{TDC}} p_0 \left(\frac{V_0}{V}\right)^\gamma dV = \frac{p_0 V_0}{n-1}(\varepsilon^{\gamma-1} - 1) \tag{3.7}$$

整理式(3.5)~式（3.7）得：

$$\bar{p}_c = \frac{p_0}{\gamma - 1}(\varepsilon^{\gamma-1} - 1) \tag{3.8}$$

式中，γ 为比热容比；ε 为压缩比；p_0 为气缸内气体压缩初始压力；V_0 为气缸工作容积。

3.1.3　膨胀过程计算

膨胀过程是指活塞组件在气缸内燃气压力作用下快速向下止点运动的过程，该过程中，气缸内气体膨胀对外输出功，泵活塞将低压油加压后输出，压缩活塞将控制腔中的压力油推回到蓄能器。此阶段中，缸内气体处于封闭状态，若不计漏气损失，不计摩擦力，忽略气体与外界的热交换，同时膨胀过程中泵活塞受到输出的压力 $p_2 = p_1$，则压缩过程中能量平衡方程

第 3 章　液压自由活塞发动机基于能量的参数化设计方法　49

可写为：

$$U_e = (p_e S_4) \cdot x = (p_3 S_3) \cdot x + p_1 \cdot (S_2 - S_1) \cdot x \tag{3.9}$$

式中，p_e 为膨胀过程中的缸内气体压力。

根据平均气体有效压力的定义，膨胀过程中的气体压力按定义等效为膨胀过程平均气体压力 $\bar{p}_e$，实际循环过程中 $\bar{p}_e$ 的大小取决于输入的燃油能量，在该处将该参数作为输入量进行研究，不影响其研究的目的和精度。于是，式（3.9）可写为：

$$U_e = (\bar{p}_e S_4) \cdot x = (p_3 S_3) \cdot x + p_1 \cdot (S_2 - S_1) \cdot x \tag{3.10}$$

3.1.4　活塞与柱塞面积参数匹配

为寻求液压自由活塞发动机活塞组件中各个活塞面积之间的比例关系，作如下整理：

将压缩过程方程式（3.5）整理为：

$$\bar{p}_c S_4 = p_3 S_3 - p_1 S_1 \tag{3.11}$$

将膨胀过程方程式（3.10）整理为：

$$\bar{p}_e S_4 = p_1 (S_2 - S_1) + p_3 S_3 \tag{3.12}$$

将式（3.11）、式（3.12）整理可得：

$$(\bar{p}_e - \bar{p}_c) S_4 = p_1 S_2 \tag{3.13}$$

即：

$$\frac{S_4}{S_2} = \frac{p_1}{\bar{p}_e - \bar{p}_c} \tag{3.14}$$

设：

$$S_2 = 2S_1 \tag{3.15}$$

将式（3.15）代入式（3.12）可得：

$$\bar{p}_e S_4 = p_1 S_1 + p_3 S_3 \tag{3.16}$$

整理式（3.11）、式（3.16）得：

$$\bar{p}_c S_4 + \bar{p}_e S_4 = 2 p_3 S_3 \tag{3.17}$$

即：

$$\frac{S_4}{S_3} = \frac{2 p_3}{\bar{p}_e + \bar{p}_c} \tag{3.18}$$

式（3.14）、式（3.15）、式（3.18）给出了活塞组件上四个活塞面积之间的比例关系。

根据以上分析，将液压自由活塞发动机工作过程用参数 S_1、S_2、S_3、S_4、p_1、p_2、p_3、$\bar{p}_c$、$\bar{p}_e$ 等描述，可得到液压自由活塞发动机工作过程中的主要参数之间的关系。

3.1.5 液压自由活塞发动机输出流量及功率匹配

从液压自由活塞发动机的原理可知,液压自由活塞发动机每循环对外输出的高压油流量包括两部分,一部分为活塞组件压缩过程中泵和回弹活塞输出的流量 Q_1,另一部分为活塞组件在膨胀过程中泵活塞对外输出的净流量 Q_2,可通过下列各式计算求得:

$$Q_1 = S_1 x \tag{3.19}$$

注意到泵活塞在膨胀过程中输出的流量有一部分会流入泵和回弹活塞所在高压腔,对外输出的净流量为:

$$Q_2 = S_2 x - S_1 x \tag{3.20}$$

则液压自由活塞发动机每循环对外输出的净流量为:

$$\Delta Q = Q_1 + Q_2 = S_1 x + S_2 x - S_1 x = S_2 x \tag{3.21}$$

液压自由活塞发动机每分钟输出的流量为:

$$Q = 60 \cdot \Delta Q \cdot f = 60 S_2 x f \tag{3.22}$$

式中,f 为液压自由活塞发动机的工作频率。

液压自由活塞发动机的输出功率可用下式计算:

$$P_f = \Delta Q \cdot \Delta p \cdot f = S_2 x (p_1 - p_L) f \approx S_2 x p_1 f \tag{3.23}$$

式中,P_f 为频率为 f 时发动机的输出功率;p_L 为泵活塞在压缩冲程时吸入的低压油的压力。

上述系列方程建立了液压自由活塞发动机的输出功率、流量等整体性能参数之间的关系,通过以上各个方程式的计算可以完成预定参数之间的匹配。

3.2 参数匹配规律研究

根据能量法对液压自由活塞发动机进行参数化设计,求取参数之间的相互关系方程式,通过对方程求解可以得出各个参数之间的交互影响规律。下面分别对不同设计参数之间的影响规律进行讨论。

3.2.1 活塞组件面积匹配规律

由上述建立的液压自由活塞发动机参数关系式可见,液压自由活塞发动机是一个多参数交互耦合系统,结构参数与性能参数之间存在相互制约关系，当动力活塞面积给定的情况下，泵活塞面积与压缩活塞面积的设计与液压自由活塞发动机的输出功率、流量以及气缸内膨胀冲程的平均气体压力等参数直接相关。根据上述公式计算可得液压自由活塞发动机输出功率、流量、压缩活塞面积 S_3 和膨胀过程中的平均气体压力 $\bar{p}_e$ 等参数与泵活塞面积 S_2 之间的关系，如图 3.2 所示。

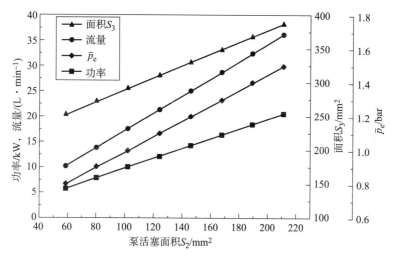

图 3.2　泵活塞面积影响规律

结合液压自由活塞发动机工作原理分析图 3.2 中各个参数之间的匹配关系：当动力活塞面积一定时，增大泵活塞面积 S_2，可以提高液压自由活塞发动机输出功率和输出高压油流量，如图中流量曲线、功率曲线所示，但前提是压缩活塞面积 S_3 必须随泵活塞面积按比例增大，同时增大循环供油量，该处表现为提高膨胀冲程中缸内气体平均压力，才能保证液压自由活塞发动机正常运行过程中的能量平衡。从总体设计活塞组件面积参数匹配的角度来看，当动力活塞面积一定时，提高液压自由活塞发动机输出功率的途径之一可以通过增大泵活塞面积 S_2 的同时增大压缩活塞面积 S_3 来实现。

图 3.3 给出了液压自由活塞发动机的压缩活塞面积 S_3 与液压自由活塞发动机输出功率、流量、泵活塞面积 S_2 和膨胀过程中的平均气体压力等参数之间的匹配关系。结果表明，图 3.3 与图 3.2 有着同样的特征趋势，在动力活塞面积给定的情况下，增大压缩活塞面积 S_3 必须同时按比例增大泵活塞面积 S_2 和增加循环供油量（该处的膨胀冲程气体平均压力），才能保证液压自由活塞发动机正常运行过程中的能量平衡，在此前提下，增加压缩活

塞面积 S_3 可以提高发动机的输出功率和输出液压油流量。从液压自由活塞发动机工作循环来看，增大压缩活塞面积 S_3 可以提高活塞压缩过程中的能量，为液压自由活塞发动机燃烧更多的燃料提供条件，进而增大液压自由活塞发动机的输出功率。

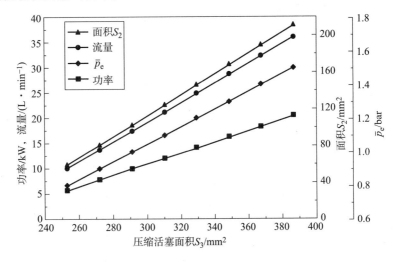

图 3.3　压缩活塞面积影响规律

上述结果进一步表明，液压自由活塞发动机工作过程是一个多参数匹配和能量平衡的过程，动力活塞、泵活塞和压缩活塞的面积之间存在相互制约的关系，不能通过只改变某一个面积而达到改变输出功率和流量的效果。

根据以上分析和液压自由活塞发动机的工作原理可知，泵活塞面积 S_2 与输出压力 p_1 直接相关，压缩活塞面积 S_3 与控制腔压力 p_3 直接相关。为了进一步探索液压自由活塞发动机输出压力 p_1、控制腔压力 p_3 与活塞面积比之间的匹配关系，分别考察了不同输入能量（指输入液压自由活塞发动机的循环喷油量，该处表现为膨胀平均气体压力）情况下，动力活塞和泵活塞面积比 S_4/S_2 与输出压力之间的关系，如图 3.4 所示；以及不同压缩比情况下，动力活塞和压缩活塞面积比 S_4/S_3 与控制腔压力之间的关系，如图 3.5 所示。

图 3.4 给出了不同膨胀冲程中缸内气体平均压力（循环喷油量）对应的动力活塞与泵活塞面积比 S_4/S_2 与输出压力 p_1 之间的关系，对于前述能量法设计中的膨胀冲程缸内气体平均压力实际上表征了液压自由活塞发动机输入的循环能量大小，即相当于循环喷油量参数，循环喷油量越大，则膨胀冲程中缸内气体平均压力越大，反之亦然。从图中可以看出，当膨胀冲

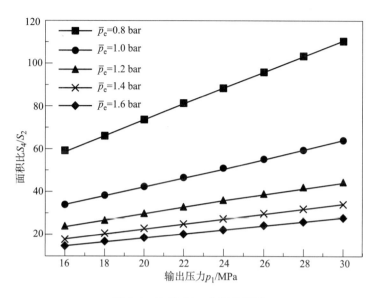

图 3.4 S_4/S_2 与 p_1 之间的关系

程缸内气体平均压力一定时（循环供油量一定时），随着输出压力 p_1 的增大，则活塞面积比 S_4/S_2 逐渐增大，从能量角度分析，假设动力活塞面积 S_4 一定时，提高输出压力 p_1 则需要减小泵活塞面积 S_2 才能保证系统的能量平衡，即作用于泵活塞上的力所做的功一定。同时，从图 3.4 还可以看出随着膨胀过程中平均气体压力的增加，活塞面积比 S_4/S_2 随输出压力 p_1 的变化斜率逐渐减小，且活塞面积比 S_4/S_2 的绝对值减小。该参数变化趋势反应在液压自由活塞发动机系统中，则表现为：当液压自由活塞发动机的循环喷油量增加时（图中膨胀过程平均气体压力增加时），动力活塞与泵活塞的面积比 S_4/S_2 较小（即当动力活塞面积一定时泵活塞面积较大），且随着输出压力的增加，面积比增大幅度减缓。从液压自由活塞发动机总体设计参数匹配角度来看，当输出压力 p_1 一定时，提高设计循环喷油量可以降低动力活塞与泵活塞的面积比 S_4/S_2；当循环喷油量一定时，增大输出压力 p_1 则需要增大动力活塞与泵活塞的面积比 S_4/S_2。

图 3.5 给出了不同压缩比条件下，控制腔压力 p_3 与动力活塞与压缩活塞的面积比 S_4/S_3 之间的匹配关系，从图中可以看出，当压缩比一定时，提高控制腔压力 p_3 需要增加活塞面积比 S_4/S_3 才能满足系统平衡要求。同样从能量平衡角度来看，如果动力活塞面积不变，增大恢复压力需要减小压缩活塞面积才能保证系统能量平衡。当增大液压自由活塞发动机压缩比时，活塞面积比 S_4/S_3 随控制腔压力 p_3 的变化趋势不变，但是其增幅略有减小。

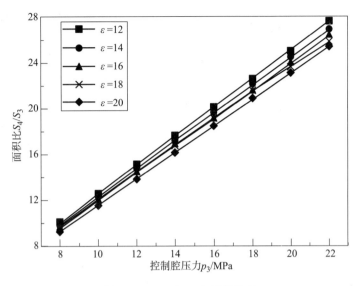

图 3.5　S_4/S_3 与 p_3 之间的关系

3.2.2　液压力参数匹配规律

根据上述对液压自由活塞发动机活塞组件面积之间匹配规律的研究分析可知，在动力活塞面积、缸内气体参数确定的前提下，作用于活塞组件上的液压力的匹配是一个单变量求解过程。图 3.6 给出了控制腔压力 p_3 与泵活塞面积 S_2 和压缩活塞面积 S_3 之间的匹配关系，当设计控制腔压力 p_3 =

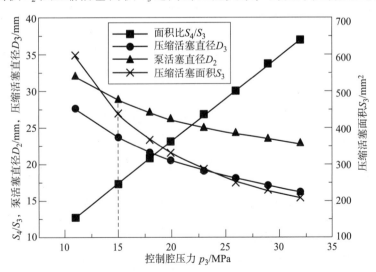

图 3.6　控制腔压力参数匹配规律

15 MPa时，则泵活塞面积 S_2 和压缩活塞面积 S_3 随之确定。

同样方法可以对输出压力 p_1（设计 $p_1 = p_2$）进行参数匹配，图 3.7 给出了输出压力 p_2 与泵活塞面积 S_2 和压缩活塞面积 S_3 之间的匹配关系，如设计输出压力 $p_2 = 25$ MPa 时，则泵活塞面积 S_2、输出流量 Q、输出功率 P_f 等参数随之确定。

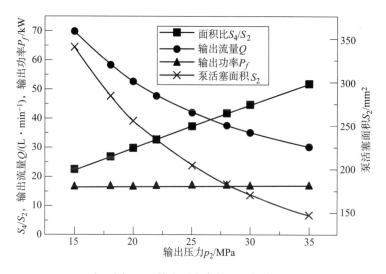

图 3.7　输出压力参数匹配规律

从图 3.7 可以看出，该组参数匹配是基于等功率曲线进行的，不同输出压力通过活塞面积之间的匹配可以得到相同的输出功率。当提高设计输出压力 p_2 时，可以通过减小泵活塞的面积 S_2，从而减小输出流量 Q 来达到设计功率不变的目的；当降低设计输出压力 p_2 时，可以通过增大泵活塞面积 S_2，进而提高输出流量 Q 的方法保持输出功率维持设计值不变。由此，可以在保证输出功率的前提下为优化液压自由活塞发动机结构参数进行匹配设计。

3.2.3　循环喷油量（膨胀冲程气体平均压力）的影响规律

液压自由活塞发动机循环喷油量是系统能量输入参数，该参数的大小直接关系到系统输出能量的大小与能力，是表征液压自由活塞发动机做功能力的一个重要参数。由式（3.14）和式（3.18）可知，膨胀冲程缸内气体平均压力 $\bar{p}_e$ 对于液压自由活塞发动机活塞面积比 S_4/S_2、S_4/S_3 有直接影响，在其他参数给定的条件下，计算不同 $\bar{p}_e$ 对应泵活塞面积 S_2、压缩活塞面积 S_3、液压自由活塞发动机输出流量 Q 和输出功率 P_f 之间的匹配关系如

图3.8所示。

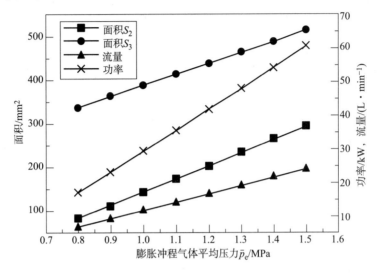

图3.8 膨胀气体平均压力参数匹配规律

从图3.8中可以看出,如果提高液压自由活塞发动机设计循环喷油量(膨胀冲程气体平均压力 $\bar{p}_e$),需要同时增大泵活塞面积 S_2 和压缩活塞面积 S_3 方可保证液压自由活塞发动机在工作过程中实现能量平衡匹配,由于泵活塞面积 S_2 的增大,提高了液压自由活塞发动机的输出功率和输出流量。

3.2.4 发动机运行频率的影响规律

如前所述,液压自由活塞发动机可以通过"调频"方式调节输出功率,当结构参数给定时,液压自由活塞发动机输出功率与流量随频率的变化关系如图3.9所示。由式(3.22)、式(3.23)可知,输出功率与输出流量与液压自由活塞发动机频率成正比,频率增大液压自由活塞发动机输出功率和流量随之增大。

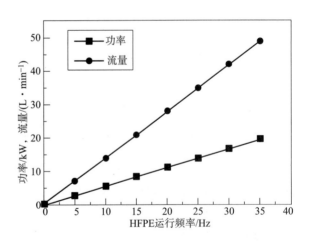

图3.9 液压自由活塞发动机运行频率影响规律

第 4 章

液压自由活塞发动机建模与动态特性

本章根据第 3 章确定的液压自由活塞发动机原理样机基本结构参数，建立基于缸内热力学、活塞动力学、液压流体力学的液压自由活塞发动机动态特性仿真模型，通过仿真计算对液压自由活塞发动机稳定运行时的运行特性进行研究，主要考察活塞运动规律、液压系统各个腔室压力、流量变化规律，并且通过试验验证仿真模型的正确性。利用模型计算液压自由活塞发动机运行参数对活塞运动的影响规律。

从液压自由活塞发动机活塞运动情况来看，其活塞运动不同于传统曲柄连杆式发动机，根据活塞运动受力原理将其视为变阻尼、变刚度的单自由度受迫振动，振动周期、频率等参数与外部周期性燃烧激励密切相关。通过对液压自由活塞发动机活塞运动方程变形整理得到其简谐振动方程，从力学角度对液压自由活塞发动机进行运动特性基础研究，探索液压自由活塞发动机能够连续稳定运行的必要条件。通过对液压自由活塞发动机运行特性的研究，为原理样机设计、控制策略制定、控制系统开发以及液压执行元件选取提供理论依据。

4.1 仿真模型的建立

4.1.1 仿真模型物理描述

对液压自由活塞发动机建立的仿真模型是基于前述单活塞式液压自由活塞发动机，结构示意图如图 4.1 所示，图中液压部分箭头方向表示液压油的流动方向，设定气缸盖底平面所在位置为活塞位移坐标原点，正方向向右。

4.1.2 仿真模型的简化与假设

为了把握主要研究内容，对液压自由活塞发动机相应的细节进行如下必要的简化与假设。

1. 闭口系统假设

液压自由活塞发动机实际工作过程中，每个循环存在燃烧废气排出和

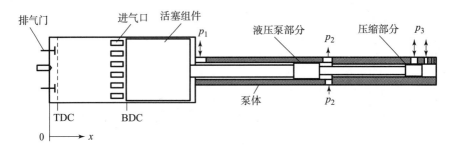

图 4.1 液压自由活塞发动机结构示意图

新鲜充量吸入的过程,以及循环过程中工质的泄漏等现象,显然是一个开口系统。在建立动态仿真模型时不考虑工作时的工质更换与泄漏损失,在整个循环过程中工质质量保持不变,忽略进、排气流动损失及其影响。

2. 工质成分和工质状态假设

液压自由活塞发动机在实际的循环工作过程中缸内的工质成分是随时间和活塞位置不同而不断发生变化的,在压缩过程中缸内工质以空气为主要成分,当燃油喷入气缸内时,则工质成分又增加了不同状态的燃油成分,当燃烧进行时,会产生多种燃烧产物,是一个非常复杂的变化过程,很难用简单的数学模型描述。为了简化其计算模型,假设缸内工质为理想气体,工质是空气、气态柴油和燃烧废气的混合物,且是均匀的,其比热容、内能、焓等参数仅与气体温度及气体成分有关;并假设在进气期间,通过系统边界进入气缸内的空气与气缸内的残余废气实现瞬时完全混合。

3. 燃烧放热假设

缸内燃烧过程包含了物理、化学、流动、传热、传质等综合的复杂过程,要想描述清楚实际的燃烧过程难度很大。目前,最常用的方法是利用经验、半经验放热公式代替燃料燃烧过程,进行缸内燃烧循环模拟。对于液压自由活塞发动机计算模型采用双韦伯放热函数表示放热过程。

4. 液压系统假设

忽略带有蓄能器的液压回路中的压力波动,认为液体具有不可压缩性,在建模时,假设液压自由活塞发动机作用于活塞组件上的液压力为定值。各个液压进、出口处的流量和压力采用连续定常流动方程描述。

在以上分析和假设的基础上,液压自由活塞发动机仿真模型主要包括活塞动力学模型、缸内热力学模型和液压系统模型三大部分。

4.1.3 活塞动力学模型

以液压自由活塞发动机的活塞组件为研究对象,对活塞组件进行受力分析，动力活塞面积 S_4 受到缸内气体压力 p 的作用，泵和回弹活塞面积 S_1 受到液体压力 p_1 的作用，泵活塞面积 S_2 受到 p_2 的周期性作用力，压缩活塞作用面积为 S_3，受控制腔压力 p_3 的作用。其受力示意图如图 4.2 所示。

根据牛顿第二定律得出活塞组件的力平衡方程为：

$$pS_4 + p_1 S_1 - f(x) p_2 S_2 - p_3 S_3 - \text{sign}(\dot{x}) F_\text{f} = M \frac{\text{d}^2 x}{\text{d}t^2} \qquad (4.1)$$

式中，$f(x)$ 为柱塞面积 S_2 上的受力与方向之间的符号关系；M 为活塞组件质量；x 为活塞运动的位移；F_f 为活塞组件的摩擦力。

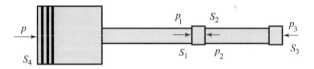

图 4.2　活塞组件受力示意图

4.1.4　缸内热力学模型

为了描述气缸内工质状态变化，视气缸为一个热力系统，系统边界由活塞顶、气缸盖及气缸套诸壁面组成，如图 4.3 所示。系统内工质状态由压力、温度、质量这三个基本参数确定，并以能量守恒方程、质量守恒方程及理想气体状态方程把整个工作过程联系起来。

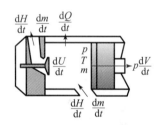

图 4.3　缸内工作过程计算简图

1. 能量守恒方程

如图 4.3 所示的系统中，根据能量守恒方程可以得到下列方程：

$$\text{d}U = \text{d}W + \sum_i \text{d}Q_i + \sum_j h_j \cdot \text{d}m_j \qquad (4.2)$$

式中，U 为系统的内能；W 为作用在活塞上的机械功；Q_i 为通过系统边界交换的热量；h 为比焓；$h_j \cdot \text{d}m_j$ 为质量 $\text{d}m_j$ 带入（或带出）系统的能量。

上式表明，加入系统的热量等于内能的增量与所做的功之和。通过系统边界交换的各种能量随时间 t 的变化可以得到下列各项。

作用在活塞上的机械功可按下式求得：

$$\frac{\text{d}W}{\text{d}t} = -p \cdot \frac{\text{d}V}{\text{d}t} \qquad (4.3)$$

根据前述对正负号的规定，压缩时向系统加入的功为正值，此时容积减小，dV 为负值，故容积变化所做的功必须加负号。

通过系统边界交换的热量可以按下式计算：

$$\sum_i \frac{\mathrm{d}Q_i}{\mathrm{d}t} = \frac{\mathrm{d}Q_\mathrm{B}}{\mathrm{d}t} + \frac{\mathrm{d}Q_\mathrm{w}}{\mathrm{d}t} \tag{4.4}$$

式中，Q_B 为燃料在气缸内燃烧放出的热量；Q_w 为通过气缸诸壁面传入或传出的热量。

一般来说，气缸内的比内能 u 和质量 m 同时发生变化，故有：

$$\frac{\mathrm{d}U}{\mathrm{d}t} = \frac{\mathrm{d}(m \cdot u)}{\mathrm{d}t} = u \cdot \frac{\mathrm{d}m}{\mathrm{d}t} + m\frac{\mathrm{d}u}{\mathrm{d}t} \tag{4.5}$$

对于柴油机，内能 u 可以简化为温度 T 和广义过量空气系数 α_φ 的函数，即 $u = u(T, \alpha_\varphi)$。将 u 写成全微分形式：

$$\frac{\mathrm{d}u}{\mathrm{d}t} = \frac{\partial u}{\partial T} \cdot \frac{\mathrm{d}T}{\mathrm{d}t} + \frac{\partial u}{\partial \alpha_\varphi} \cdot \frac{\mathrm{d}\alpha_\varphi}{\mathrm{d}t} \tag{4.6}$$

将式（4.2）~式（4.6）进行整理，并注意到 $\frac{\partial u}{\partial T} = c_V$，则得到温度 T 对时间 t 的微分方程为：

$$\frac{\mathrm{d}T}{\mathrm{d}t} = \frac{1}{m \cdot c_V}\left(\frac{\mathrm{d}Q_\mathrm{B}}{\mathrm{d}t} + \frac{\mathrm{d}Q_\mathrm{w}}{\mathrm{d}t} - p \cdot \frac{dV}{\mathrm{d}t} + \sum_j h_j \cdot \mathrm{d}m_j - u\frac{\mathrm{d}m}{\mathrm{d}t} - m\frac{\partial u}{\partial \alpha_\varphi} \cdot \frac{\mathrm{d}\alpha_\varphi}{\mathrm{d}t}\right) \tag{4.7}$$

2. 质量守恒方程

如图 4.3 所示，按照质量守恒定律，通过系统边界交换的质量总和等于系统内工质质量变化，即

$$\mathrm{d}m = \sum_j \mathrm{d}m_j \tag{4.8}$$

若忽略泄漏，通过系统边界交换的质量为：流入气缸的空气质量为 m_s、流出气缸的废气质量为 m_e、喷入气缸的瞬时燃料质量为 m_B，则质量守恒方程表达式可写为：

$$\frac{\mathrm{d}m}{\mathrm{d}t} = \frac{\mathrm{d}m_\mathrm{s}}{\mathrm{d}t} + \frac{\mathrm{d}m_\mathrm{e}}{\mathrm{d}t} + \frac{\mathrm{d}m_\mathrm{B}}{\mathrm{d}t} \tag{4.9}$$

若已知液压自由活塞发动机的循环喷油量为 g_f（kg/cyc），气缸内燃料燃烧百分数 $X = \frac{m_\mathrm{B}}{g_\mathrm{f}} \times 100\%$，则质量守恒方程可以写为：

$$\frac{\mathrm{d}m_\mathrm{B}}{\mathrm{d}t} = g_\mathrm{f} \cdot \frac{\mathrm{d}X}{\mathrm{d}t} \tag{4.10}$$

燃料燃烧放出的热量随时间 t 的变化率为：

$$\frac{dQ_B}{dt} = g_f \cdot \frac{dX}{dt} \cdot H_u \cdot \eta_u \quad (4.11)$$

式中，H_u 为燃料低热值；η_u 为燃烧效率。

3. 理想气体状态方程

$$pV = mRT \quad (4.12)$$

由能量守恒方程式（4.7）、质量守恒方程式（4.9）和状态方程式（4.12）三个方程联合求解，即可确定气缸内气体状态参数。

4. 燃烧过程计算

在液压自由活塞发动机仿真模型中，燃烧过程的处理与传统柴油机燃烧过程的处理方式一样，假设气缸内的燃烧过程是瞬时完成的，则可以将燃烧过程看作是以一定规律由外界向工质加热的过程。对于柴油机常用韦伯函数模拟燃烧过程，液压自由活塞发动机虽然最高频率为 30 Hz，相当于传统发动机的 1 800 r/min，但是由于液压自由活塞发动机活塞运动速度较传统发动机转速要快很多，应属于高速柴油机范畴，所以本次计算采用双韦伯函数对燃烧过程进行模拟，对于双韦伯函数，可以形象地把预混合燃烧与扩散燃烧分开考虑。

预混合燃烧函数及放热规律分别为：

$$X_1 = \left\{ 1 - \exp\left[-6.908 \left(\frac{t - t_B}{2\tau} \right)^{m_p + 1} \right] \right\} (1 - Q_d) \quad (4.13)$$

$$\frac{dX_1}{dt} = \left\{ (m_p + 1) \times 6.908 \left(\frac{1}{2\tau} \right)^{m_p + 1} \cdot (t - t_B)^{m_p} \cdot \right.$$

$$\left. \exp\left[-6.908 \left(\frac{1}{2\tau} \right)^{m_p + 1} \cdot (t - t_B)^{m_p + 1} \right] \right\} (1 - Q_d) \quad (4.14)$$

扩散燃烧函数及放热规律分别为：

$$X_2 = \left\{ 1 - \exp\left[-6.908 \left(\frac{t - t_B - \tau}{t_{zd}} \right)^{m_d + 1} \right] \right\} \cdot Q_d \quad (4.15)$$

$$\frac{dX_2}{dt} = \left\{ (m_d + 1) \times 6.908 \left(\frac{1}{t_{zd}} \right)^{m_d + 1} \cdot (t - t_B - \tau)^{m_d} \cdot \right.$$

$$\left. \exp\left[-6.908 \left(\frac{1}{t_{zd}} \right)^{m_d + 1} \cdot (t - t_B - \tau)^{m_d + 1} \right] \right\} Q_d \quad (4.16)$$

上述式中，τ 为预混合燃烧领先时间；Q_d 为扩散燃烧的燃料分数；下标 d 均表示扩散燃烧参数，下标 p 表示预混合燃烧参数；t_B 为燃烧始点时间；t_{zd} 为燃烧终点时间。

总的燃烧规律为：

$$\frac{dX}{dt} = \frac{dX_1}{dt} + \frac{dX_2}{dt} \tag{4.17}$$

累计放热百分率为：

$$X = X_1 + X_2 \tag{4.18}$$

燃烧品质指数 m 是表征放热率分布的一个参数，m 值的大小影响放热曲线的形状。若 m 值较小，则初期放热量多，压力升高率大，燃烧粗暴。反之，m 值增大，则初期放热量小，放热图形由左向右移动，压力升高率小，燃烧柔和。虽然液压自由活塞发动机工作频率为 30 Hz，属于柴油机中的低转速范畴，但是活塞的运动速度较高，应属于中高速柴油机范畴，所以本次计算时选取 $m = 1.5$。

4.1.5 液压腔模型的建立

根据液压自由活塞发动机工作原理可知，活塞组件的往复运动实现了液压油从低压到高压的转换，该过程中，液压自由活塞发动机通过单向阀在活塞组件压缩阶段将液压油从低压端吸入泵腔，在活塞组件膨胀阶段通过单向阀将液压油泵到高压端。液压部分各个液压腔液体流动工作过程示意图如图 4.4 所示。

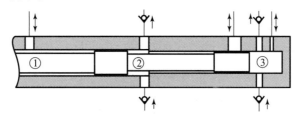

图 4.4 泵体各个腔的液压流动工作过程简图

图 4.4 表示液压自由活塞发动机泵体部分各个腔及各个油孔的流动方向简图。图中①表示高压腔，②表示泵腔，③表示控制腔。其中，高压腔有一个双向流动孔；泵腔有由单向阀控制的进油孔、出油孔各一个；控制腔根据功能要求有双向流动孔大小各一个，同时存在由单向阀控制的进油孔、出油孔各一个。根据流体连续性方程：

$$q = A \times v + \Delta q + \frac{v}{K} \times \frac{dp}{dt} \tag{4.19}$$

可以推导出各个腔的流动方程如下：

高压腔①、泵腔②、控制腔③的压力方程：

$$\frac{dp_i}{dt} = \frac{K(Q_{in} - Q_{out} + A_i \times v + \Delta q_i)}{V_p} \tag{4.20}$$

高压腔①、泵腔②、控制腔③的流量方程：

$$Q_{\text{in/out}} = C_d \times A_i \times \sqrt{\frac{2}{\rho}\Delta p_i} \quad (4.21)$$

式中，q 为流量；A_i 为流通面积；v 为流动速度；Δq_i 为泄漏损失流量；$Q_{\text{in/out}}$ 为单向阀的流入/流出流量；C_d 为流量系数；Δp_i 为各腔压差；p_i 为各腔压力；ρ 为液压油密度；K 为弹性模量。

4.1.6 控制器模型简介

液压自由活塞发动机动态模型建立过程中，对以上方程进行正确求解的必要条件是各个方程之间的准确调用和参数控制，在该模型中对其进行了简单的开环控制来实现模型的连续运行。

1. 液压自由活塞发动机运行频率控制

液压自由活塞发动机可以通过"调频"方式实现不同功率输出，即可以在不同频率下工作，本次模型计算时采用不同频率的脉冲信号触发液压自由活塞发动机的工作控制频率电磁阀实现不同频率的调节。

2. 喷油正时调节

液压自由活塞发动机由于没有旋转机构，不存在"曲轴转角"概念，喷油正时采用活塞位移控制，在活塞压缩过程中运行到设定的喷油正时位置 X_c 处时触发燃烧模型，模拟液压自由活塞发动机着火过程，实现对喷油正时的控制与调节。

3. 循环喷油量调节

根据动态仿真模型计算的活塞位移曲线可对循环喷油量进行开环调节与修正，对于液压自由活塞发动机来说，整个工作过程是一个能量平衡与再分配过程，输入的能量由循环喷油量控制，而活塞运动的最大行程和活塞运动过程中的能量以速度形式反映，故此，可以将活塞最大行程和运动过程中的最大速度作为循环喷油量调节的依据，对其进行调节与修正，达到一定负荷条件下的能量匹配平衡。

4.2 动态仿真结果及分析

4.2.1 仿真边界条件设定

液压自由活塞发动机的动态特性与其结构参数密切关联，仿真计算时根据液压自由活塞发动机原理样机设计中的结构参数定义其边界条件，如表4.1所示。

表 4.1　动态仿真计算参数表

参数名称	参数值	参数名称	参数值
气缸直径/mm	98.5	活塞组件质量/kg	4.8
活塞行程/mm	114~117	压缩比	可变
进气压力/bar	1.2	绝热指数 γ	1.35
工作频率/Hz	0~33	燃料低热值/(J·kg^{-1})	1
泵端输出压力/MPa	25	燃烧持续时间/ms	0.5
恢复系统压力/MPa	15	燃烧品质指数 m	1.5
低压供油压力/MPa	0.5	单缸输出功率/kW	15
输出流量/(L·min^{-1})	0~42		

根据以上仿真模型参数值，可分别计算活塞的动力学特性、液压特性参数。

4.2.2　活塞运行特性仿真结果及分析

液压自由活塞发动机由于结构和工作原理与传统发动机存在较大差异，其主要表现在活塞的运动规律不同，对于传统发动机来说，活塞的运动规律受曲柄连杆机构的约束，其运动规律关于上止点对称，且上、下止点位置固定。而液压自由活塞发动机由于活塞不受机械约束，其活塞运动情况完全取决于活塞两端的受力情况，即活塞在液压力和缸内气体压力共同作用下做往复运动。且上、下止点不固定，即所谓"自由"活塞，导致活塞运动规律与传统发动机相比存在较大差异。下面通过对液压自由活塞发动机动态特性仿真结果的分析详细剖析液压自由活塞发动机的运动特性。

图 4.5~图 4.8 给出了上述模型仿真计算得到的液压自由活塞发动机活塞运动规律曲线。

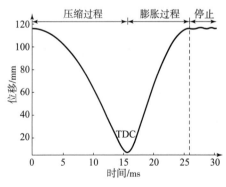

图 4.5　活塞运动位移曲线

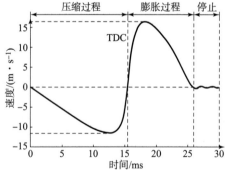

图 4.6　活塞运动速度曲线

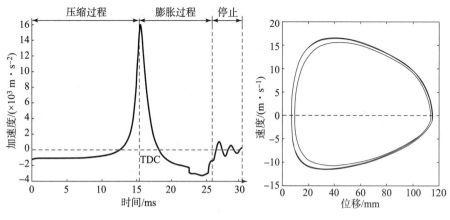

图 4.7 活塞运动加速度曲线　　　图 4.8 活塞速度-位移曲线

根据液压自由活塞发动机的工作原理，压缩冲程中活塞组件在控制腔液压力推动下向上止点方向运动，压缩缸内气体，同时通过泵和回弹活塞输出高压液压能，完成缸内气体压缩冲程，当活塞运动到上止点前某一位置时，喷入缸内高压燃油，燃料着火燃烧，缸内气体膨胀推动活塞组件做功，进入膨胀冲程，该过程中气体压力推动活塞组件快速向下止点方向运动，输出高压液压能，同时将控制腔的高压液体推回到高压蓄能器储存，用于下一循环压缩，当活塞运动到下止点时，蓄能器所在油路被压缩活塞关闭，由于活塞在下止点处的反弹导致控制腔压力下降，活塞组件在下止点处逐步达到受力平衡，最终停止在下止点，当频率控制阀再次打开时，活塞组件进入下一个循环。从图 4.5 可以看出，活塞完成一个循环后停止在下止点处，液压自由活塞发动机通过改变停止在下止点的时间长度来控制活塞运动频率，实现"调频"方式调节功率。同样，从活塞速度、加速度曲线也可以看出该规律。

从图 4.5 中还可以看出，活塞位移曲线关于上止点呈现明显的不对称性，即压缩冲程所用时间约 16 ms，膨胀冲程约 10 ms，当活塞运动到下止点时，由于频率控制阀处于关闭状态，活塞停止在下止点处。从图 4.6 活塞速度曲线可知，压缩过程中活塞最大速度为 12 m/s，膨胀过程中活塞最大速度为 17 m/s。从图 4.8 活塞速度-位移曲线可以看出，活塞在压缩冲程中加速过程较长，从下止点开始一直维持到活塞位移约 20 mm 处，占整个压缩冲程的 80%，且近似匀加速过程，缸内压缩气体着火后导致活塞急剧减速；膨胀冲程中加速过程较短，从上止点处到活塞位移约 35 mm 处，占整个膨胀冲程的 30%，随着活塞向下止点运动，气缸工作容积增大，缸内气体压力急剧降低，导致活塞加速度逐渐减小，直至加速度变为负值，活塞逐渐减速直到停止在下止点处，活塞加速度峰值发生在上止点附近。

从图4.7的活塞加速度曲线也可以看出，在活塞压缩冲程初期，加速度基本为定值，当加速度改变方向后，迅速升高，在上止点附近加速度出现最大值，约为 16 000 m/s²；活塞在膨胀过程初期由于缸内工作容积增大，导致缸内气体压力急剧下降，从而导致加速度急剧下降，当加速度改变方向后降低幅度减小，活塞运动到下止点处出现加速度最小值，约 $-3\,000$ m/s²。该规律也可以通过液压自由活塞发动机活塞动力学方程式（4.1）得出，在活塞进入压缩冲程初期，活塞上受到的力以液压控制腔压力 p_3 和高压端压力 p_1 为主要作用力，p_3 和 p_1 为恒定液压力，作为可变作用力的缸内气体压力在压缩冲程初期较小，该力对于活塞运动的影响程度也较小，故此活塞在压缩冲程初期近似匀加速运动过程，当缸内气体压缩到一定阶段，喷入燃油，燃烧着火后，气体压力急剧上升，此时作用于活塞上的力以气缸压力为主导作用，在各个力的共同作用下活塞开始正向加速之后反向加速（减速），在此过程中，气缸压力对于加速度的变化起主要作用，最大加速度值出现在最大气缸爆发压力处。随着活塞快速向下止点运动，气缸工作容积增大，压力急剧下降，从而加速度急剧下降，直到气缸压力小于液压力时，即活塞膨胀冲程后期再次进入减速过程，直到最后停止在下止点处。

根据活塞动力学方程式（4.1）分析可知，方程式中的 p_1S_1、p_2S_2、p_3S_3 以及 F_f 项均为常数项，即在液压自由活塞发动机工作过程中结构参数 S_1、S_2、S_3 不变，液压力 p_1、p_2、p_3 不变，摩擦力 F_f 不变，则方程式（4.1）又可写为：

$$pS_4 + C_1 - f(x)C_2 - \text{sign}(\dot{x})C_3 = M\ddot{x} \quad (4.22)$$

式中，常数 C_1、C_2、C_3 分别表示 $p_1S_1 - p_3S_3$、p_2S_2、F_f 项。

根据液压自由活塞发动机的工作原理，对于压缩冲程，$C_2 = 0$，于是式（4.22）可写为：

$$pS_4 + C_4 = M\ddot{x} \quad (4.23)$$

式中，$C_4 = C_1 - C_3$。

对于膨胀冲程，$C_2 = p_2S_2$，于是式（4.22）可写为：

$$pS_4 + C_5 = M\ddot{x} \quad (4.24)$$

式中，$C_5 = C_1 - C_2 - C_4$。

从式（4.23）和式（4.24）可知，在压缩冲程和膨胀冲程，活塞运动加速度均正比于气缸压力，所不同的是压缩冲程和膨胀冲程中方程常数项不等。

4.2.3 液压流量、压力特性仿真结果及分析

图4.9、图4.10分别给出了液压自由活塞发动机液压部分各个腔在工

作过程中的压力、流量变化计算结果曲线。

根据前述液压自由活塞发动机的工作原理及图 4.3 所示,高压腔在整个工作循环过程中始终与高压端相通,仿真时给定高压输出端设计压力参数为 25 MPa,从仿真曲线来看,该腔压力在液压自由活塞发动机循环过程中围绕 25 MPa 在 ±1 MPa 上下波动,循环过程中压力基本维持恒定;从泵腔压力曲线来看,液压自由活塞发动机每个工作循环在活塞膨胀冲程将液压油加压后从泵腔输出,即压缩冲程泵腔吸入低压油,膨胀冲程泵腔输出高压油,泵腔输出压力曲线根据液压自由活塞发动机工作频率不同呈脉冲形式输出压力为 25 MPa 的高压油,当活塞运动到下止点时,由于活塞进入液压缓冲区域,导致活塞组件在液压作用下反弹,从而泵腔出现瞬时容积增大现象,导致压力急剧下降;液压自由活塞发动机控制腔压力的变化趋势由于蓄能器的稳压作用整个循环过程中控制腔压力维持设定值压力 15 MPa 不变,只有当活塞到达下止点后,活塞组件上的压缩活塞进入液压死区,使得控制腔压力由于活塞的动能消耗带来压力波动。

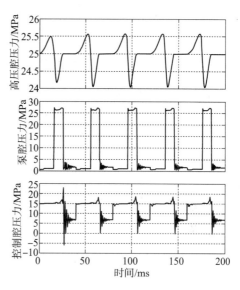

图 4.9 液压自由活塞发动机各个腔压力曲线

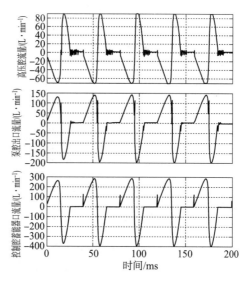

图 4.10 液压自由活塞发动机各个腔流量曲线

从图 4.10 所示的液压自由活塞发动机工作过程中各个腔的流量曲线来看,高压腔、泵腔和控制腔的流量均是由于该腔内活塞的往复运动过程中导致容腔容积变化,从而造成流量变化,根据前述对流量正方向的规定,压缩冲程，泵和回弹活塞向左运动，高压腔容积减小，将高压油从高压腔推出，为负值；泵活塞和压缩活塞由于向左运动使得所在的泵腔和控制腔容积增大，流量为正。膨胀冲程正好相反。

4.2.4　调频特性仿真结果及分析

根据前面对液压自由活塞发动机的工作原理和运动特性分析可知，通过改变活塞在下止点处的停留时间 Δt，可以实现液压自由活塞发动机"调频"的功率调节方式，图4.11和图4.12给出了不同控制频率对应液压自由活塞发动机的活塞运动位移曲线和泵腔的输出流量曲线，从图中可以看出，不同频率时对应的活塞运动规律一致，不存在传统发动机低速时活塞速度降低的缺点，不同频率时泵腔单位时间内输出高压油流量增大，进而提高输出功率，实现通过调频方式进行功率调节。

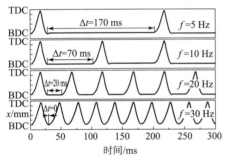
图4.11　不同频率对应的活塞位移曲线

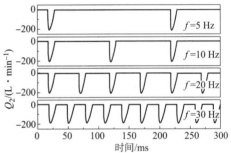
图4.12　不同频率对应的泵腔输出流量曲线

4.2.5　仿真模型的实验验证

对于上述所建立的液压自由活塞发动机动态特性仿真模型正确性的校验是利用原理样机的实验结果进行的。第10章将对试验研究进行详细论述。对于液压自由活塞发动机模型，其建立是基于动力学和热力学方程完成的，在校验模型时利用实验测得的液压自由活塞发动机活塞运动位移曲线校验其活塞动力学的计算结果，利用测得的液压自由活塞发动机缸压曲线校验热力学模型接近程度。

由于本章所构建的液压自由活塞发动机模型是对其系统进行特性研究的模型，对于其正确校验，以活塞位移和缸内气体压力为检验对象，图4.13对比了一个循环内液压自由活塞发动机活塞运动位移曲线的仿真结果与实测结果，从图中可以看出，液压自由活塞发动机压缩冲程仿真曲线和实测曲线吻合较好，在上止点处实测曲线更接近位移零点（更靠近气缸盖底平面），产生该处偏离的主要原因是仿真模型中活塞以平顶活塞计算，即气缸工作容积仅与活塞位置有关，而实际液压自由活塞发动机样机采用 ω 燃烧室导致的燃烧室容积变化，膨胀过程中，仿真曲线与实测曲线略有偏差，仿真计算的活塞位移曲线在膨胀过程中较实测结果更陡，同时到达下止点的时间更早。但是液压自由活塞发动机的特性仍然能够很明显地反映出来，同时活塞在下止点处的位移波动也得到验证。

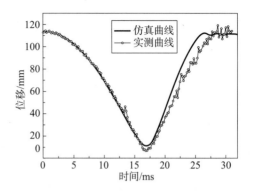

图 4.13　仿真与实测位移曲线比较

图 4.14 对比了一个循环内液压自由活塞发动机缸内气体的仿真结果与实测结果，如前所述，液压自由活塞发动机缸内燃烧过程采用经验公式韦伯函数描述，很显然对于液压自由活塞发动机燃烧过程的描述远远不够，本次模型校验从计算活塞运动特性角度出发，重点考察缸内压力对活塞的作用时间和作用大小两个方面的模拟情况。从实测缸压曲线和仿真缸压曲线对比情况来看，最大压力和缸压曲线的丰满度基本相当，从作用力的角度来说，用韦伯函数描述其缸内燃烧过程对于活塞动力学计算来说具有一定的可行性。

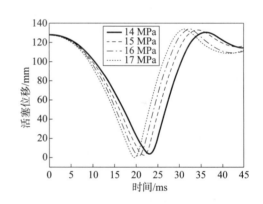

图 4.14　仿真与实测缸压曲线比较

总体来看，上述建立的液压自由活塞发动机仿真模型能够反映液压自由活塞发动机运行特性，用其进行特性研究具有可行性。

4.3　活塞运动规律研究

液压自由活塞发动机活塞运动规律对其性能有着极其重要的影响，对活塞运动规律的研究是对液压自由活塞发动机性能优化的前提。如前所述，液压自由活塞发动机循环工作是一个多参数匹配和能量重新分配的复杂过程，对液压自由活塞发动机活塞运动规律的研究是探索液压自由活塞发动机运动机理的重要途径。对液压自由活塞发动机进行活塞运动规律研究的方法是采用如上建立的动态特性模型，通过改变参数值对其进行系统分析。

液压自由活塞发动机的活塞组件不受传统发动机曲柄连杆机构的约束，活塞运动规律受到液压力、缸内气体压力的共同作用，活塞位移、速度、加速度变化都取决于合力大小与方向，即活塞运动规律受缸内气体压力的影响，同时又影响缸内工作过程，二者之间是一个复杂的强耦合过程。液压自由活塞发动机控制参数是控制活塞运动规律最为重要的参数，全面研究各控制参数对活塞运动的影响规律是液压自由活塞发动机活塞运动规律、缸内气流和燃烧过程耦合影响机理研究的基础，同时也是活塞运动规律控制策略研究的有效方法，并可为液压自由活塞发动机的性能优化提供指导，进一步提高整机运行效能。本节针对液压自由活塞发动机液压系统参数和发动机参数对活塞运动的影响规律进行全面而深入的分析研究。

4.3.1 液压系统参数对活塞运动的影响规律

1. 压缩压力对活塞运动的影响规律

根据液压自由活塞发动机的工作原理和对耦合仿真模型的校验分析，以耦合仿真模型校验的参数设定为基础，对液压自由活塞发动机进行参数影响规律研究，采用给定其他参数的情况下改变所要研究的参数，获得其活塞运动规律特性，并对其影响规律进行分析总结。

图 4.15 为其他控制参数不变（循环喷油量除外）的情况下，不同压缩压力下的活塞运动规律变化情况。由图可知，随着压缩压力的提高，压缩冲程的长度增加且所用时间明显缩短，进而导致压缩和膨胀循环周期减小。

图 4.16 和图 4.17 为不同压缩压力下的活塞速度曲线和压缩膨胀冲程最大速度的变化情况，可以看到，提高压缩压力使得压缩过程输入的能量增大，压缩冲程的最大速度随之增大，并且活塞上止点位置更靠近气缸盖底平面，压缩比增大。如图 4.18 所示，由于压缩比增大，缸内工质压缩终了的压力、温度升高，缸内燃烧着火点提前，缸压峰值随

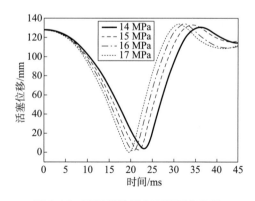

图 4.15 不同压缩压力下的活塞位移

之增大,活塞膨胀冲程最大速度增加。

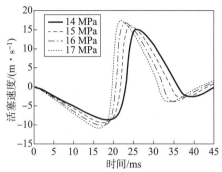

图 4.16 不同压缩压力下的活塞速度

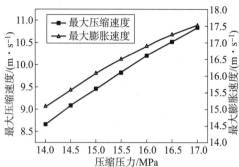

图 4.17 压缩压力对活塞最大速度的影响

图 4.19 为压缩压力对活塞止点位置的影响。随着压缩压力的提高,活塞上止点对应位移值随之减小,减小幅度在 16 MPa 压力以上开始减小。同时,由于缸压峰值的提高,活塞下止点对应位移值随之增大,且活塞下止点对应位移值的增加幅度随压缩压力的提高有所降低,当压缩压力高于 16 MPa 时,下止点位置变化很小。

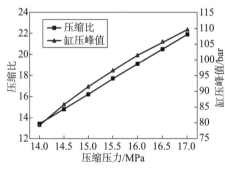

图 4.18 压缩压力对压缩比和
缸压峰值的影响

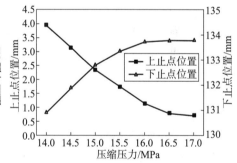

图 4.19 压缩压力对止点位置的影响

2. 负载压力对活塞运动的影响规律

液压自由活塞发动机的负载压力是指泵腔设定输出压力,由于高压腔和泵腔压力的调节主要通过直接调节高压油路压力实现,因此负载压力也即是恒压网络的高压油路压力。本节所设计的液压自由活塞发动机的额定负载压力为 25 MPa,由于受原理样机试验条件所限,仿真中设定的负载压力为 13 MPa。

在循环供油量和压缩压力不变的情况下,以负载压力 13 MPa 为基准值,正负变动 10%,分析负载压力对活塞运动规律的影响。如图 4.20 所示,随着负载压力的提高,由于高压腔压力与负载压力一致,因而高压腔压力也随之增大,而在压缩过程中高压腔压力是阻碍活塞运动的,因此,压缩冲程变缓,活塞上止点对应位移值随之减小。图 4.21 给出了不同负载压力对应的活塞速度变化趋势,从图可以看出,随着负载压力的增大,活塞在运行过程中的最大压缩和膨胀速度均单调减小。根据液压自由活塞发动机工作原理和活塞组件的受力分析可知,负载压力增大,作用于泵活塞上的液压力增加,活塞膨胀过程中的液压阻力随之增大,进而导致其所能到达的上止点位移值和运动过程中的最大速度均有所减小。

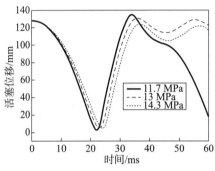

图 4.20　不同负载压力下的活塞位移

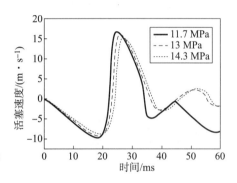

图 4.21　不同负载压力下的活塞速度

与负载压力 13 MPa 相比,当负载压力降低至 11.7 MPa 时,活塞膨胀冲程长度增大,活塞下止点对应位移值偏大,活塞到达下止点时压缩腔压力突增造成反弹量增大,活塞经反弹后将压缩蓄能器连接孔打开,活塞无法停止而自行开始下一工作循环。上述情况可以通过合理设计压缩腔阻尼孔降低压缩腔压力增幅,减小活塞反弹量,进而保证活塞反弹后停留在下止点附近。而当负载压力升高至 14.3 MPa 时,活塞膨胀冲程长度减少,活塞下止点对应位移值偏小,尽管活塞没有失控,但反弹量已经接近活塞可以停止的上限。

如图 4.22 所示,在不考虑压缩腔阻尼孔作用下,当负载力降低至 12 MPa时,活塞不会失控,可以在

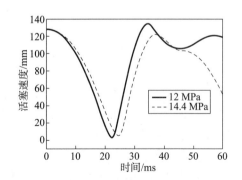

图 4.22　负载压力对活塞位移的影响

下止点附近停住;当负载压力升高至 14.4 MPa 时,活塞反弹量太大,活塞无法停止而自行开始下一循环。从仿真结果分析可知,当负载压力变化范围超出 -7.7% ~ +10% 时,活塞无法在下止点停留,频率控制失效。

3. 频率控制阀脉宽对活塞运动的影响规律

对液压自由活塞发动机而言,其起动过程以及工作频率的控制都是通过频率控制阀的控制来实现的,即控制压缩蓄能器与压缩腔连通管路的通断。因此,频率控制阀开启的时间长短必将影响压缩腔压力的建立过程,并改变活塞的受力状况,进而影响活塞的运动规律。

图 4.23 为不同频率控制阀脉宽对应的活塞运动规律。由图可知,当频率控制阀开启脉宽为 5 ms 时,压缩蓄能器内的高压油经由频率控制阀通道进入压缩腔,推动活塞向上止点方向运动,由于开启脉宽过短,随着压缩腔容积的增大,液压油得不到补充,压缩腔压力下降,活塞加速变缓,直到压缩蓄能器连通孔打开,活塞才再次加速。由于活塞加速不连续,压缩能量不足,压缩比减小,燃料喷入气缸后未能着火燃烧,活塞不能到达下止点。如图 4.23 中频率控制阀开启脉宽为 8 ms 对应的活塞位移曲线所示,随着频率控制阀开启脉宽的增大,压缩冲程初始阶段活塞加速连续性获得改善,但由于仍未打开压缩蓄能器连通孔,活塞加速过程仍然不连续,压缩能量仍然存在损失,压缩终了缸内工质的压力和温度偏低,燃料燃烧不完全,活塞下止点对应位移值偏小,活塞经反弹后将压缩蓄能器连接孔打开,活塞无法停止而自行开始下一工作循环。当频率控制阀开启脉宽增大到 15 ms 时,活塞能够连续加速至压缩蓄能器连通孔打开,压缩腔高压油得到补充,活塞到达上止点后在燃烧压力的作用下回到设定下

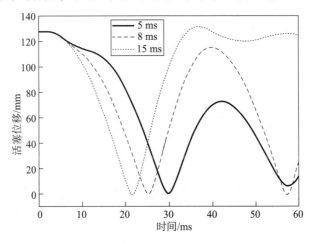

图 4.23 频率控制阀脉宽对活塞位移的影响

止点区域，经反弹后停留在下止点附近，等待下一个频率阀控制信号的到来，满足工作频率控制的要求。

从图 4.24 频率控制阀脉宽对活塞速度的影响可以清楚地看出，当频率控制阀开启脉宽过短时，活塞在压缩冲程初期加速性不连续，最大压缩速度减小，压缩比有所减小，膨胀冲程最大速度也随之降低，使得液压自由活塞发动机不能完成正常的运行。

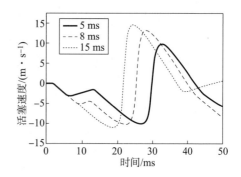

图 4.24　频率控制阀脉宽对活塞速度的影响

4.3.2　发动机参数对活塞运动的影响规律

1. 循环喷油量对活塞运动的影响规律

循环喷油量是液压自由活塞发动机系统维持连续稳定运行的能量输入，当系统其他条件一定时，活塞压缩冲程基本不变，循环喷油量主要影响燃烧过程，因而，循环喷油量对活塞运动规律的影响主要表现在对膨胀冲程活塞运动规律的影响，尤其是膨胀冲程的长度，也即是活塞的下止点位置。

在其他控制参数不变的情况下，以喷油量 17.7 mg 为基准值，正负变动 10%，分析循环喷油量对活塞运动规律的影响。图 4.25 为不同循环喷油量对应的活塞位移曲线，从图中可以看出，循环喷油量的变动使得活塞下止点位置发生偏离，并造成活塞无法在下止点附近停留。如图 4.26 所示，随着循环喷油量增加，燃料燃烧所释放的能量增大，活塞下止点对应位移值增大，膨胀冲程中活塞的最大速度单调增大。

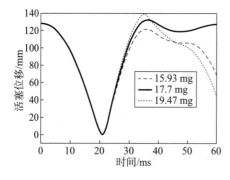

图 4.25　不同循环喷油量对应的活塞位移

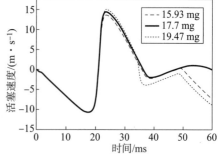

图 4.26　不同循环喷油量对应的活塞速度

当循环喷油量为 17.7 mg 时，活塞到达下止点位置在设定范围内，随后反弹、振荡并最终停留在下止点附近，满足工作频率控制要求。当循环喷油量为 15.93 mg 时，活塞膨胀冲程长度变短，活塞在到达下止点后反弹，尽管活塞的反弹量并没有增大，但由于下止点对应位移值偏小，压缩活塞在反弹后将压缩蓄能器与压缩腔之间的连通孔打开，活塞在压缩蓄能器高压油的作用下自行开始下一工作循环，活塞不能实现停留。而当循环喷油量为 19.47 mg 时，活塞膨胀冲程长度增大，尽管活塞下止点对应位移值较大，但活塞反弹量也随之增大，压缩活塞同样将压缩蓄能器与压缩腔之间的连通孔打开，活塞同样不能实现停留。

图 4.27 为不同循环喷油量下的压缩腔压力变化情况，由图可知，当循环喷油量增大 10% 时，由于下止点对应位移值增大，液体不可压缩，导致压缩腔内压力迅速攀升，压缩腔压力瞬间达到约 68 MPa，在这样高的压力作用下，活塞加速向上止点反弹，反弹量增大，压缩蓄能器连通孔被打开，因而活塞无法在下止点附近停留。

图 4.28 为循环喷油量 ±10% 变动引起的活塞下止点位置变化情况，由图可知，当循环喷油量变动 ±10% 时，下止点位置的相应变化范围为 17 mm，由上述分析可知，其中循环喷油量 -10% 变动和 +10% 变动时，活塞已不能在下止点停止。经仿真计算，能够使活塞在膨胀冲程结束后停止的下止点变动范围约为 10 mm，因此，为了使活塞下止点位置尽可能稳定，应对喷油器循环喷油量的稳定性提出要求。由仿真结果可知，在其他控制参数不发生变动的情况下，循环喷油量允许的变动范围不应超过 ±5%。

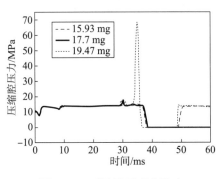

图 4.27 不同循环喷油量对应的压缩腔压力

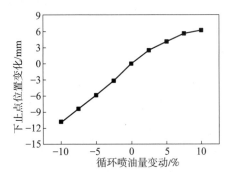

图 4.28 循环喷油量变动对下止点位置的影响

2. 喷油正时对活塞运动的影响规律

对于传统内燃机，不同的喷油正时对应缸内不同的着火时刻，而着火时刻的变化将导致缸内工质参数的变化。对液压自由活塞发动机而言，喷油正时引起的缸内压力变化会对活塞运动规律产生影响。由于液压自由活塞发动机没有曲柄连杆机构，因而没有曲轴转角概念，喷油正时的定义是依据活塞位移，为了在表述上与传统内燃机一致，定义喷油时刻所对应的活塞位置为液压自由活塞发动机的喷油提前位置（或喷油提前量），并以喷油时刻活塞位置相对于活塞坐标原点（缸盖底平面）的距离表示，单位为 mm。

图 4.29 为压缩压力为 15 MPa、负载压力为 13 MPa 时不同喷油时刻对应的活塞位移曲线。当活塞运动到喷油提前位置时，给出喷油信号，喷油器将柴油喷入气缸中，柴油在高温高压环境下着火燃烧，缸内气体压力迅速升高，并阻碍活塞向上止点运动，喷油提前量越大，燃烧开始的时刻越早，缸内燃烧压力对活塞运动的阻碍作用越提前，导致活塞上止点对应位移值增大，压缩比随之减小。从图 4.30 中也可以看出，喷油提前量越大，燃烧压力对活塞运动的阻碍越靠前，因而压缩冲程后期活塞速度下降越快。

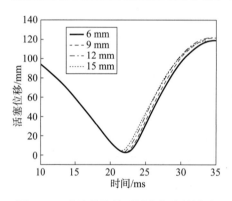

图 4.29　喷油提前量对活塞位移的影响

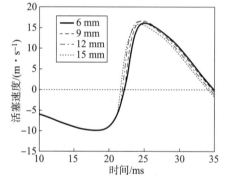

图 4.30　喷油提前量对活塞速度的影响

图 4.31 为喷油提前量对缸内气体压力的影响。从图中可知，在喷油之前，缸内气体压力沿纯压缩压力曲线上升，缸内燃烧开始后，压力曲线开始偏离，喷油提前量越大，缸内压力曲线则越早偏离纯压缩压力曲线。

以喷油提前量 15 mm 为参照点，随着喷油提前量的减小，缸内燃烧始点推迟，活塞所能到达

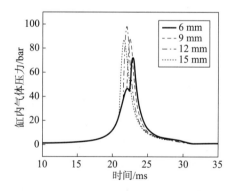

图 4.31　喷油提前量对缸压的影响

的上止点位置更接近于气缸盖，压缩比增大，缸内气体最大爆发压力有所提高，如图中喷油提前量为 12 mm 对应的缸内压力曲线；随着喷油提前量的进

一步减小，缸内燃烧开始时刻接近活塞上止点，燃烧引起的压力升高推动活塞向下止点运动，燃烧释放能量更多用于对外做功，但由于活塞没有机械约束，缸内容积变化率较大，缸内压力迅速下降，因而最大缸内压力有所下降，如图中喷油提前量为 9 mm 对应的缸内压力曲线；当喷油提前量继续减小时，着火点继续延迟，燃烧开始时刻位于活塞上止点之后，因此缸压曲线上出现压缩和燃烧两个峰值，由于活塞在上止点附近加速度较大，导致膨胀冲程中燃烧室容积迅速增大，缸内气体温度、压力急剧降低，燃料燃烧不完全，缸内压力最大值继续降低，如图中喷油提前量为 6 mm 对应的缸内压力曲线。

从图 4.31 可知，当喷油提前量为 9 mm 时，缸内燃烧开始位置在活塞上止点附近，因此，以该喷油提前量下的活塞上下止点位置作为参考点，分析喷油提前量对活塞上下止点位置的影响。如图 4.32 所示，当喷油提前量为 10 mm 时，活塞下止点对应位移值最大，当喷油提前量增大时，较早开始的燃烧所释放的部分能量用于阻碍活塞向上止点运动，造成活塞上止点对应位

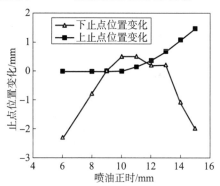

图 4.32 喷油时刻对活塞止点位置的影响

移值增大，同时，由于过多的燃烧能量用于阻碍活塞在压缩冲程中的运动，膨胀冲程中能量减小，下止点对应位移值随之减小。当喷油提前量小于 10 mm 时，燃烧基本开始于上止点附近或上止点之后，对压缩冲程几乎没有影响，因而上止点位置基本保持不变；同时，由于膨胀冲程初期活塞速度较快，造成缸内燃烧不充分，能量释放不完全，因而膨胀冲程长度减小，活塞下止点对应位移值急剧减小。

3. 配气正时对活塞运动的影响规律

液压自由活塞发动机采用二冲程气口-气门式直流扫气方式，进气口位置由缸套的结构决定，在运行过程中不变，而排气门采用电子控制液压驱动无凸轮配气机构，气门的开启位置和关闭位置都可由控制程序设定并调节，因此液压自由活塞发动机可以根据活塞位置实现正时、升程和时面值等参数的柔性调节。同样，气门正时的定义也是依据活塞位移，定义气门开启和关闭时所对应的活塞位置为液压自由活塞发动机的气门开启位置和气门关闭位置，以活塞位置相对于活塞坐标原点（缸盖底平面）的距离表示，单位为 mm。

在低频运行时，排气门在膨胀冲程末期开启，而当排气门关闭时，活

塞在下止点附近停留，进气口仍为打开状态，换气较彻底。因此，对于低频运行工况而言，气门开启位置会对活塞运动规律产生影响，而只要保证气门开启时面值足够，气门的关闭位置对活塞运动规律无明显影响。

图 4.33 为不同气门开启位置对应的活塞位移曲线，由于当气门开启时活塞已经接近下止点，因此气门开启位置对活塞运动规律的影响主要体现在活塞下止点位置和反弹量上，气门开启越早，膨胀冲程越短，活塞反弹量越小。由于气门开启时缸内压力已降至较低水平，因此气门开启位置对活塞运动规律的影响有限。由图可知，16 mm（从 96 mm 变为 80 mm）的气门开启位置变动对应活塞下止点变动在 0.8 mm 左右，活塞反弹量的变动在 4.6 mm 左右。同时，在液压自由活塞发动机实际工作过程中，既要避免气门

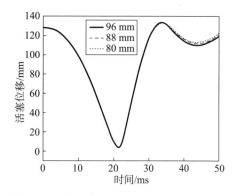

图 4.33 气门开启位置对活塞位移的影响

开启过早，防止缸内压力过快下降导致功率损失严重，又应避免气门开启位置晚于进气口开启位置。否则，若进气口开启时刻缸内压力较大，将出现废气倒流现象，影响扫气效果。当液压自由活塞发动机以最高频率运行时，气门关闭时活塞处于压缩冲程，因此气门关闭位置会对压缩冲程和缸内燃烧产生影响，进而影响膨胀冲程。

图 4.34 为液压自由活塞发动机以最高频率运行时，不同气门关闭位置对应的活塞位移曲线。由图可知，气门关闭越早，压缩冲程活塞受到阻力相对较大，活塞压缩冲程变短，上止点对应位移值增大，缸内爆发压力也随之降低，如图 4.35 所示，进而使活塞膨胀冲程变短。

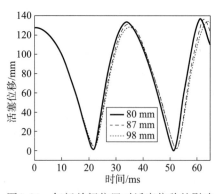

图 4.34 气门关闭位置对活塞位移的影响

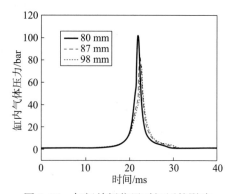

图 4.35 气门关闭位置对缸压的影响

4. 进气压力对活塞运动的影响规律

对于传统内燃机，提高进气压力既可以提高发动机的升功率，同时也可改善发动机的经济性和排放特性。对于液压自由活塞发动机而言，提高进气压力，则提高了循环始点工质的状态参数，循环过程中缸内气体压力必然会发生变化，因而也必然会对活塞运动规律产生影响。

图4.36和图4.37分别为不同进气压力对应的活塞位移曲线和缸内压力曲线，由图可知，提高进气压力，导致活塞压缩过程中受到缸内气体阻力增大，抑制了活塞向上止点方向运动，因而上止点对应位移值增大，压缩比减小。同时，缸压峰值有所降低，使得膨胀冲程变短。

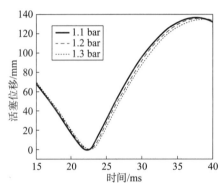

图4.36 进气压力对活塞位移的影响

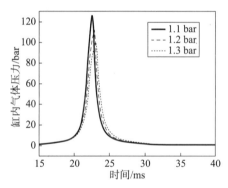

图4.37 进气压力对缸压的影响

4.4 发动机运动特性分析

4.4.1 活塞运动规律影响因素分析

（一）活塞受力分析

以液压自由活塞发动机的活塞组件为研究对象，对活塞组件进行受力分析。活塞受力主要包括气体作用力、液压力和摩擦阻力。在进行活塞受力分析时，坐标系零点取为缸盖底平面，指向活塞下止点为位移正方向。其受力示意图如图4.38所示，动力活塞面积为S，受到缸内气体压力p的作用；高压腔回弹活塞环形面积为S_1，受到高压腔压力p_1作用；泵活塞环形面积为S_2，受到泵腔压力p_2的作用；压缩活塞面积为S_3，受到压缩压力p_3的作用。

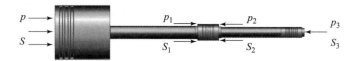

图 4.38 活塞组件受力示意图

1. 气体作用力

缸内气体压力 p 主要受燃烧过程的影响，此外，压缩初始压力也会对气体压力造成影响。

缸内气体作用力可以表示为：

$$F = p \cdot S \tag{4.25}$$

2. 液压力

根据活塞组件受力示意图可以得到活塞组件受到的液压合力为：

$$F_h = \sum_j F_j = \sum_j p_j \cdot S_j (j = 1, 2, 3) \tag{4.26}$$

各液压腔容积和流量变化方程为：

$$\Delta V_j = S_j |x_{0j} - x_j| + \Delta V_{Vsj} \tag{4.27}$$

$$q_j = q_{j0} \pm S_j v \frac{\rho_{Oj}}{\rho_{Oatoms}} \tag{4.28}$$

式中，ΔV_j 为液压腔容积变化量；S_j 为液压腔活塞的有效作用面积；x_{0j} 为液压腔活塞的初始位移；x_j 为液压腔活塞的位移；ΔV_{Vsj} 为液压阀阀芯运动引起液压腔容积变化；q_j 为液压腔油口的流量；q_{j0} 为流入流出液压腔液压阀的流量和（流出为负）；v 为活塞速度；ρ_{Oj} 为液压腔油液综合密度；ρ_{Oatoms} 为常温下液压油的密度；下标 $j = 1、2、3$，分别表示高压腔、泵腔和压缩腔。

式（4.28）在用于高压腔计算时取负号，用于泵腔和压缩腔计算时取正号。

各液压腔的压力变化方程为：

$$\frac{dp_j}{dt} = \frac{B_{Oj} q_j}{V_{0j} \pm \Delta V_j} \tag{4.29}$$

式中，p_j 为液压腔油液压力；B_{Oj} 为液压腔油液综合体积弹性模量；V_{0j} 为液压腔初始容积。

式（4.29）中，液压腔容积增大时取正号。

3. 阻力

假设活塞在运动过程中受到的阻力只有库仑摩擦力，其大小为定值 F_{f0}，则阻力可以表示为：

$$F_{\mathrm{f}} = -F_{\mathrm{f}0}\mathrm{sign}(\dot{x}) \qquad (4.30)$$

式中，F_{f} 为活塞受到的阻力。

4. 活塞受力分析

根据上述活塞所受作用力分析以及牛顿第二定律，活塞组件的运动微分方程可以表示为：

$$M\frac{\mathrm{d}^2 x}{\mathrm{d}t^2} = F + F_1 - F_2 - F_3 + F_{\mathrm{f}} \qquad (4.31)$$

（二）活塞运动规律的影响因素分析

由活塞受力分析可知，活塞运动规律由活塞质量、气体作用力、液压力和摩擦力共同影响。由活塞运动方程和能量守恒定律可知，活塞质量主要影响整个工作循环的耗时，而基本不会影响上止点和下止点的位置，即活塞质量只改变活塞运动速度。显然，在其他条件不变时，活塞质量越大，其在两个冲程的最大速度值越小，循环工作时间越长，系统固有工作频率越小。由于活塞质量为系统的设计参数，在样机设计阶段已单独进行过分析，在后期参数匹配研究过程中不发生变化。摩擦力受结构及装配间隙等因素影响，在此不做进一步深入讨论。

因此，影响活塞运动规律的作用力主要分为两类：缸内气体作用力以及液压力。

缸内气体作用力主要受缸内燃烧过程影响。内燃机的燃烧过程一直是内燃机研究领域的热点与难点，是燃烧室内多种物理场共同作用的结果，不仅机理复杂，而且影响因素众多。简单而言，内燃机的燃烧过程主要受燃烧室参数、喷油参数以及换气参数的影响。燃烧室参数为液压自由活塞发动机几何结构参数，当结构参数在设计阶段确定以后，不发生变化，在此不做讨论。对液压自由活塞发动机而言，当前喷油系统的控制参数主要包括循环喷油量和喷油正时，换气参数主要包括气门正时和扫气压力。

液压力属于可调力，液压自由活塞发动机活塞组件所受液压力主要包括压缩腔压力、高压腔压力和泵腔负载压力，其压力值可以通过改变各液压共轨网络压力值来调整。通常情况下，在系统工作压力范围内各液压腔的液压压力调整比较简单，但其对活塞运动规律的影响却并不简单。例如压缩腔压力，其不仅从力学角度影响压缩活塞端的受力状态，同时，由于喷油系统液压驱动网络与其共用液压油源，因此，压缩腔压力的调整也必将对发动机供油系统产生影响。此外，频率控制阀的开启脉宽也会对压缩腔压力的作用过程产生影响，从而影响活塞运动规律。

从上述分析可知，影响活塞运动规律的控制参数分为液压系统参数和发动机参数。其中，液压系统参数主要包括压缩压力、负载压力和频率控制阀脉宽，发动机参数主要包括循环喷油量、喷油正时、气门正时和扫气压力。

4.4.2 稳定运行条件分析

对于实际的液压自由活塞发动机匹配参数来说，系统参数能够正常运行的前提条件是：在系统稳定运行时，外部激励持续地按一定频率向系统内输入能量，而且该能量在数量上与阻尼耗散的能量相平衡。当液压自由活塞发动机几何参数给定时，固有频率取决于平衡位置时的缸内气体压力以及活塞组件的振幅，当激励不同时，上述两个参数也相应地发生变化，系统的固有频率也随之而变。从液压自由活塞发动机角度来看，激励主要取决于缸内的燃烧情况，与喷油正时、循环喷油量、进气压力等参数直接相关。

图 4.39 给出了某一组运行参数匹配条件下活塞稳定运行时的位移曲线，在该组参数前提下，系统的固有频率为 33 Hz，从图 4.40 所示的位移 – 速度曲线可以看出，液压自由活塞发动机很快由瞬态过程过渡到稳定阶段。

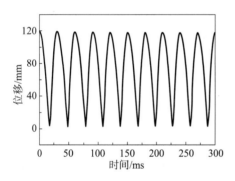
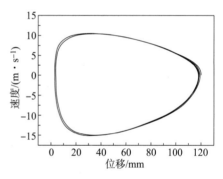

图 4.39　液压自由活塞发动机
稳定循环位移曲线（1）

图 4.40　液压自由活塞发动机
稳定循环位移 – 速度曲线（1）

保持其他控制参数不变的情况下，通过增加循环喷油量和提高负载压力来改变系统外部激励可以得到如图 4.41 和图 4.42 所示的液压自由活塞发动机活塞运行曲线。从图中可以看出，在该种情况下，虽然外部激励发生了变化，但液压自由活塞发动机系统仍然能够经过几个循环的瞬态响应进入稳定运行状态，但是，频率、振幅、速度的峰值均随之发生了相应的变化。该结果进一步表明，对于液压自由活塞发动机系统能够连续稳定运行的条件是：外部激励施加于系统的能量与系统阻尼耗散的能量相平衡，即液压自由活塞发动机循环供油量燃烧释放的能量必须满足系统输出能量与消耗能量相平衡。

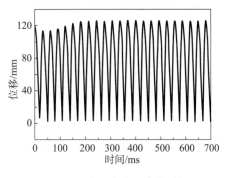

图 4.41 液压自由活塞发动机
稳定循环位移曲线（2）

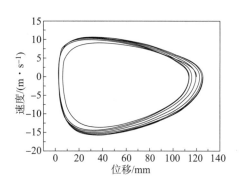

图 4.42 液压自由活塞发动机
稳定循环位移 - 速度曲线（2）

如图 4.43 和图 4.44 描述了液压自由活塞发动机不能正常稳定运行的衰减特性，从图中可以看出，随着液压自由活塞发动机运行，活塞振幅逐渐减小，直到最终停止于某一平衡位置，造成这种现象的原因在于外界激励与负载匹配不合理，即燃料燃烧所提供的能量不能满足系统阻尼的消耗，系统衰变为阻尼振动。图 4.43、图 4.44 所示运行情况为图 4.39 所示参数情况下减小循环供油量所致。

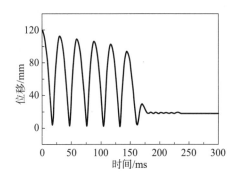

图 4.43 液压自由活塞发动机
衰减特性位移曲线

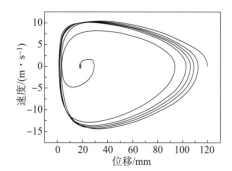

图 4.44 液压自由活塞发动机
衰减特性位移 - 速度曲线

4.4.3 活塞质量对系统的影响

根据以上对液压自由活塞发动机运动特性分析可知，活塞质量是影响其运动特性的一个关键参数，图 4.45 给出了不同活塞组件质量 M，在压缩过程中活塞速度与位移之间的关系曲线。根据正方向定义，压缩过程中活塞的速度为负值。活塞质量增加，运动过程中的速度将减小，根据能量守恒定律，在其他条件不变的情况下，压缩过程中合力对活塞做的功将转化为活塞动能，活塞质量增加，则活塞速度减小。活塞质量对于压缩过程中活塞运动的最大速度影响最明显，对于其速度峰值和峰值出现的位置都有一定影响。

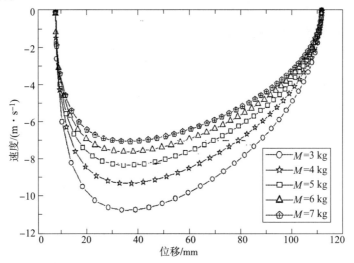

图 4.45　活塞质量对其运动的影响（速度 – 位移关系）

图 4.46 给出了不同活塞组件质量 M，在压缩过程中活塞组件的速度 – 时间关系，从图中可以看出，对于速度以时间为横轴时，活塞组件质量越大则压缩过程所用的时间越长，也就是说，对于液压自由活塞发动机来说，

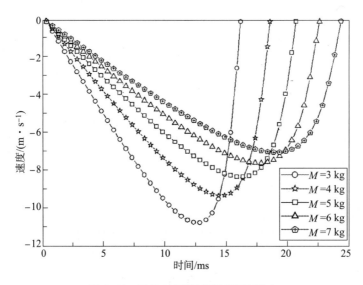

图 4.46　质量对压缩过程速度的影响

活塞组件质量越大,则液压自由活塞发动机的工作固有频率越小,单位时间输出功率降低。

图 4.47 给出了不同活塞组件质量 M,在膨胀过程中活塞速度与位移之间的关系曲线。活塞位移范围为上下止点之间,与压缩过程相同,在其他条件不变的前提下,随着活塞组件质量增加,活塞运动速度逐渐减小,活塞质量对膨胀过程中速度的影响同样表现在速度的大小和速度最大值出现的时刻两个方面。

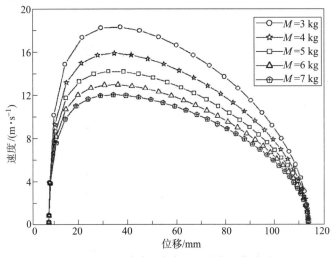

图 4.47　不同质量膨胀过程速度-位移图

图 4.48 给出了不同活塞组件质量 M,在膨胀过程中活塞组件的运动速

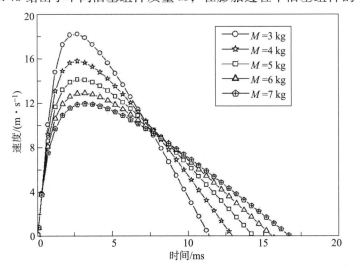

图 4.48　质量对膨胀过程速度的影响

度-时间关系曲线,从图中可以看出,对于活塞组件速度以时间为横轴时,活塞组件质量越大则膨胀过程所用的时间越长,同样说明了对于液压自由活塞发动机来说,活塞组件质量越大,则液压自由活塞发动机的固有工作频率越小,即单位时间输出功率降低。

4.4.4 初始压力对系统的影响

这里的初始压力指的是液压自由活塞发动机活塞开始压缩时对应的扫气压力,根据前述分析可知,提高进气压力对压缩冲程缸内气体压力有直接影响。与传统发动机不同,由于液压自由活塞发动机活塞不受机械约束,作用于活塞上的力的改变将直接影响活塞的动力学特性,图4.49给出了不同进气压力对应压缩过程中活塞的运动速度-位移曲线。从图中可以看出,随着进

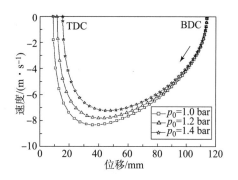

图4.49 进气压力对活塞速度的影响

气压力 p_0 的增加,活塞到达上止点的位置越来越大,即远离位移零点,压缩比减小。产生该现象的原因是进气压力升高,压缩过程中气缸压力增大,导致活塞压缩过程中受到阻力增大,所能到达的位置减小。该研究表明,其他条件不变,增大进气压力将导致活塞速度下降,压缩比降低,严重时导致压缩终了的温度、压力达不到柴油自燃条件,导致不能正常着火。若要提高进气压力,必须增大控制强液压力来提高液压自由活塞发动机的压缩比,才能保证其正常着火燃烧。该特性在第9章的试验研究中得以验证。

4.4.5 输入能量对系统的影响

对于液压自由活塞发动机系统来说,循环喷油量是系统的输入能量在数量上的直接表征,图4.50给出了不同循环喷油量所对应活塞膨胀过程中的速度变化规律。从图中可以看出,当改变循环喷油量时,活塞膨胀过程中的最高速度和膨胀冲程都将发生变化,由于循环喷油量的改变导致缸内最高爆发压力随

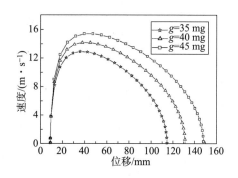

图4.50 循环喷油量对速度的影响

之变化，进而影响活塞膨胀过程中的运动特性。

4.5 活塞运动规律的控制策略研究

各控制参数对活塞运动的影响规律研究不仅是液压自由活塞发动机缸内过程耦合机理研究的基础，同时也为液压自由活塞发动机活塞运动规律控制策略的制定指明了方向。本节将依据上述参数影响规律分析结果，对活塞运动规律的控制策略展开研究。

4.5.1 液压参数匹配分析

影响液压自由活塞发动机活塞运动规律的液压参数主要有压缩压力和负载压力，前者主要影响压缩冲程，后者主要影响膨胀冲程。液压自由活塞发动机液压力属于可调力，可以通过改变液压腔压力来调节。压缩腔压力可以通过调节压缩蓄能器的充油压力和压缩腔的进油流量来控制其压力变化。其中压缩蓄能器充油压力可通过压缩油路上的比例阀调节，压缩腔进油流量的控制主要依靠液压阀节流来实现。负载压力则主要通过直接调节高压油路压力实现。

从上述影响规律分析结果可知，提高压缩压力，活塞压缩冲程的最大速度、压缩终了缸内气体最高压力和温度均单调增加，因此，提高压缩压力可以直接有效地提高液压自由活塞发动机的压缩比，改善缸内的燃烧过程，以适应不同燃料的需求。同时，在参数匹配过程中，可以通过调节压缩压力来弥补其他控制参数调节所造成的压缩比下降。例如，当进气压力提升时，压缩比会随之下降，可以通过提高压缩压力来提高压缩比，避免因压缩比下降而造成的燃烧恶化和失火现象。

液压自由活塞发动机的负载压力主要影响活塞膨胀冲程，不同的负载压力对应于不同的循环喷油量。同时，由于高压腔与泵腔的油路是连通的，因而负载压力的变动也会对压缩冲程有影响。但由于高压腔回弹活塞环形面积较压缩活塞要小很多，因此，负载压力的变动对压缩冲程的影响有限。

4.5.2 燃油参数匹配分析

燃油参数匹配是传统内燃机控制中的核心问题，对于采用柴油机工作原理的液压自由活塞发动机也不例外。液压自由活塞发动机是基于能量守恒定律确定设计参数的，其稳定运行的条件是输入与输出能量的平衡。若输入循环功过小，活塞在膨胀冲程中无法回到设计下止点区域，进而无法停留在下止点附近，液压自由活塞发动机将停止运转；若输入循环功过大，则活塞下止点位置将超出设计值过大，活塞同样无法在下止点附近停留，并可能与机体撞击，造成机械损坏。

燃油参数的匹配包括循环喷油量和喷油正时两个方面。循环喷油量决定了液压自由活塞发动机输入能量的大小，由前述分析可知，循环喷油量对活塞运动规律的影响较大，不同的循环喷油量下，活塞膨胀冲程长度差别较大，下止点位置与反弹量也随之发生变化。因此，循环喷油量的匹配是燃油参数匹配的重中之重。循环喷油量的匹配依据是液压自由活塞发动机的排量和负载压力大小。

由仿真计算结果可知，燃料燃烧释放的能量约占总输入能量的97%，而液压能则占输入总能量的38%。

燃料燃烧所释放的能量计算公式为：

$$Q = m \cdot H_u \tag{4.32}$$

式中，m 为循环供油量；H_u 为燃料低热值。

输出液压能计算公式为：

$$\Delta E = (p_{OH} - p_{OL})V_{Disp} \tag{4.33}$$

式中，ΔE 为输出液压能；p_{OH} 为负载压力；p_{OL} 为低压油路压力；V_{Disp} 为泵腔排量。

依据原理样机的泵腔设计排量，并根据负载压力调节范围，可以得到循环喷油量与负载压力之间的关系，如图4.51所示。此循环喷油量为理论设计值，在实际试验中需要对其修正。同时，由参数影响规律分析结果可知，循环喷油量的变动会引起活塞下止点位置较大的变化，而液压自由活塞发动机原理样机采用的是中压共轨液压驱动电控泵喷嘴系统，喷油器液压驱动油路与压缩油路连通，不可

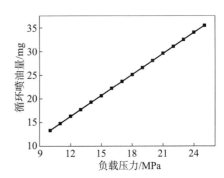

图4.51 不同负载压力对应的循环喷油量

避免地会带来液压驱动压力的波动，从而造成循环喷油量的波动，因此，为了使活塞的下止点位置尽可能稳定，应对喷油器循环喷油量的稳定性提出要求，依据上一节循环喷油量对活塞运动规律影响的仿真预测分析，在其他控制参数不发生变动的情况下，循环喷油量允许的变动范围不应超过±5%。

由于液压自由活塞发动机在运行过程中不可避免地会存在诸如各液压腔压力波动、燃烧循环变动和摩擦损失变动等情况，因而活塞下止点位置也必然会波动，当波动幅度较大时，会造成液压自由活塞发动机停止运行。由参数影响

规律分析结果可知，循环喷油量对活塞运动规律影响较大，并且原理样机燃油系统采用 HEUI 喷油器，液压驱动压力的波动易造成循环喷油量波动，增大了循环喷油量精确控制的难度。因此，循环喷油量应结合负载压力在参数匹配阶段确定，不宜作为活塞运动规律的反馈控制变量。与循环喷油量相比，喷油正时决定了液压自由活塞发动机能量输入的时刻，对活塞运动规律的影响相对较小，可作为修正活塞运动规律，调整活塞下止点位置的反馈控制变量。

为稳定活塞下止点的位置，喷油正时采用闭环控制，以每循环下止点位置为反馈量，与设定的下止点位置进行比较，通过 PID 算法对喷油正时进行修正，其算法是：

$$\Delta u_i = u_i - u_{i-1} = K_p(e_i - e_{i-1}) + K_i e_i + K_d(e_i - 2e_{i-1} + e_{i-2}) \quad (4.34)$$

式中，Δu_i 为第 i 次采样时控制器的输出值；e_i 为此次采样的误差值；e_{i-1} 为前一次采样的误差值；e_{i-2} 为前两次采样的误差值。

PID 控制器根据设定下止点位置 x_{BDC}^* 和实际下止点位置 x_{BDC} 的误差对喷油正时 x_{timing} 进行微调。喷油正时控制器结构如图 4.52 所示。

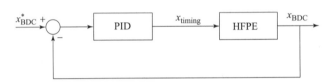

图 4.52 喷油正时控制器结构

图 4.53 为喷油正时闭环反馈控制的仿真结果，从图中可以看出，随着循环数的增加，喷油正时的闭环反馈控制可以较好地稳定活塞下止点在设

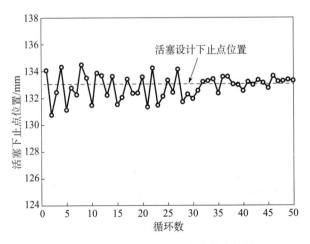

图 4.53 活塞下止点位置变化仿真结果

定值附近。在样机试验中,喷油正时闭环反馈控制策略要求活塞位移测量精确,否则将影响控制效果。

4.5.3 起动过程控制策略

对传统内燃机而言,发动机曲轴连接着大惯量飞轮,发动机起动通常采用电动机倒拖。液压自由活塞发动机由于工作原理和结构的特殊性,起动过程中没有飞轮的协助,这使得起动过程中第一个工作循环极其重要,任何参数之间的不匹配都有可能造成整机停止工作。

液压自由活塞发动机起动过程需要液压系统参数和发动机参数的共同匹配才能实现。负载压力确定后,循环喷油量也随之确定,通过调节压缩压力以保证足够压缩比,随后确定喷油正时和气门正时。上述参数之间的匹配在上小节已阐述,此处不再赘述。此外,由上一节参数影响规律的分析结果可知,频率控制阀的关闭位置也是影响液压自由活塞发动机起动过程的重要参数之一。不同频率控制阀关闭位置会造成两种结果:①活塞正常连续加速完成压缩冲程;②活塞不能连续加速完成压缩冲程,压缩能量损失,活塞回不到设定下止点区域而造成起动失败。上述第二种情况出现的原因是频率控制阀开启脉宽过短,即在压缩蓄能器与压缩腔之间的连通孔打开前

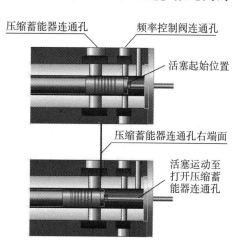

图 4.54　起动过程活塞位置示意图

频率控制阀便已经关闭,如图 4.54 所示,活塞无法实现连续加速,造成起动失败。因此,对频率控制阀关闭位置的要求是使活塞能够连续加速至压缩蓄能器与压缩腔之间的连通孔打开,正常开始压缩冲程。

显然,为保证液压自由活塞发动机的顺利起动,频率控制阀的开启脉宽存在一个最小值 $T_{\min}$,此最小值应保证压缩活塞端面可以被连续加速推至压缩蓄能器与压缩腔之间连通孔的右端面。值得注意的是,仅仅保证压缩活塞端面被推至压缩蓄能器与压缩腔之间连通孔的右端面(见图 4.54)是不够的,如果压缩活塞在接近连通孔时处于减速状态,此时仍有压缩能量损失,依然不能保证液压自由活塞发动机顺利起动。此外,由于频率控制阀的关闭位置并不是直接通过程序设定的,而是通过频率控制阀开启脉宽

来实现,在不同压缩压力下,活塞在这段时间内的速度状态是不一样的,因此,对于不同压缩压力,频率控制阀开启脉宽的最小值 T_{min} 也是不一样的,随压缩压力的增大,频率控制阀开启脉宽的最小值 T_{min} 略有减小。由耦合仿真模型的仿真计算可知,当压缩压力为 15 MPa 时,为保证液压自由活塞发动机顺利起动,频率控制阀开启脉宽的最小值 T_{min} 约为 13 ms,考虑到由于仿真模型简化引起的仿真误差,实际频率控制阀开启脉宽最小设定值应略大于仿真预测的最小值。

当活塞在燃烧压力的作用下运动至下止点并开始向上止点反弹时,如果此时频率控制阀仍处于开启状态,压缩腔压力不会由于容积增大而迅速降低,活塞将在压缩腔压力的作用下继续向上止点运动,自行开始下一个工作循环。当液压自由活塞发动机不工作在最高频率时,这种情况仍然会导致活塞在几个循环后停止运动,造成起动失败。显然,对于非最高工作频率工况,频率控制阀开启脉宽同样存在一个最大值 T_{max},此最大值应保证活塞在第一次反弹阶段频率控制阀处于关闭状态。通常,取最大值 T_{max} 为活塞一个压缩膨胀工作循环的周期。需要注意的是,液压自由活塞发动机的压缩和膨胀冲程时间在不同参数组合下是会发生变化的。例如,不同压缩压力和不同负载压力情况下,压缩和膨胀冲程所耗时间都不一样。因此,频率控制阀开启脉宽最大值 T_{max} 也是变化的。由耦合仿真模型的仿真计算可知,当压缩压力为 15 MPa、负载压力为 13 MPa、喷油量为 17.7 mg、喷油正时为 9 mm、进气压力为 1.2 bar、气门开启位置为 88 mm 和气门关闭位置为 80 mm 时,为保证液压自由活塞发动机顺利起动,频率控制阀开启脉宽的最大值 T_{max} 约为 36 ms。

由上述分析可知,为保证活塞在压缩冲程的加速连续性和控制活塞在下止点附近的反弹量,保证液压自由活塞发动机顺利起动,频率控制阀开启脉宽应介于最小值 T_{min} 和最大值 T_{max} 之间;在不同压缩压力和不同负载压力条件下,由于频率控制阀开启脉宽最小值 T_{min} 和最大值 T_{max} 略有不同,频率控制阀开启脉宽的设定区间应略做调整;同时,考虑到仿真中摩擦力及各液压腔泄漏等产生误差,实际频率控制阀开启脉宽最小设定值应略大于仿真预测的最小值。

4.5.4 工作频率控制策略

当液压自由活塞发动机成功起动后,活塞在第一个工作循环后停留在下止点附近,液压自由活塞发动机工作频率通过对频率控制阀信号频率的控制来实现,即调整活塞在下止点的停留时间,进而调整液压自由活塞发动机的工作频率,实现变功率输出。

第 5 章

液压自由活塞发动机缸内气流及换气特性

内燃机缸内气体流动和换气过程是内燃机整个工作过程中各个物理化学子过程的共同基础,是控制柴油机燃油和空气混合及燃烧过程的主要因素之一。它决定了可燃混合气的浓度场和温度场,同时也影响缸内传热过程以及有害排放物的生成。

二冲程发动机的扫气方式分为直流扫气与回流扫气两大类,直流扫气又分为气门-气口直流扫气与气口-气口直流扫气。液压自由活塞发动机研究对象为气门-气口扫气方式。液压自由活塞发动机由于去掉了曲柄连杆机构,无法像传统的发动机一样通过配气凸轮轴上的凸轮来驱动气门动作,需要专门的无凸轮电液驱动配气系统来精确地控制气门的运动。本章主要讨论了气门-气口式直流扫气在设计过程中需要考虑的因素以及气门运行的控制策略。由于液压自由活塞发动机液压气门可实现气门正时的调整,以及液压自由活塞发动机本身频率变化带来的扫气时间延长(相当于气口高度的变化)等因素,使得液压自由活塞发动机可以实时调整扫气参数来进行扫气过程的优化。在验证液压气门直流扫气控制策略可行的基础上还获取了活塞位移曲线及缸压曲线,为建立的三维仿真模型提供仿真边界条件,进而讨论了不同扫气压力、排气门正时、气口高度对扫气效率的影响规律,最终得出了提高扫气效率的优化方向。本章将通过 CFD(Computational Fluid Dynamics)仿真研究手段,针对压缩冲程期间缸内气体流动的变化特点进行分析,获得液压自由活塞发动机缸内气流运动的特点及其与对称式活塞运动规律缸内气流运动的差异,并分析上止点附近不同活塞速度对缸内气流运动的影响。最后,使用零维-一维数值仿真迭代计算的研究方法,对液压自由活塞发动机不同扫气压力、排气门正时、扫气口高度对给气比、捕获率和扫气效率的影响进行分析研究,并对液压自由活塞发动机的扫气过程进行优化。

第5章 液压自由活塞发动机缸内气流及换气特性

5.1 缸内气流数值模拟理论

5.1.1 CFD仿真的基本流程

本章在缸内气流数值研究中使用的CFD软件是奥地利AVL公司开发的内燃机三维性能仿真分析FIRE软件，该软件采用有限体积法，主要应用于内燃机瞬态缸内流动、喷嘴内流动、喷雾、燃烧、进排气系统优化设计和尾气后处理等，指导进气道形状、燃烧室结构和喷射参数的优化以及排放物的降低等。FIRE软件有AVL公司强大的试验数据做支撑，其实用性强，被认证的算例多，且在内燃机流动仿真方面精度比较高，在业内应用广泛。

对液压自由活塞发动机缸内气流CFD仿真时，利用FIRE软件求解的基本流程如图5.1所示。数值仿真过程主要包括前处理、求解和后处理三个基本环节。前处理主要完成几何模型准备（包括表面网格的建立和体积网格的生成）、物理模型描述（研究对象的边界和初始条件设置）和数学模型设置（数学方程的求解控制参数设置）。求解主要完成对模型的计算，并对计算过程进行监控，实时进行调整以保证残差能够收敛且耗时较少。后处理主要完成计算结果的输出、分析和比较。

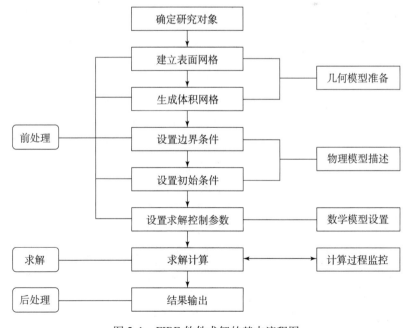

图5.1 FIRE软件求解的基本流程图

5.1.2 CFD 仿真的物理模型

对液压自由活塞发动机缸内气流进行 CFD 仿真时，建立物理模型时需要确定以下几个主要因素。

1. 空间维数

内燃机缸内气体的流动比较复杂且分布在不同方向上，要想掌握液压自由活塞发动机缸内气体流动的规律及其与传统内燃机的差别，只有采用三维模型进行仿真研究才能获得较为准确的气体流动特性。

2. 时间因素

在液压自由活塞发动机工作过程中，气体的速度、压力和温度等参数都是随着时间的变化而变化的，属于瞬态流动。

3. 流动状态

液压自由活塞发动机缸内气体的流动属于湍流流动。

4. 黏性

空气在进入液压自由活塞发动机气缸内的速度较大，此时在边界层内黏性力远大于惯性力，因此应当作黏性流体考虑。

5. 压缩性

液压自由活塞发动机缸内气体的密度是变化的，属于可压缩流体。

综上所述，本章研究的液压自由活塞发动机缸内气体流动的物理模型属于三维、瞬态、可压缩的湍流气体黏性流动问题。

5.1.3 CFD 仿真的控制方程

CFD 是利用数值方法通过计算机求解描述流体运动的数学方程，揭示流体运动的物理规律，研究定常流体运动的空间物理特征和非定常流动的时空物理特征。流体运动要受物理守恒定律的支配，通常用到的基本守恒定律包括：质量守恒定律、能量守恒定律和动量守恒定律，控制方程是这些守恒定律的数学描述。下列方程中规定流体的速度矢量在三个坐标上的分量分别为 u、v、w，压力为 p，密度为 ρ，它们都是空间坐标及时间的函数。

1. 质量守恒方程

任何气体流动问题都必须满足质量守恒定律。该定律可表述为：单位时间内流体微元体中质量的增加等于同一时间间隔内流入该微元体的净质量。据此，质量守恒方程可表述为：

$$\frac{\partial \rho}{\partial t} + \frac{\partial (\rho u)}{\partial x} + \frac{\partial (\rho v)}{\partial y} + \frac{\partial (\rho w)}{\partial z} = 0 \qquad (5.1)$$

2. 能量守恒方程

能量守恒定律是包含有热交换的流动问题必须满足的基本定律，其实际上是热力学第一定律。该定律可表述为：微元体中能量的增加率等于进入微元体的净热流量加上体力与面力对微元体所做的功。据此，能量守恒方程可以表述为：

$$\frac{\partial(\rho T)}{\partial t} + \frac{\partial(\rho u T)}{\partial x} + \frac{\partial(\rho v T)}{\partial y} + \frac{\partial(\rho w T)}{\partial z}$$
$$= \frac{\partial}{\partial x}\left(\frac{k}{c_p}\frac{\partial T}{\partial x}\right) + \frac{\partial}{\partial y}\left(\frac{k}{c_p}\frac{\partial T}{\partial y}\right) + \frac{\partial}{\partial z}\left(\frac{k}{c_p}\frac{\partial T}{\partial z}\right) + S_T \quad (5.2)$$

式中，c_p 为比热容；T 为温度；k 为传热系数；S_T 为流体的黏性耗散项。

3. 动量守恒方程

动量守恒定律也是气体流动问题必须满足的基本定律，该定律实际上是牛顿第二定律。该定律可表述为：微元体中流体的动量对时间的变化率等于外界作用在该微元体上的各种力之和。据此，动量守恒方程（又称为 Navier-Stokes 方程）可表述为：

$$\frac{\partial(\rho u)}{\partial t} + \frac{\partial(\rho u u)}{\partial x} + \frac{\partial(\rho u v)}{\partial y} + \frac{\partial(\rho u w)}{\partial z} = \frac{\partial}{\partial x}\left(\mu\frac{\partial u}{\partial x}\right) + \frac{\partial}{\partial y}\left(\mu\frac{\partial u}{\partial y}\right) + \frac{\partial}{\partial z}\left(\mu\frac{\partial u}{\partial z}\right) - \frac{\partial p}{\partial x} + S_u \quad (5.3)$$

$$\frac{\partial(\rho v)}{\partial t} + \frac{\partial(\rho v u)}{\partial x} + \frac{\partial(\rho v v)}{\partial y} + \frac{\partial(\rho v w)}{\partial z} = \frac{\partial}{\partial x}\left(\mu\frac{\partial v}{\partial x}\right) + \frac{\partial}{\partial y}\left(\mu\frac{\partial v}{\partial y}\right) + \frac{\partial}{\partial z}\left(\mu\frac{\partial v}{\partial z}\right) - \frac{\partial p}{\partial y} + S_v \quad (5.4)$$

$$\frac{\partial(\rho w)}{\partial t} + \frac{\partial(\rho w u)}{\partial x} + \frac{\partial(\rho w v)}{\partial y} + \frac{\partial(\rho w w)}{\partial z} = \frac{\partial}{\partial x}\left(\mu\frac{\partial w}{\partial x}\right) + \frac{\partial}{\partial y}\left(\mu\frac{\partial w}{\partial y}\right) + \frac{\partial}{\partial z}\left(\mu\frac{\partial w}{\partial z}\right) - \frac{\partial p}{\partial z} + S_w \quad (5.5)$$

式中，μ 为流体的动力黏度；S_u，S_v，S_w 为广义源项。

4. 状态方程

理想气体状态方程为：

$$p = \rho R T \quad (5.6)$$

式中，R 为摩尔气体常数。

5. 湍流方程

在内燃机整个工作循环中，其缸内气体充量始终在进行复杂而又强烈瞬变的湍流运动。目前对内燃机内部湍流的模拟，主要有以下几种模型：混合长（或称零方程）模型、单方程模型（湍动能的 k 方程模型）、双方程模型（$k-\varepsilon$ 模型）、雷诺应力模型、代数应力模型和非线性涡黏度模型等，本文采用实用性强、对计算资源要求低、稳定性好且可信度高的 $k-\varepsilon$ 模型。这一模型需额外求解下述两个偏微分方程：

紊动能方程：

$$\frac{\partial(\rho k)}{\partial t} + \mathrm{div}(\rho k U) = \mathrm{div}\left[\left(\mu + \frac{\mu_t}{\sigma_k}\right)\mathrm{grad}k\right] - \rho\varepsilon + \mu_t P_G \qquad (5.7)$$

紊动能耗散率方程：

$$\frac{\partial(\rho\varepsilon)}{\partial t} + \mathrm{div}(\rho\varepsilon U) = \mathrm{div}\left[\left(\mu + \frac{\mu_t}{\sigma_\varepsilon}\right)\mathrm{grad}\varepsilon\right] - \rho C_2 \frac{\varepsilon^2}{k} + \mu_t C_1 \frac{\varepsilon}{k} P_G \qquad (5.8)$$

式中，$\vec{U}=u\vec{i}+v\vec{j}$，$\sigma_k$、$\sigma_\varepsilon$、$C_1$、$C_2$ 为经验常数；P_G 为层流流动与浮力产生的湍流动能。

μ_t 为湍流黏性系数，其计算公式如下：

$$\mu_t = \rho C_\mu \frac{k^2}{\varepsilon} \qquad (5.9)$$

式中，C_μ 为经验常数。

5.1.4 控制方程的离散化

微分方程的数值解就是用一组数字表示待定量在定义域内的分布，离散化方法就是对这些有限点的待求变量建立代数方程组的方法。根据实际研究对象，可以把定义域分为若干个有限的区域，在定义域内连续变化的待求变量场，由每个有限区域上的一个域或若干个点的待求变量值来表示，这就是离散化的基本思想。由于待求变量在节点之间的分布假设及推导离散方程的方法不同，就形成了有限差分法、有限单元法、边界元法、有限体积法等不同类型的离散化方法。

FIRE 软件采用的是有限体积法。有限体积法又称为控制体积法，其基本思路是：将计算区域划分为网格，并使每个网格点周围有一个互不重复的控制体积；将待解微分方程（控制方程）对每一个控制体积积分，从而得出一组离散方程，其中的未知数是网格点上的因变量 Φ。为了求出控制体积的积分，必须假定 Φ 值在网格点之间的变化规律。从积分区域的选取方法来看，有限体积法属于加权余量法中的子域法，从未知解的近似方法来看，有限体积法属于采用局部近似的离散方法。简言之，子域法加离散，就是有限体积法的基本方法。

5.2 缸内气流仿真建模

5.2.1 计算网格

图 5.2 为液压自由活塞发动机燃烧室的几何模型。CFD 仿真的一个重要前提条件是对研究对象几何形状的精确描述，在保证对仿真计算结果影响不大的前提下，同时为了避免在网格划分时产生网格尺度的巨大差异，对液压自由活塞发动机的燃烧室几何模型进行了一些等效简化处理，主要有：

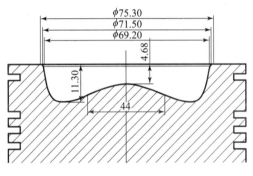

图 5.2 燃烧室几何模型

（1）略去了气缸与活塞之间的间隙，即活塞顶平面与气缸壁面完全密封。

（2）略去了某些过渡圆角、倒角等次要细节。

根据仿真模型校核结论，燃烧室网格尺寸取 0.1 mm，燃烧室网格如图 5.3 所示，其他区域可适当加粗，这样可得到既保证计算精度又减少计算时间的最佳计算网格。

在 AVL_FIRE 软件中，对液压自由活塞发动机样机直流换气模式绘制 ProE 模型并利用 FAME ENGINE + 进行网格划分，进而进行换气过程的气体流动计算。网格划分结果如图 5.4 所示，其中采用网格细化技术对扫气腔进气口、气门座、气门等进行网格细化，气门采用试验获取的升程曲线。由于排气门开启时刻不同，缸内温度和压力也不相同，为获得较为精确的边界条件，排气门开启前的缸内温度、压力由试验提供。部分计算边界参数设置见表 5.1。

$$x_{piston} = R(1 + \cos\theta) - (l - \sqrt{l^2 - R^2 \sin^2\theta}) \tag{5.10}$$

式中，R 为气缸半径；l 为活塞冲程；θ 为曲轴转角。

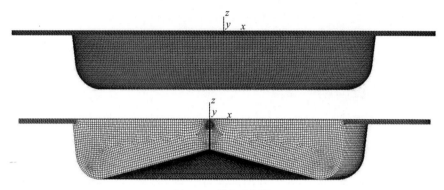

图 5.3　燃烧室网格

由于液压自由活塞发动机无曲轴，控制参数主要由位移提供，而为了方便仿真计算，需对活塞位移进行等效曲轴转角处理，在进行自由活塞仿真计算时采用了传统发动机的位移表达式来逆换算曲轴转角，类似地，此处采用式（5.10）进行位移与曲轴转角的换算。图 5.5 为位移 – 曲轴转角的转化结果，该转化结果与传统的曲柄连杆发动机相比下止点附近的位移随曲轴转角变化较为平缓，而且该平缓区间随液压自由活塞发动机的频率减小而增大，这一特征与传统曲柄连杆发动机有明显的区别。

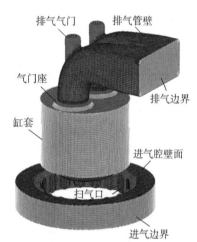

图 5.4　液压自由活塞发动机的三维计算网格

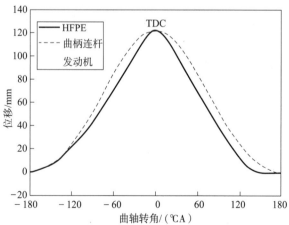

图 5.5　液压自由活塞发动机等效曲轴转角曲线

表 5.1　样机试验参数及部分边界条件

参数	数值	参数	数值
气缸直径/mm	98.5	活塞顶部温度/K	550
活塞冲程/mm	120	排气口关闭位置/mm	35
气门升程/mm	8	进气口开启位置/mm	26
进气压力/bar	1.2~1.4	排气口开启位置/mm	35~53
缸壁温度/K	450	气缸初始温度/K	589~620
气口高度/mm	18~26	气缸初始压力/bar	1.6~2.4
缸内温度/K	500	进气腔初始温度/K	320

5.2.2　边界条件与求解器设置

数值仿真中,进气涡流通过给定压缩始点的涡流/转速比确定,各壁面温度使用软件推荐值。压缩初始压力和温度由第 4 章耦合模型仿真结果提供。时间步长依据仿真模型校核结果取 0.25 ℃A,相当于 2.4e-5 s;等效转速依据循环时间定义为每分钟 2 083 转;流场求解采用的是 SIMPLE 算法,松弛因子采用的是使计算稳定的最大值;计算时质量守恒方程、动量守恒方程和能量守恒方程都必须求解,湍流模型采用 k-ε 模型;收敛准则采用标准残差,所有方程都取 1e-4,最大迭代步数为 100 次,最小迭代步数为 10 次。

5.2.3　三维仿真结果

图 5.6 为液压自由活塞发动机扫气过程缸内流场分布云图。液压自由活塞发动机的气门率先开启,缸内压力迅速下降,尽管排气门早开不利于做功,但从云图分布可以看出,排气门早开有利于扫气腔内的新鲜空气进入气缸,减少缸内废气倒流至扫气腔。扫气口开启后,新鲜空气吹入气缸,在气缸中心轴线处交汇,气流向上流动并将缸内废气逐步排出气缸。该云图表明新鲜空气并不能将所有的废气排出气缸,气流沿着气缸中心轴线向上流动至气门,并从气门处直接排出,这也使得新鲜空气无法到达近缸套壁面处,该区域内存在一定的废气。另外,由于新鲜空气沿着气缸中心轴线直接到达气门口,很容易造成新鲜空气短路。因此需进一步探究排气门开闭时刻对扫气效果的影响。事实上,二冲程直流扫气的方案能够获取较高的扫气效率,在扫气口轴向倾角、周向倾角优化后甚至能够达到 90% 以上。此外,由于液压自由活塞发动机的气口高度是确定的,但气口开启有

效时间由发动机频率来控制，因此扫气口开启有效时间是可控的。

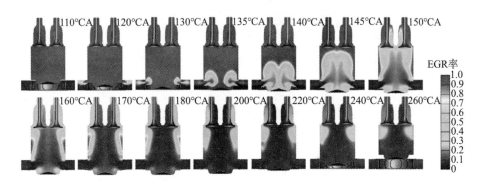

图 5.6　液压自由活塞发动机扫气缸内流场分布云图

图 5.7 及图 5.8 为不同给气比条件下对应的捕获率及扫气效率，为验证三维仿真结果的有效性，将其与完全分层、完全混合的理论曲线进行对比。结果表明，CFD 计算结果落在了完全分层扫气与完全混合扫气之间，说明计算结果是有效的。另外，通过仿真结果发现，液压自由活塞发动机与传统二冲程发动机扫气过程类似，即当给气比增大时，扫气效率 η_{sc} 将会提高，而捕获率 η_{tr} 则会下降。

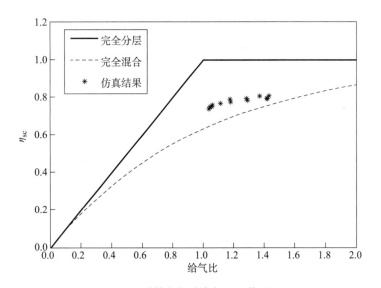

图 5.7　计算扫气效率与理论值对比

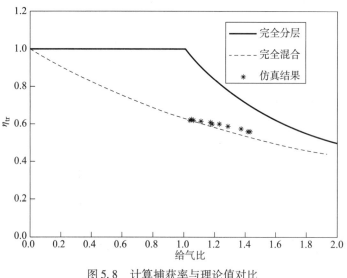

图 5.8 计算捕获率与理论值对比

5.3 液压自由活塞发动机缸内气体流动数值仿真分析

柴油机缸内的气体流动十分复杂,并具有三维、不定常和湍流性强等特点。目前所了解的既有有组织的流动(如涡流和挤流等),也有无组织的流动(如湍流运动)。根据第 4 章中对液压自由活塞发动机活塞运动规律的仿真分析结果可知,液压自由活塞发动机活塞运动规律与传统内燃机有很大的不同,活塞位移曲线关于上止点呈现明显的不对称性,在上止点附近具有更快的活塞运动速度,这些特点都会对缸内的气体流动产生影响。因此,为了研究液压自由活塞发动机独特活塞运动规律对缸内气体流动的影响,下面对液压自由活塞发动机缸内气流运动规律开展数值仿真研究,并将其与对称式活塞运动规律的缸内气流组织过程进行对比分析。

5.3.1 缸内气流运动规律数值仿真分析

内燃机缸内气流分为涡流和挤流,在缸内工作过程中,缸内气流受到进气时气流产生涡旋的影响,其涡旋会持续发展下去。随着活塞向上止点方向运动,逐渐把气缸中的气体压缩到燃烧室内,形成挤流,原有的垂直涡流继续保持并有向上止点方向运动的趋势。同时,由于气流在气缸垂方向上的旋转运动，燃烧室内的气体也有向上止点方向运动的趋势。此时挤流空间缩小，气体压力上升，燃烧室中气体的流动速度随之增大。传统柴油机缸内过程研究结果表明，上止点附近缸内气体流动情况将直接影响发动机的油气混合、燃烧进程以及气体和缸壁间的热量交换，进而影响发动机效率和排放。

　　液压自由活塞发动机的内燃机部分采用柴油机的工作原理，故其燃烧过程和传统柴油机的差异也必与缸内的气流相关。从上述内燃机缸内气流的分析可知，涡流是进气系统给予气体进入气缸角动量而产生的，主要由进气系统的初始涡流生成所决定。由于在压缩冲程期间的涡流动量损失受活塞运动规律不同的影响较小，因而，液压自由活塞发动机缸内气流运动规律的特点最有可能在挤流中找到。

　　为了区分液压自由活塞发动机与对称式活塞运动规律在缸内气流组织过程中存在的潜在区别，以下数值仿真都采用同样的仿真设置，只是活塞运动型线不一样，这样可以将两种活塞运动规律在同样的运行状态下进行对比，比如压缩比、进气压力、进气温度、进气涡流和等效转速等。

　　图 5.9 为液压自由活塞发动机活塞运动规律与对称式活塞运动规律的活塞位移曲线对比。液压自由活塞发动机活塞运动规律由第 4 章模型仿真获得，并且为了保证两种活塞运动规律的缸内气体流动 CFD 计算结果具有可比性，对液压自由活塞发动机的自由行程长度进行了调整，使两种发动机的

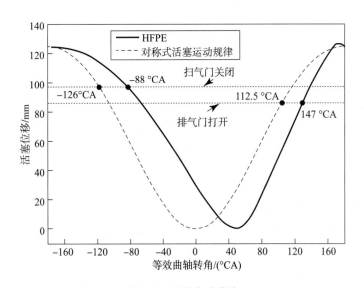

图 5.9　活塞位移曲线

实际冲程恰好相同。仿真分析中二者对应的进气口关闭位置和排气门打开位置相同，在将时间轴转换为等效曲轴转角后，液压自由活塞发动机对应的进气口关闭时刻为 -88 °CA，排气门开启时刻为 147 °CA；对称式活塞运动规律对应的进气口关闭时刻为 -126 °CA，排气门开启时刻为 112.5 °CA。

如图 5.10 所示，根据 CFD 软件设置要求，同时为方便对比分析两种活塞运动型线的仿真结果，将两种活塞运动型线的上止点对应的转角都定义为 360 °CA。数值仿真计算从进气口关闭点开始，排气门开启前结束，因此，在重新定义上止点对应的等效曲轴转角后，液压自由活塞发动机仿真计算转角区间为 212.75 ~ 447.75 °CA，对称式活塞运动规律的仿真计算转角区间为 234 ~ 472.5 °CA。

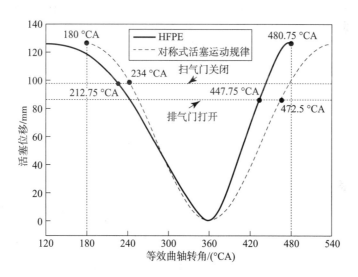

图 5.10　对齐上止点后活塞位移曲线

（一）活塞运动型线分析

如图 5.11 所示，对比二者的活塞速度曲线可知，与对称式活塞运动规律相比，液压自由活塞发动机的活塞位移曲线和速度曲线关于上止点呈现明显的不对称性。相同循环工作时间条件下，液压自由活塞发动机压缩冲程耗时更长，膨胀冲程耗时更短，其压缩冲程中的活塞速度较膨胀过程要小，但在上止点附近液压自由活塞发动机活塞的运动速度较对称式活塞运动规律要大，有改善缸内气流组织的预期。

图 5.12 和图 5.13 为等效曲轴转角下活塞速度和加速度对比。从图中可以看出，在上止点附近，液压自由活塞发动机活塞具有较大的加速度和速

度，而上止点附近正是组织缸内气流的重要时段，为了研究上止点附近活塞较大的速度和加速度对缸内气流组织的影响，下面将对两种活塞运动规律的缸内气体流动的数值仿真结果进行分析。

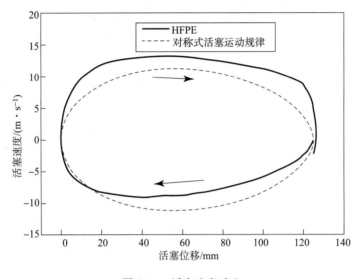

图 5.11　活塞速度对比

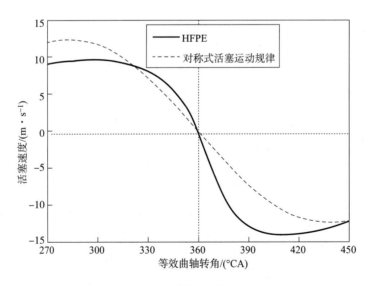

图 5.12　等效曲轴转角下活塞速度对比

第5章 液压自由活塞发动机缸内气流及换气特性

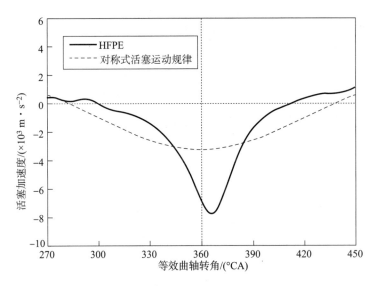

图 5.13 等效曲轴转角下活塞加速度对比

(二) 仿真结果分析

1. 缸内气流运动特点

图 5.14 和图 5.15 为两种活塞运动规律的缸内气体质量平均湍流速度和平均湍流动能的变化情况。由图可知,在压缩冲程初始阶段,由于对称式活塞运动规律在压缩冲程的活塞速度比液压自由活塞发动机要高,因此其缸内气体平均湍流速度较大。

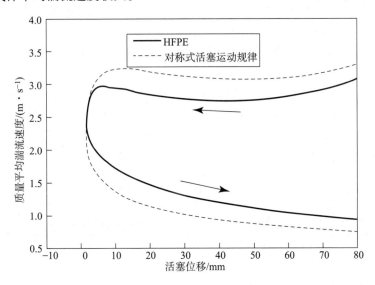

图 5.14 缸内气体质量平均湍流速度

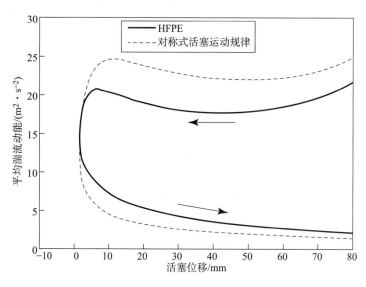

图 5.15 缸内气体平均湍流动能

从图 5.15 平均湍流动能变化情况可知，对两种活塞运动规律而言，压缩过程中，缸内气体平均湍流动能都呈现先减小后增加的趋势。因为在压缩过程初始段，缸内气体没有形成统一的涡流和滚流运动，小尺度的涡流和滚流之间的相互摩擦较强，使得气体流动的脉动能量迅速减小，湍流动能随之变小；在压缩过程后期，活塞不断向上止点方向运动，活塞在靠近上止点时，大尺度滚流破碎成湍流，因而湍流动能有所增大。同时，由于液压自由活塞发动机在压缩冲程大部分时间内活塞速度都低于对称式活塞运动规律的活塞速度，因而其在压缩冲程阶段的平均湍流动能较小。

图 5.16 为两种活塞运动规律的平均缸内湍流速度和平均湍流动能的变化情况。影响气体运动的两个主要因素来自涡流和活塞移动造成的气体置换，由图可知，在压缩冲程的初始阶段，由于对称式活塞运动规律在压缩冲程的活塞速度比液压自由活塞发动机要高，因此其平均气体速度也要高一些。并且从图中可以进一步看到，涡流在上止点

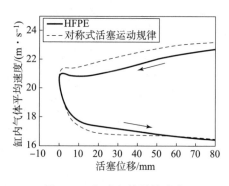

图 5.16 缸内气体平均速度

附近有快速衰弱,在上止点之后,由于液压自由活塞发动机的活塞速度较高,导致其平均气流速度也稍高。

2. 缸内挤流变化规律

挤流是由于活塞靠近上止点使得气流受迫流经燃烧室产生,挤流的作用主要体现在压缩冲程的最后阶段,因为此时活塞和缸盖之间的间隙减少迅速,而且此时的挤流很大程度上取决于活塞的瞬时速度。图 5.17 为两种活塞运动规律缸内挤流的仿真预测。

由图 5.17 缸内气体的平均径向速度(挤流)曲线可知,在压缩冲程开始阶段,两种活塞运动规律的平均径向速度几乎等于零,随着活塞向上止点方向运动,气缸容积不断减小,气体在径向流进或流出燃烧室,平均径向速度逐渐增大,挤流也相应增大。由于在压缩冲程的初始段,对称式活塞运动规律的活塞运动速度略高,因此,其平均径向速度略高于液压自由活塞发动机。在压缩冲程后

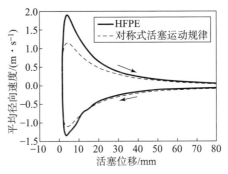

图 5.17　缸内气体平均径向速度(挤流)

期,由于液压自由活塞发动机的活塞运动速度高于传统发动机,因此,在压缩冲程靠近上止点附近,液压自由活塞发动机的挤流效果更好一些,平均径向速度比对称式活塞运动规律高 20% 左右。对于膨胀冲程早期产生的逆挤流,由于液压自由活塞发动机没有曲柄连杆机构约束,活塞运动速度明显高于对称式活塞运动规律,因此,其逆挤流效果也明显高于对称式活塞运动规律,平均径向速度的极值要比传统发动机高 45% 左右。

而且,由于活塞速度在上止点处反转,并且活塞加速度指向下止点,在挤流段的上方会产生一个低压区,气体从活塞燃烧室回流至气缸区域。当涡流水平衰弱时,这个反转挤流对于燃烧的后期就会显得很重要。并且,液压自由活塞发动机膨胀冲程快速的特点也会加强这一效果,这些都将有利于缸内燃烧。

5.3.2　活塞速度对缸内挤流的影响

上述数值仿真分析结果表明,液压自由活塞发动机在上止点附近较大的活塞运动速度对缸内挤流具有明显的提升效果,为了进一步验证这一结论,下面对液压自由活塞发动机不同活塞运动速度对挤流的影响开展数值仿真研究。图 5.18 为由第 4 章模型仿真得到的不同压缩压力下的液压自由

活塞发动机活塞位移曲线,由图可知,随着压缩压力的提高,液压自由活塞发动机在压缩冲程的速度随之增大。由图 5.19 可看出,活塞在上止点附近的运动速度也随压缩压力的提高而增大。

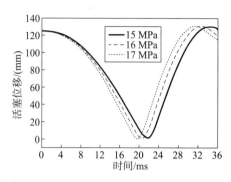

图 5.18　不同压缩压力下活塞位移曲线

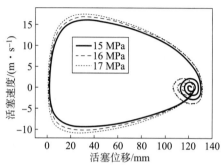

图 5.19　不同压缩压力下活塞位移 – 速度曲线

图 5.20 为不同压缩压力下的缸内气体平均径向速度曲线,由数值仿真结果可知,随着压缩压力的提高,压缩冲程上止点附近的气体平均径向速度有所增加,即缸内挤流效果有所增强。这是由于在压缩冲程上止点附近相同活塞位置所对应的活塞瞬时速度有所增大,加速了气体径向流出燃烧室运动,从而增强了挤流效果。

综合上述分析结果可知,缸内

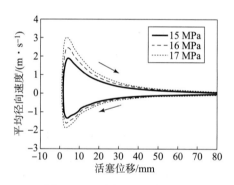

图 5.20　不同压缩压力下的缸内气体平均径向速度

气流运动规律受活塞运动规律的影响,与传统对称式活塞运动规律相比,液压自由活塞发动机缸内气流运动规律特点如下:压缩冲程初始阶段,由于活塞运动速度较小,缸内平均气体速度较小;压缩冲程后期,活塞在上止点附近运动速度增大,缸内气体加速径向流出燃烧室,平均径向速度增大,挤流效果增强;膨胀冲程早期,活塞较大的运动速度使得平均径向速度大幅增大,逆挤流效果也明显增强;上止点附近挤流和逆挤流受活塞瞬时速度影响,随着相同活塞位置所对应的活塞运动速度的增大,平均径向速度增大,挤流和逆挤流效果增强。

5.4 换气系统工作原理

液压自由活塞发动机原理样机为直流扫气二冲程发动机,其排气门和喷油器驱动采用液压驱动方式,进气由罗茨泵供油。驱动油压来自系统输出的高压油路;高压腔、泵腔和压缩腔一起构成液压自由活塞发动机的液压部分。液压自由活塞发动机通过由直径较大的泵活塞和直径较小的压缩活塞构成的活塞组件的轴向移动实现从低压油路的吸油和向高压油路的排油。电控液压驱动无凸轮配气机构主要由气门组件、液压驱动柱塞、液压缸偶件、电磁阀以及高压油源系统组成。液压驱动柱塞在液压缸压力的作用下往复运动,推动气门完成气门的打开和关闭。

5.4.1 配气系统设计

液压自由活塞发动机应用了电控液压驱动无凸轮配气机构,可以灵活、单独、精确地控制气门的运动,即对气门正时、气门升程和气门开启时面值进行柔性控制。气门正时的控制同样是基于活塞位移信号,如图 5.21 所示:膨胀冲程活塞向下止点运动,在进气口打开前,气门应当打开,此时缸内气体压力远大于排气口处的压力,气缸内燃气以临界速度流出,流出量占燃气总量的 70%~80%;活塞继续向下止点运动,进气口打开,新鲜空气得以进入气缸,并在扫气压力作用下将残余废气通过气门排出,该过程持续到活塞在下一循环开始压缩冲程将进气口关闭;气门关闭位置在进气口关闭之后,可以实现过后扫气,得到较好的缸内换气质量。

气门升程和时面值的调节方法如图 5.21 所示,进油电磁阀信号脉宽 t_1 用以调节气门升程,充入高压油液的时间越长,则气门升程越大。进油电磁阀信号与泄油电磁阀信号之间的间隔 t_2 则决定了气门保持阶段的时间,可以实现对气门时面值的控制;泄油电磁阀信号则决定了气门关闭时刻,在 t_3 时间段内完成柱塞缸内油液的泄放,使气门落座。为减小气门落座的冲击,设计了泄油电磁阀信号双脉冲方案,将泄油电磁阀的信号分为两个连续

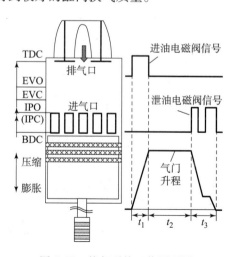

图 5.21 换气系统工作原理图

的脉冲,当气门接近落座时,第一个脉冲结束,泄油电磁阀关闭,柱塞缸形成密封容积,液体压力阻止气门继续下落,在一定时间的停顿之后,控制器发出第二个脉冲,再次将泄油电磁阀打开,泄放柱塞缸内油液,气门完成落座。由于电控液压驱动无凸轮配气机构的原理特点,电磁阀响应时间、液压建立速度等因素都将造成气门实际动作的滞后,在实际发动机气门控制中,必须根据气门滞后时间对气门正时进行调整。

5.4.2 气门控制策略设计

防止气门与活塞撞击是液压自由活塞发动机气门控制区别于传统发动机的一个重要问题。传统发动机气门动作与活塞运动是通过凸轮轴关联的,因此不可能出现活塞运动至上止点同时气门打开的情况。但对于液压自由活塞发动机而言,由于应用了无凸轮的电控液压驱动机构,若在气门开启控制信号发出后发动机失火或者燃烧不正常,活塞在泵腔和压缩腔液压力作用下将迅速向上止点折返,此时气门处于打开状态,将可能造成活塞与气门撞击,使气门杆弯曲,对气门密封效果造成致命破坏。因此,必须设计防止气门与活塞撞击的保护程序。由于活塞撞击气门是在失火条件下发生的,所以气门保护控制的方法是:若控制器判断有失火情况发生,则立即关闭气门。气门保护程序可以通过图 5.22 所示的气门控制策略来实现。

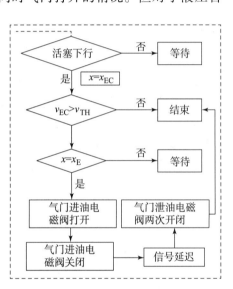

图 5.22 气门控制策略

由于膨胀冲程活塞运动速度是缸内燃烧情况的重要表征,失火循环膨胀冲程的速度明显小于正常循环,因此可以通过对气门开启信号触发位置 x_E 前某一点 x_{EC} 的速度 v_{EC} 进行计算,来判断该循环活塞是否将会出现失火情况,进而决定气门的开启与否。用于失火判断的速度阈值 v_{TH},可以根据试验中正常着火循环比较点的速度得到。

5.5 换气过程数值模拟计算

与传统二冲程柴油机相同,液压自由活塞发动机的性能受换气质量的影响较大，对换气过程的研究有助于掌握液压自由活塞发动机换气过程的规律，为整机的性能优化提供依据。

本节研究的单活塞式液压自由活塞柴油机采用直流扫气的换气方式，采用气口－气门的结构形式。其换气过程可描述为：当活塞由上止点向下止点移动过程中的某一时刻，排气门打开，缸内高温高压的燃气开始通过排气门排出；当活塞继续向下止点运动且运动到扫气口的上端面时，扫气口打开，此时由于排气门已经开启一段时间，缸内的压力低于扫气腔的新鲜空气，经过增压的新鲜空气在压差的作用下不断流入气缸，同时将缸内残余的废气扫出气缸；当活塞由下止点向上止点继续运动时，高频运行时排气门晚于扫气口关闭，低频运行时由于换气时间足够，排气门早于扫气口关闭。

5.5.1 数学模型

对于传统二冲程柴油机的换气过程，从排气门打开到扫气口开启，缸内压力高于排气背压，燃气可自由地流出缸外，称为自由排气阶段；从扫气口打开到活塞运行到下止点后上行将扫气口关闭为止，这一时期称为扫气阶段；从扫气口关闭到排气门关闭这一时期称为过后排气阶段。对于液压自由活塞发动机而言，排气门的开启正时和开启时长都可通过控制系统自由调整。在液压自由活塞发动机当前低频运行的换气过程中，排气门在活塞由下止点上行过程中先于扫气口关闭，其换气过程包含如下三个阶段：从排气门打开到扫气口开启称为自由排气阶段；从扫气口打开到排气门关闭称为扫气阶段；从排气门关闭到扫气口关闭称为过后充气阶段。

1. 换气各阶段数学模型

（1）自由排气阶段。

自由排气阶段，液压自由活塞发动机排气门开启，扫气口还未打开，此阶段气缸内工质的成分不变。

质量守恒方程：

$$\frac{\mathrm{d}m}{\mathrm{d}\varphi} = \frac{\mathrm{d}m_e}{\mathrm{d}\varphi} \tag{5.11}$$

式中，m 为缸内工质质量；m_e 为流出气缸的工质质量；φ 为相位。

能量守恒方程：

$$\frac{\mathrm{d}T}{\mathrm{d}\varphi} = \frac{1}{mc_V}\left[\frac{\mathrm{d}Q}{\mathrm{d}\varphi} - p\frac{\mathrm{d}V}{\mathrm{d}\varphi} + h_e\frac{\mathrm{d}m_e}{\mathrm{d}\varphi} - u\frac{\mathrm{d}m}{\mathrm{d}\varphi}\right] \tag{5.12}$$

经整理后得到：

$$\frac{dT}{d\varphi} = \frac{1}{mc_V}\left[\frac{dQ}{d\varphi} - p\frac{dV}{d\varphi} + (h_e - u)\frac{dm}{d\varphi}\right] \qquad (5.13)$$

（2）扫气阶段。

此阶段中，既有新鲜空气进入气缸，又有废气从排气口排出。

质量守恒方程：

$$\frac{dm}{d\varphi} = \frac{dm_s}{d\varphi} + \frac{dm_e}{d\varphi} \qquad (5.14)$$

式中，m_s 为流进气缸的工质质量。

能量守恒方程：

$$\frac{dT}{d\varphi} = \frac{1}{mc_V}\left[\frac{dQ}{d\varphi} - p\frac{dV}{d\varphi} + h_e\frac{dm_e}{d\varphi} + h_s\frac{dm_s}{d\varphi} - u\frac{dm}{d\varphi} - m\frac{\partial u}{\partial \alpha_\varphi}\cdot\frac{d\alpha_\varphi}{d\varphi}\right] \qquad (5.15)$$

经整理后得到：

$$\frac{dT}{d\varphi} = \frac{1}{mc_V}\left[\frac{dQ}{d\varphi} - p\frac{dV}{d\varphi} + (h_e - u)\frac{dm_e}{d\varphi} + (h_s - u)\frac{dm_s}{d\varphi}\right] \qquad (5.16)$$

（3）过后充气阶段。

过后充气阶段是指排气门关闭到进气门关闭的阶段。

质量守恒方程：

$$\frac{dm}{d\varphi} = \frac{dm_s}{d\varphi} \qquad (5.17)$$

能量守恒方程：

$$\frac{dT}{d\varphi} = \frac{1}{mc_V}\left[\frac{dQ}{d\varphi} - p\frac{dV}{d\varphi} + h_s\frac{dm_s}{d\varphi} - u\frac{dm}{d\varphi} - m\frac{\partial u}{\partial \alpha_\varphi}\cdot\frac{d\alpha_\varphi}{d\varphi}\right] \qquad (5.18)$$

忽略 α_φ 对 u 的影响可得：

$$\frac{dT}{d\varphi} = \frac{1}{mc_V}\left[\frac{dQ}{d\varphi} - p\frac{dV}{d\varphi} + (h_s - u)\frac{dm_s}{d\varphi}\right] \qquad (5.19)$$

2. 气体流量计算

换气过程中通过进气口的气体流量按式（5.20）计算：

$$\frac{dm_s}{d\varphi} = \frac{\mu_s F_s}{6n}\sqrt{\frac{2gk}{k-1}}\cdot\frac{p_s}{\sqrt{RT}}\cdot\sqrt{\left(\frac{p_z}{p_s}\right)^{\frac{2}{k}} - \left(\frac{p_z}{p_s}\right)^{\frac{k+1}{k}}} \qquad (5.20)$$

式中，μ_s 为进气口的流量系数；n 为发动机转速；F_s 为进气口面积随等效曲轴转角变化的函数；p_s 为进气口压力；p_z 为缸内压力；g 为重力加速度；k 为绝热指数。

气体流经气口的时候，根据气口两边压差的不同，可能出现如下情况：

①亚临界流动：

$$\frac{p_2}{p_1} > \left(\frac{2}{k+1}\right)^{\frac{k}{k-1}}$$

②超临界流动：

$$\frac{p_2}{p_1} \leqslant \left(\frac{2}{k+1}\right)^{\frac{k}{k-1}}$$

式中，p_1、p_2 为气口出口及进口处气体的压力。

通过进气口的气体流动属于亚临界流动，通过排气阀的初期流动为超临界流动，随着缸内压力的下降而进入亚临界排气阶段。因此，排气阀流量计算公式如下：

①亚临界排气：

$$\frac{\mathrm{d}m_\mathrm{e}}{\mathrm{d}\varphi} = \frac{\mu_\mathrm{e} F_\mathrm{e}}{6n}\sqrt{\frac{2gk}{k-1}} \cdot \frac{p_z}{\sqrt{RT}} \cdot \sqrt{\left(\frac{p_z}{p_s}\right)^{\frac{2}{k}} - \left(\frac{p_z}{p_s}\right)^{\frac{k+1}{k}}} \quad (5.21)$$

②超临界排气：

$$\frac{\mathrm{d}m_\mathrm{e}}{\mathrm{d}\varphi} = \frac{\mu_\mathrm{e} F_\mathrm{e}}{6n}\sqrt{\frac{2gk}{(k-1)RT}} \cdot p_z \cdot \left(\frac{2}{p_z+1}\right)^{\frac{1}{k-1}} \quad (5.22)$$

式中，μ_e 为排气阀的流量系数；F_e 为排气阀通道面积随等效曲轴转角变化的函数。

若有气体倒流，以上公式依然有效，只是需要把相应的压力调换。

3. 气阀（口）流量系数

气阀（口）的流量系数定义为：

$$\mu = \frac{\text{该瞬时实际流量}}{\text{该瞬时理论流量}} = \frac{\text{有效流通面积}}{\text{实际流通面积}}$$

对于二冲程的液压自由活塞发动机而言：

$$\mu_{s,e} = \mu_\mathrm{m}(1 - ak) \quad (5.23)$$
$$k = \mathrm{e}^{-b(h_{p0}/h_{m0})} - \mathrm{e}^{-b} \quad (5.24)$$

式中，μ_m 为气口全开时的流量系数，直流扫气时 $\mu_\mathrm{m} = 0.62 \sim 0.65$；$a$、$b$ 为常数（$a = 0.55 \sim 0.65$，$b = 1.3 \sim 1.42$）；h_{p0}/h_{m0} 为气口开启高度与全开高度之比。

5.5.2 仿真计算方法

液压自由活塞发动机的活塞不受刚性约束，其活塞运动规律受缸内工作过程影响，同时活塞运动规律的变化又影响扫气口的正时及开启时长，因此液压自由活塞发动机换气过程的研究不仅涉及缸内热力学，还包括活塞动力学，其换气过程研究是缸内热力学和活塞动力学的耦合过程。

由于活塞运动规律耦合仿真模型中对缸内进排气过程简化较多,不适合于换气过程的研究,本节采用迭代法对液压自由活塞发动机换气过程进行数值仿真研究。迭代计算主要在液压自由活塞发动机的零维动力学数值仿真和缸内工作过程一维数值仿真间展开,具体流程如图5.23所示。其中,零维动力学模型依据活塞受力分析建立,缸内工作过程一维数值模型使用GT-Power建立,如图5.24所示。

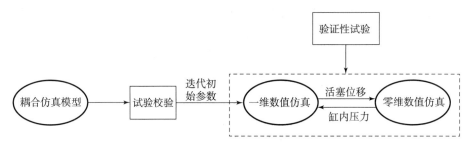

图5.23 换气过程数值仿真流程

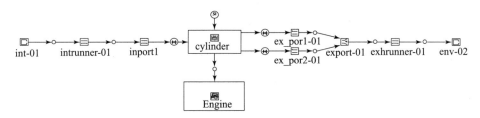

图5.24 缸内工作过程一维数值模型

液压自由活塞发动机换气过程数值仿真流程为:通过零维活塞动力学模型计算得到活塞位移随时间变化的规律作为缸内工作过程一维数值模型的输入,通过缸内工作过程一维数值模型计算分析液压自由活塞发动机的缸内工作过程,包括进排气过程,同时将计算得到的缸内压力作为动力学模型的输入条件,如此反复迭代直到模型收敛。数值仿真迭代初值由第4章中经过试验校验的耦合模型仿真结果提供,同时,通过试验来验证迭代计算得到的活塞位移及缸内瞬时压力,以达到模型校核的目的。如图5.25所示为仿真缸压与试验对比,由图可知,数值仿真迭代计算方法具有较好的仿真精度,可以作为液压自由活塞发动机换气过程的仿真研究手段。

与上述缸内气体运动数值相同,在仿真计算过程中,将时间轴转化为等效曲轴转角,活塞位移零点位置定义为活塞压缩冲程起始点,如图5.26所示。为仿真计算方便,对液压自由活塞发动机自由行程进行适当调整,活塞膨胀冲程下止点与压缩起始点一致。

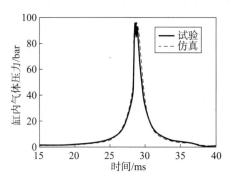

图 5.25　缸内气体压力仿真与试验对比　　图 5.26　活塞位移 – 等效曲轴转角图

5.5.3　扫气效果评价指标

二冲程柴油机的扫气过程十分复杂。针对二冲程内燃机的扫气过程有两种假设，一种叫作完全混合扫气，它假设新鲜充量进入气缸以后立即与缸内的废气均匀混合；另一种叫作完全分层扫气，它假设新鲜充量进入气缸以后与缸内的废气不相混，扫气气流不断地将废气挤出气缸。实际情况下的换气过程应介于这两种假设之间。

液压自由活塞发动机内燃机部分为二冲程直流扫气柴油机，采用传统的二冲程直流扫气柴油机的扫气效果评价指标不失一般性。

扫气效率：换气结束后，留在气缸内的新鲜充量的质量与缸内气体总质量的比值，即

$$\eta_{sc} = \frac{G_0}{G_z} \tag{5.25}$$

捕获率：换气结束后，留在气缸内的新鲜充量质量与该循环内流过扫气口的气体质量之比，即

$$\eta_{tr} = \frac{G_0}{G_s} \tag{5.26}$$

给气比：每循环通过扫气口的充量质量与扫气状态下气缸工作容积的充量质量之比，即

$$l_0 = \frac{G_s}{G_h} \tag{5.27}$$

式中，G_0 为换气结束后留在气缸内的新鲜充量的质量；G_z 为换气结束后气缸内全部气体的质量；G_s 为每循环流过扫气口的气体质量；G_h 为扫气状态

下气缸工作容积的充量质量。

相同扫气状态下，$G_h \approx G_z$，因此可近似认为 $\eta_{sc} = \eta_{tr} l_0$。扫气效率是衡量扫气效果优劣的重要标志，$\eta_{sc}$ 越大，扫气效果越好。给气比则表征了达到一定扫气效率所要付出的代价。对于理想的换气系统，应当是在尽可能小的给气比下获得尽可能高的扫气效率。

5.6 换气过程数值分析结果

为方便液压自由活塞发动机换气过程数值仿真结果分析，以下换气过程参数影响规律分析中，排气门正时均采用等效曲轴转角描述。

5.6.1 扫气压力的影响

仿真计算参数如表 5.2 所示，排气门开启角为 88 ℃A（即距活塞位移零点 40 mm），扫气口高度为 25.4 mm，计算不同扫气压力下液压自由活塞发动机的换气性能。

表 5.2 仿真参数设置（扫气压力的影响）

参数	取值
扫气压力/bar	1.2 ~ 1.6
排气门开启角/(℃A)	88
扫气口高度/mm	25.4

图 5.27 为扫气压力对液压自由活塞发动机换气性能的影响，由图可知，扫气压力的增大使得进排气系统的扫气压差增大，气流速度加快，相同时

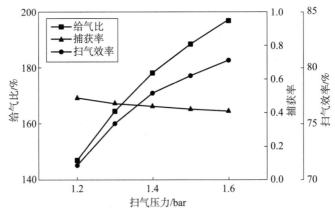

图 5.27 扫气压力对换气性能的影响

间内流经扫气口的气体质量增大,因而给气比随扫气压力的增大而增大。此外,扫气压力增大,新鲜充量与缸内废气的混合速度加快,新鲜充量随废气排出气缸的质量增加,因而捕获率随着扫气压力的增大而降低,扫气效率则随着扫气压力的增大而增大,但是增大的幅度相对于给气比增大幅度较小,这是由于扫气效率是由给气比和捕获率共同决定的,尽管给气比随扫气压力增大而增大,但捕获率却随之降低。

5.6.2 排气正时的影响

仿真计算参数如表 5.3 所示,扫气压力为 1.3 bar,扫气口高度为 25.4 mm,排气门开启持续期固定,计算排气门开启角为 73~93 ℃A(即距活塞位移零点 53~35 mm)时液压自由活塞发动机的换气性能。

表 5.3 仿真参数设置(排气正时的影响)

参数	取值
扫气压力/bar	1.3
排气门开启角/(℃A)	73~93
扫气口高度/ mm	25.4

图 5.28 为排气正时对液压自由活塞发动机换气性能的影响,排气正时影响自由排气、扫气和过后充气的持续期,由图可知,排气门开启角度越早,自由排气时间增加,但扫气时间相对缩短,流经扫气口的气体流量减小,因而给气比随之减小。同时,由于扫气时间缩短,新鲜充量与缸内废气混合的时间(即气流的"短路时间")随之缩短,新鲜充量从排气门排出

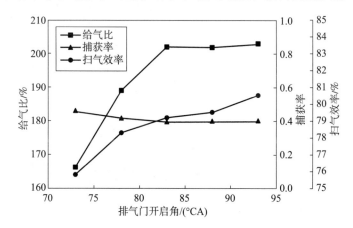

图 5.28 排气正时对换气性能的影响

的概率得以降低,因而气体捕获率随之增大。总体来说,扫气效率随着排气门开启的推迟而增大。

5.6.3 扫气口高度的影响

仿真计算参数如表 5.4 所示,扫气压力为 1.3 bar,排气门开启角为 88 ℃A(即距活塞位移零点 40 mm),计算不同扫气口高度下液压自由活塞发动机的换气性能。

表 5.4 仿真参数设置(扫气口高度的影响)

参数	取值
扫气压力/bar	1.3
排气门开启角/(℃A)	88
扫气口高度/ mm	18~26

扫气口的高度直接影响液压自由活塞发动机扫气正时及扫气口的流通面积。由图 5.29 可知,随着扫气口高度的增加,扫气口提前开启,同时扫气口流通面积增大,因此给气比随着扫气口高度的增加而增大。同时,由于扫气口提前开启,扫气时间随之增加,新鲜充量与缸内废气的混合时间增加,因而捕获率随着扫气口高度的增加而减小,扫气效率则随着扫气口高度的增加而增大。

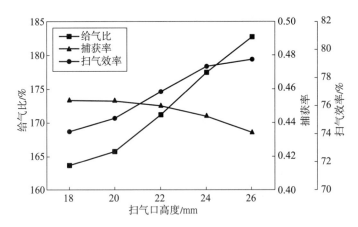

图 5.29 扫气口高度对换气性能的影响

扫气效率可近似定义为 $\eta_{sc} = \eta_{tr} l_0$,因此,扫气效率受给气比与捕获率的共同影响。其中,给气比由流经扫气口的新鲜空气的质量决定,主要受扫气压差和扫气持续期影响；捕获率则由排气口排出气缸的气体质量占扫气过程所使用的空气质量的比例决定，主要受新鲜空气与缸内废气的混合速度和混合时间影响。从上述仿真结果分析可知，当前低频运行状态下，给气比是影响液压自由活塞发动机扫气效率的主要原因。

5.6.4 扫气过程的优化

液压自由活塞发动机的扫气效率直接影响发动机的性能，换气过程的优化以扫气效率为优化目标，通过匹配不同扫气压力 p_s、扫气口高度 h_s 以及排气门正时 V_t 可获得最大扫气效率。

根据经验，二冲程柴油机的给气比 $1 < l_0 < 1.5$，捕获率 $\eta_{tr} \geq 0.5$，扫气压力 $1.2 \text{ bar} \leq p_s \leq 1.6 \text{ bar}$。

得到的优化函数如下所示：

$$\begin{cases} \max\{\eta_{sc}\} = f(p_s, h_s, V_t) \\ \text{s.t:} \\ l_0 \in [1, 1.5]; \\ \eta_{tr} \in [0.5, 1] \end{cases} \quad (5.28)$$

依据优化函数计算满足约束要求的不同扫气压力、排气正时、扫气口高度时的扫气效率，数值计算结果如图 5.30、图 5.31 和图 5.32 所示。

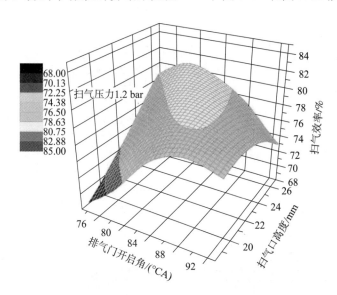

图 5.30 扫气压力为 1.2 bar 时扫气效率 MAP 图

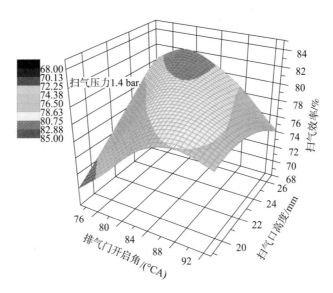

图 5.31　扫气压力为 1.4 bar 时扫气效率 MAP 图

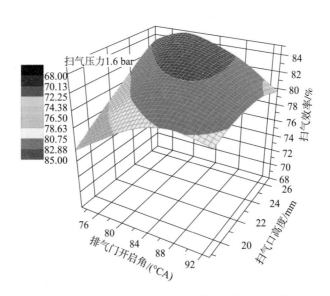

图 5.32　扫气压力为 1.6 bar 时扫气效率 MAP 图

由二冲程柴油机扫气高效区的定义可知，排气门先于扫气口一定角度打开，排气门早开角既不能太大也不能太小，扫气压力、扫气口高度在满足约束条件的情况下应该尽可能大。

由优化计算结果可得到,当扫气压力 p_s = 1.6 bar,扫气口高度 h_s = 26 mm,排气门开启角 EVO = 78 ℃A(即距活塞位移零点 48 mm)时,液压自由活塞发动机可达到最大扫气效率 η_{sc} = 84.7%。

第 6 章

液压自由活塞发动机燃烧特性

　　液压自由活塞发动机的内燃机部分采用柴油机的工作原理，因此也具有柴油机燃烧过程的特点：燃烧过程所占的时间很短，所处的空间很小，而且燃烧空间具有特定的形状，燃烧空间在一定限度内是变化的，燃烧反应物很不均匀，并具有一定的流动和扰动，反应物和燃烧产物混合并存在于同一燃烧空间。此外，由于柴油机的自燃和多点着火，使得燃烧过程更加复杂多变。对于液压自由活塞发动机而言，除了具有上述传统柴油机燃烧放热特点外，其活塞运动规律的特殊性导致了其缸内热力过程的特殊性，由于液压自由活塞发动机活塞处于"自由"状态，运动规律关于上止点呈现明显的不对称性，这些特点都使得液压自由活塞发动机缸内热力过程与传统内燃机有很大区别，同时，由于液压自由活塞发动机没有旋转机构，对于传统内燃机采用的评价和衡量方法不完全适用于液压自由活塞发动机。

　　本章利用仿真与试验相结合的研究方法对液压自由活塞发动机缸内燃烧过程进行研究，针对液压自由活塞发动机不同于传统发动机的特性提出燃烧放热率计算方法及误差分析、示功图分析方法，并对液压自由活塞发动机的燃烧过程进行 CFD 数值仿真分析，分析其特有活塞运动规律引起的缸内气流变化对燃烧过程的影响。利用放热率简化模型求出液压自由活塞发动机的循环放热率，在此基础之上对放热率进行参数拟合，探究拟合函数的相关参数与液压自由活塞发动机运行参数之间的映射关系。首先需制定与放热率相关的各参数的特征值，其次选择合理的放热函数，在此基础之上利用支持向量机探究影响放热率的相关各参数的特征值与放热函数的特征参数之间的映射关系。同时，针对液压自由活塞发动机燃烧循环变动进行分析，提出适合液压自由活塞发动机的燃烧循环变动评价参数，为液压自由活塞发动机的燃烧循环变动分析提供参考依据。

6.1 燃烧放热规律的研究方法

由于内燃机的燃烧过程极为复杂，其燃烧放热率的函数形式显然是极为复杂的，它与燃烧的物理、化学过程，发动机的结构参数以及运行参数等诸多因素相关，很难用一个精确的数学方程式进行描述。液压自由活塞发动机是一种新型的动力装置，其活塞运动规律与缸内燃烧过程相互耦合影响，传统的燃烧放热率半经验公式需要加以修正才能用于液压自由活塞发动机燃烧放热规律的研究。目前，对液压自由活塞发动机燃烧放热规律的研究主要有以下两种方法：

（1）利用试验测试所得到的示功图进行数值分析，计算出燃烧放热率，获得液压自由活塞发动机的燃烧放热特点。由示功图获得的真实放热规律对燃烧过程不仅能做出定性的说明，而且能提供定量的估计，是研究液压自由活塞发动机燃烧的一种有效手段。这种方法接近实际燃烧过程，但要求有较精确的实测示功图及相关实测参数。

（2）采用CFD数值模拟方法，在气缸内建立三维非稳态计算模型，考虑流体的可压缩性和黏性，考虑油束贯穿、油滴破碎、汽化及空气的卷吸，考虑紊流扩散和混合。将燃烧室空间划分成足够多的且随实际过程进行而相应压缩、膨胀的立方网格，在每个网格上建立 Navier–Stokes 方程（N–S 方程），然后求解这些微分方程组。这种方法的优势在于可以获得一些常规试验中所观测不到的缸内状态，同时，也可以分析活塞运动规律引起的缸内气流变化对燃烧过程的影响。

6.1.1 实测示功图计算

（一）示功图的意义

示功图是研究和判断内燃机工作状态、计算基本性能参数及分析放热规律的重要依据，从示功图中可获得40多种信息。对于新型动力系统的开发研究而言，由实测示功图计算缸内燃烧放热率，是研究其放热规律的一种有效方法。所以，测录并分析示功图是研究液压自由活塞发动机燃烧放热特点的重要内容。本节开展的研究工作将从示功图中获取以下信息：

（1）平均指示压力 p_{mi} 和指示功 W_i，这两个数据是表征整机性能的重要指标；

（2）缸内最高爆发压力 p_{max}；

（3）压力升高率 dp/dt 随时间的变化历程；

（4）燃烧放热率 dQ/dt 曲线，分析滞燃期和燃烧持续期，并获得最大放热率值；

（5）燃料燃烧百分比 X。

（二）示功图数据处理

示功图数据的处理误差直接影响内燃机燃烧放热率计算结果的正确性和可信度，对于液压自由活塞发动机而言，其示功图数据处理主要包括缸内压力数据滤波和上止点标定。

1. 示功图压力滤波处理

由于在示功图测录过程中的一些不可避免因素的干扰，例如电磁干扰、环境振动和噪声、测量通道效应等，缸压曲线中含有大量的干扰信号；同时，由于柴油机放热时间短，放热速度快，通常伴有燃烧压力振荡现象，其与正常缸内压力叠加在一起，影响示功图计算分析。图6.1为试验测得的缸内压力曲线，从图中

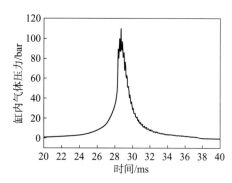

图6.1 实测缸内压力曲线

可以看出压力曲线并不光滑，其中存在燃烧压力振荡以及通道效应引起的压力波动误差等。

本节结合液压自由活塞发动机实测示功图的特点，在低通滤波的基础上采用畸点滤波法，将干扰信号出现的位置称作"畸点"，利用畸点滤波算法去除缸内压力曲线中的畸点。畸点滤波法采用时域和频域相结合的方法，重复利用低通滤波的优点，使畸点误差值得到多次衰减；克服了低通滤波的缺点，在非畸点处保留原值，使之不受畸点低频成分的影响。

图6.2为缸内压力曲线的频谱分析结果，缸内压力信号的能量主要集中在1 800 Hz 以下，因而截止频率取为1 800 Hz，滤波精度取 Δ = 0.001，滤波后缸内压力曲线如图6.3所示。

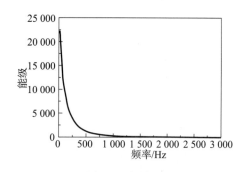

图6.2 频域图

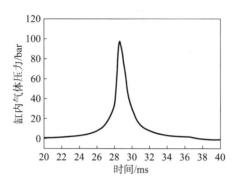

图 6.3　畸点滤波后的缸内压力曲线

2. 上止点位置确定

在对示功图进行分析计算时,上止点定位误差是影响燃烧放热率计算精度的重要因素。由于液压自由活塞发动机结构和原理的特殊性,其上止点位置标定与传统内燃机存在较大区别。传统发动机常用倒拖法确定上止点位置,对液压自由活塞发动机而言,不同工作循环中活塞到达上止点的位置是不一样的,所以适用于传统发动机的上止点标定方法不再适用于液压自由活塞发动机,需要针对其结构和工作原理的特点,寻求一个方便而准确的上止点标定方法。

液压自由活塞发动机上止点位置的误差主要由两方面原因造成。一方面,由活塞位移传感器测得的位移曲线与通过缸压传感器测得的气缸压力曲线之间不同步,存在相位偏差;另一方面,活塞组件在运动过程中产生弹性变形,并且发动机工作过程中机体振动较大,对上止点的精确度产生影响,存在余隙误差。

(1) 相位偏差。

根据第 3 章对活塞组件的受力分析可知,在上止点附近,作用于活塞组件上的液压力可以视为恒力,由牛顿第二定理可知,当缸内气体压力值最大时,活塞运动加速度达到最大值。因此,可以通过比较缸内压力最大值与活塞加速度最大值之间的相位偏差来消除压力曲线与位移曲线的相位偏差。

(2) 余隙误差。

活塞弹性变形引起的机械误差由于其形成机理与传统发动机上止点误差形成机理相同,因而适用于传统发动机上止点的修正方法仍然适用于液压自由活塞发动机,在此不再详细介绍。

由于液压自由活塞发动机采用的是单活塞结构,其结构形式必然带来活塞受力的不平衡，继而导致整个发动机振动。由于活塞位移传感器与机体是分开独立安装的，因而发动机工作过程中机体在活塞运动方向上的振动会影响活塞位移测量值，并产生误差。图6.4为试验所测活塞位移值与机体振动位移值，从图中可以看出，在压缩冲程阶段，机体几乎没有振动，当活塞到达上止点附近，缸内燃烧产生的爆发压力，由于压升率较高，使得机体产生了振动，为了保证示功图计算过程中缸内工作容积的正确性，活塞位移测量值需要减去机体振动位移值。

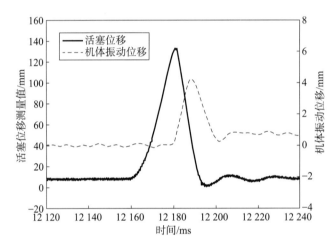

图6.4 活塞位移测量值与机体振动位移

（三）放热率计算方法

目前关于利用实测示功图计算燃烧放热率的文献资料很多，主要可分为两类，即传统热力学第一定律法和改进的 Rassweiler & Withrow 计算方法。对液压自由活塞发动机示功图计算中采用的是传统热力学第一定律法，燃烧百分比的计算基于燃料燃烧引起的压力升高与燃料燃烧成正比，其缸内压力数据处理及燃烧百分比计算方法的误差必然造成燃烧放热率计算结果存在较大误差，进而影响燃烧放热规律分析结论。本节在循环喷油量试验研究结果基础上，采用了燃烧百分比循环迭代计算方法，放热率计算流程如图6.5所示。

此外，众多研究结果表明，在使用热力学第一定律计算放热率过程中，由于一些经验公式和参数选择不恰当也会产生计算误差，例如气体物性参数、传热公式的选择以及公式系数的选取等。

图6.6为采用热力学第一定律获得的液压自由活塞发动机放热率曲线，区域Ⅰ处于燃烧开始前，区域Ⅱ处于燃烧结束以后。理论上，在考虑了缸内

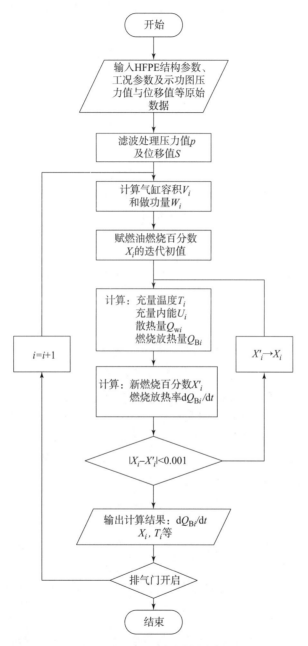

图 6.5 燃烧放热率计算程序框图

传热量计算以后,上述两个区域的放热率计算值应该为零。但是,由于放热率计算过程中经验公式的选择不恰当或者经验参数的设置不合理,上述区域计算值不为零，显然这样的计算结果存在计算误差，不利于后续燃烧放热规律的分析，并且这样的计算误差反映在累计放热百分比上会对放热点的判断上引起较大的误差，同时，对于累计放热量的计算也会引起很大的误差。

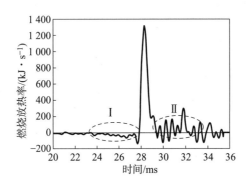

图 6.6　热力学第一定律的放热率计算方法中常见误差

为了消除上述计算误差所带来的影响，引入了液压自由活塞发动机纯压缩缸内压力数据进行热力学第一定律的放热率计算。理论上，纯压缩缸内压力数据的放热率计算结果应该为零，如果计算结果不为零，则说明放热率计算过程中引入了误差，并且其计算结果为该误差值。如图 6.7 所示，纯压缩缸内压力数据计算得出的放热率不为零，并且，采用其他零维传热量计算公式或者改变经验参数取值后，计算误差仍然无法消除。因此在进行液压自由活塞发动机放热率计算时，可以对实测缸内压力在每一步长都按照纯压缩过程或纯膨胀过程计算出对应的状态参数（温度、压力等），就可以计算出每一个步长内计算放热率所引入的误差，将该误差从原放热量计算值中减去，就可以得到修正后接近实际的放热率结果，如图 6.8 所示。

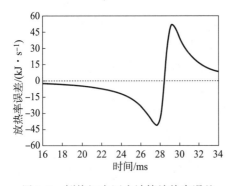

图 6.7　倒拖缸内压力计算放热率误差

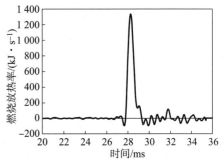

图 6.8　修正后燃烧放热率

6.1.2 数值模拟计算

燃烧过程的三维数值模拟计算涉及复杂物理化学机理和数值求解问题，CFD 软件通过温度、浓度变化而引起的密度变化建立化学反应与流场的关系，化学反应速率与湍流流动的关系通过燃烧模型定义。燃烧过程的多维数值模拟计算能够提供缸内各瞬时的局部细节信息，可以据此分析各因素的具体作用，从而达到对缸内工作过程的深层次认识。同时，在分析各因素作用的基础之上，还可以实现对内燃机工作参数变化影响的预测，从而对各参数进行自主调整，充分协调各因素之间的制约作用，达到经济性、动力性和排放等各方面的最佳折中。

1. 控制方程

内燃机燃烧过程的多维数值模拟计算以流体力学、燃烧学、传热学等理论及其数值计算方法为基础，是求解多组分的带化学反应的流体力学问题。其中，反应流的控制方程组除了包括第 5 章缸内气体流动计算所涉及的质量守恒方程、能量守恒方程、动量雷诺时均 N-S 方程、气体状态方程和湍流方程外，还应包括化学组分质量守恒方程。

对于一个确定的系统而言，组分质量守恒定律可表述为：系统内某种化学组分质量对时间的变化率等于通过系统界面净扩散流量与通过化学反应产生的该组分的生产率之和。根据组分质量守恒定律，可得出组分 s 的组分质量守恒方程（又称为浓度方程）：

$$\frac{\partial(\rho c_s)}{\partial t} + \frac{\partial(\rho c_s u)}{\partial x} + \frac{\partial(\rho c_s v)}{\partial y} + \frac{\partial(\rho c_s w)}{\partial z} \\ = \frac{\partial}{\partial x}\left(D_s \frac{\partial(\rho c_s)}{\partial x}\right) + \frac{\partial}{\partial y}\left(D_s \frac{\partial(\rho c_s)}{\partial y}\right) + \frac{\partial}{\partial z}\left(D_s \frac{\partial(\rho c_s)}{\partial z}\right) + S_s \tag{6.1}$$

式中，c_s 为组分 s 的体积浓度；D_s 为组分 s 的扩散系数；S_s 为组分 s 的生产率（是指系统内部单位时间内单位体积通过化学反应产生的该组分的质量）。

2. 仿真计算方法

由于液压自由活塞发动机各参数之间互相耦合，缸内燃烧过程受活塞运动规律和缸内气流运动影响，同时缸内燃烧过程又反过来影响活塞运动规律，因此，本处采用迭代法对液压自由活塞发动机燃烧过程进行数值仿真研究。迭代计算主要在液压自由活塞发动机的零维动力学数值仿真、缸内工作过程一维数值仿真和燃烧过程三维数值仿真间展开，具体流程如图 6.9 所示。其中零维动力学模型和一维缸内工作过程模型与第 5 章中换气过程计算一致。

迭代计算过程首先由第 4 章中经过试验校验的耦合仿真模型仿真得到一

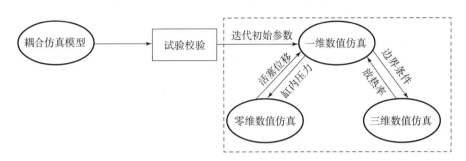

图 6.9　数值仿真迭代流程

组迭代初始参数，如活塞位移曲线；一维数值模型根据活塞位移曲线等参数对缸内工作过程进行数值仿真计算，获得三维数值模型所需的边界条件，如压缩初始压力和温度；三维数值模型根据活塞位移曲线和边界条件计算获得缸内燃烧状态，如燃烧放热率；一维数值模型再根据三维计算得到的缸内燃烧放热率等参数计算获得缸内压力数据；零维模型依据一维模型计算获得的缸内压力数据重新计算活塞位移曲线，完成一次迭代过程。在每一次迭代过程中，三维数值仿真都需要依据更新的活塞位移曲线重新制作动网格。迭代过程计算量由数值仿真初始值精度决定。

6.2　示功图分析

液压自由活塞发动机的热力过程是极其复杂的。许多机理性的、微观过程还有待于进一步深入探索研究。下面通过对液压自由活塞发动机试验数据的分析、计算获取热力过程的信息，从这些信息和图形曲线中可以比较可靠地分析研究液压自由活塞发动机的缸内燃烧过程、热力过程，为进一步研究改善其燃烧过程提供科学依据。

6.2.1　$p-V$ 示功图

$p-V$ 示功图是分析发动机工作过程最基本的图形，图 6.10 给出了液压自由活塞发动机试验测得的缸压曲线和位移曲线制作的 $p-V$ 示功图，图中封闭曲线包围的面积为指示功。

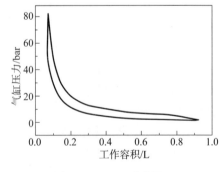

图 6.10　$p-V$ 示功图

6.2.2 压升率 dp/dt - t 图

图 6.11 给出了液压自由活塞发动机缸压曲线和压升率曲线同一时间轴时的对应关系。从图中可以看出,当开始着火时压升率曲线出现折点 A,缸内燃料着火,压力急剧上升,前期压力升高率急剧增大,对应压升率曲线 AN 段;后期压升率减小,当压力曲线到达最大爆发压力时,压升率为零,即对应 B 点,当活塞越过

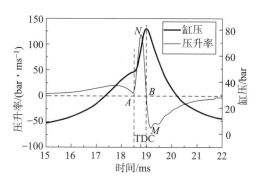

图 6.11 缸压曲线与压升率曲线

上止点后,由于液压自由活塞发动机上止点附近较大的活塞加速度导致在上止点附近燃烧室容积增大较快,压力急剧下降,即从压升率曲线来看,BM 段曲线较传统发动机要陡。

图 6.12 给出了燃烧压力升高加速度规律,上述现象可以从压力升高加速度曲线 d^2p/dt^2 - t 上明显看出。从图中可以看出,燃烧压力升高加速段 AN 较减速段 NBM 小。出现该现象的原因主要在于:活塞在上止点处加速度大导致燃烧过程等容度降低,整个燃烧过程预混燃烧比例增大,扩散燃烧比例缩小导致的。

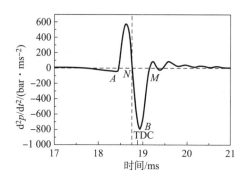

图 6.12 燃烧压力升高加速度曲线

6.2.3 燃烧放热率曲线

放热率曲线是分析发动机缸内热力过程最直接有效的方法,通过对放热率曲线的研究可以得出缸内燃烧过程特性。图 6.13 给出了液压自由活塞

发动机根据试验测得的缸压数据、位移数据计算得到的放热率曲线。从图中可以看出，在压缩终了的 A 点开始着火燃烧，主要燃烧在 B 点结束，约占 1 ms。燃烧结束点为 C 点，即燃烧百分比等于 1 的点，该燃烧结束已经到膨胀行程后期，进入换气阶段。

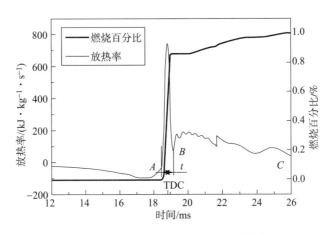

图 6.13　燃烧放热率与燃烧百分比曲线

6.2.4　多变指数 n 求解

为了求得液压自由活塞发动机实际工作过程中的 n 变化规律，根据实测示功图，假设在极小的 Δt 时间范围内 n 是个不变的常数，这样，对于每个 Δt 微段内可以求得一个 n 值。于是沿着整个压缩膨胀曲线就可以分段求出 n 值，从而得到一条 n 值的变化曲线。

对多变过程状态方程 $pV^n = C$ 两边取对数，可得：

$$\lg p = -n\lg V + \lg C \tag{6.2}$$

在 Δt 微段上可以认为 n 是常数，所以可以看成是：

$$y = ax + b \tag{6.3}$$

式中，$y = \lg p$，$x = \lg V$，$a = -n$，$b = \lg C$。

由线性回归理论可以求得系数 a：

$$a = \frac{\sum (x_i - \bar{x})(y_i - \bar{y})}{\sum (x_i - \bar{x})^2} \quad (i = 1, 2, \cdots, N) \tag{6.4}$$

式中，$\bar{x} = \dfrac{1}{N}\sum x_i$；$\bar{y} = \dfrac{1}{N}\sum y_i$。

整理可得到：

$$n = -a = -\frac{\sum(x_i y_i - y_i \bar{x} - x_i \bar{y} + \bar{x}\bar{y})}{N\sum(x_i^2 - 2x_i\bar{x} + \bar{x}^2)} = \frac{\sum x_i \sum y_i - N\sum(x_i y_i)}{N\sum x_i^2 - (\sum x_i)^2} \tag{6.5}$$

整理可得到多变指数 n 的计算公式：

$$n = -\frac{\sum \lg p_i \sum \lg V_i - N\sum(\lg V_i \lg p_i)}{\sum \lg V_i \sum \lg V_i - N\sum(\lg^2 V_i)} \tag{6.6}$$

根据以上计算，可得到液压自由活塞发动机循环压缩过程多边指数 n_1 和膨胀过程多边指数 n_2 随时间 t 的变化过程，如图 6.14 所示。

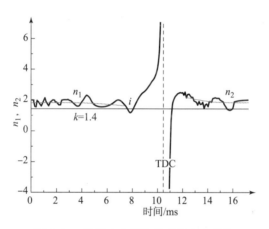

图 6.14　液压自由活塞发动机多变指数

根据热力学理论可知，n 的变化规律决定于缸内充量与壁面热交换的方向和大小。压缩过程前期，由于缸内壁面温度较新鲜充量高，所以充量从壁面吸热，此时 $n_1 > k$，随着活塞上行，缸内充量被压缩，温度升高，与壁面之间的温差缩小，吸热量逐渐减少，n 也随之减小向 k 逼近，当充量温度与壁面温度一致时，热交换停止，图中 i 点达到温度平衡点，此时 $n_1 = k$，而后随着压缩过程的继续，工质温度进一步升高，热量从工质向壁面传递，$n < k$，当活塞趋近上止点时 $dV/dt \to 0$，$V \to$ 常数，$n \to +\infty$；膨胀过程与压缩过程的热交换过程相反，如图 6.14 中 n_2 变化趋势所示，缸内工质先放热，之后再吸热。

从图 6.14 中可以看出，由于液压自由活塞发动机活塞运动速度较快，在压缩过程中着火以前 n_1 变化较平缓，膨胀过程中，上止点后 0.5 ms 以内，n_2 变化急剧，而后变化趋于平缓；根据前述分析，液压自由活塞发动机上止点处具有很大加速度，导致膨胀初期向工质放热速度较快，后期 n_2 也趋于定值。多变指数 n 的变化是由发动机工作过程中的传热和泄漏所引起的，实际上，液压自由活塞发动机整个压缩-膨胀过程中所用的时间极短，这些损失是微量的，所以 n 值的变化也是很小的。

6.3 发动机放热规律研究

6.3.1 燃烧放热规律计算

燃烧放热规律对于分析液压自由活塞发动机缸内热力过程是非常关键和直接的，本节介绍基于试验测得的缸压曲线和位移曲线计算液压自由活塞发动机放热规律的方法以及误差分析。

采用实测缸压曲线和位移曲线进行液压自由活塞发动机燃烧放热规律计算基于如下假设：

（1）缸内工质视为均匀单相理想气体，其状态变化服从状态方程；
（2）系统封闭，无工质泄漏；
（3）燃烧室周围温度均匀；
（4）喷入燃烧室的燃料完全燃烧。

根据热力学第一定律，气缸内燃烧放热率等于气缸内工质的内能变化率、做功变化率及散热率的总和，缸内工质符合如下关系式：

$$\frac{dQ_B}{dt} = \frac{dU}{dt} + \frac{dW}{dt} + \frac{dQ_w}{dt} \tag{6.7}$$

式中，Q_B 为瞬时放热量；U 为气缸内瞬时内能；W 为工质对外做的功；Q_w 为瞬时散热量。

在步长为 Δt 内一个工作循环可以用如下通式表示：

$$\Delta Q_{Bi} = \Delta U_i + \Delta W_i + \Delta Q_{wi} \tag{6.8}$$

根据实测示功图分别计算出内能变化量 ΔU、做功量 ΔW 和散热量 ΔQ_w。

（一）内能变化量

缸内工质的内能变化可以用下式表示：

$$\Delta U = M \cdot c_V \cdot T - M_a \cdot c_V \cdot T_a \tag{6.9}$$

式中，M 为该瞬时气缸内工质的物质的量；M_a 为燃烧前气缸内工质的物质的量；c_V 为该瞬时气缸内工质的平均定容摩尔比热容；T 为该瞬时气缸内工质的温度；T_a 为压缩始点时刻气缸内工质的温度。

气缸内工质的物质的量 M 应该等于空气的物质的量 M_1 和纯燃烧产物的物质的量 M_2 之和，也就是

$$M = M_1 + M_2 = M_a\left[1 + \frac{0.065X}{(1+\gamma)\alpha}\right] \tag{6.10}$$

式中，γ 为残余废气系数；α 为燃烧过量空气系数；X 为某一时刻前已经燃烧的燃油百分比。

（二）燃油燃烧百分比计算

燃油燃烧百分比的计算方法有很多种，这里针对液压自由活塞发动机介绍一种基于实测数据的燃油百分比计算方法。

假设每隔 Δt 气缸内气体压力升高 Δp 是由气缸容积改变引起的压力升高 Δp_V 和由于燃烧引起的压力升高 Δp_c 组成，即：

$$\Delta p = \Delta p_c + \Delta p_V \tag{6.11}$$

非燃烧阶段，缸内工质按绝热变化过程，则每个计算步长存在如下关系：

$$p_i V_i^n = p_j' V_j^n \tag{6.12}$$

式中，p_i 与 p_j' 相隔一个计算步长。

由于容积变化产生的压力升高可以表示为：

$$\Delta p_V = p_j' - p_i = p_i \left[\left(\frac{V_i}{V_j} \right)^n - 1 \right] \tag{6.13}$$

由于燃料燃烧引起的压力升高 Δp_c 假设与此间燃烧的燃料成正比，则有

$$\chi_b = \frac{m_b(i)}{m_b(\text{total})} = \frac{\sum_0^i \Delta p_c}{\sum_0^N \Delta p_c} = \frac{\sum_0^i (\Delta p - \Delta p_V)}{\sum_0^N (\Delta p - \Delta p_c)} \tag{6.14}$$

式中，N 为整个燃烧期间采样点的个数；χ_b 为 i 时刻的质量燃烧率。

（三）比热容 c_V 的计算

缸内工质的定容摩尔比热容可以用下式计算：

$$c_V = k_r \cdot c_{Ve} + (1 - k_r) \cdot c_{Va} \tag{6.15}$$

式中，k_r 为混合气中纯燃烧产物所占的比例；c_{Ve} 为纯燃烧产物的平均定容摩尔比热容；c_{Va} 为空气的平均定容摩尔比热容。

（四）混合气中纯燃烧产物所占的比例 k_r

根据定义，混合气中纯燃烧产物所占的比例等于纯燃烧产物的物质的量 M_2 与混合气总的物质的量 M 之比：

$$k_r = \frac{M_2}{M} = \frac{(\alpha - 1 + \beta_0)\beta_0 X + \beta_0 \alpha \gamma}{(\alpha - 1 + \beta_0)[(1 + \gamma)\alpha + X(\beta_0 - 1)]} \tag{6.16}$$

式中，β_0 表示理论分子变化系数，可以用下式计算求得：

$$\beta_0 = 1 + \frac{\frac{g_H}{4} + \frac{g_O}{32}}{\frac{1}{0.21}\left(\frac{g_C}{12} + \frac{g_H}{4} - \frac{g_O}{32}\right)} \tag{6.17}$$

对于一般的轻质柴油，$\beta_0 = 1.065$。

（五）工质温度、做功量的确定

缸内工质温度按气体状态方程求取：

$$T = \frac{pV}{MR} \tag{6.18}$$

根据实测缸压曲线中的 p_i 值，可以算出做功量：

$$\Delta W_i = \frac{(p_{i-1} + p_i)}{2} \times (V_i - V_{i-1}) \tag{6.19}$$

通过以上分析计算，忽略工质与燃烧室周壁面的换热量，则在第 i 个计算时间间隔内，燃烧放热量满足：

$$\Delta Q_{Bi} = \Delta U_i + \Delta W_i \tag{6.20}$$

（六）放热率计算误差分析

影响液压自由活塞发动机放热规律计算的因素很多，各个因素所带的误差对于燃烧放热规律的影响程度不同，下面针对液压自由活塞发动机放热率计算过程中影响比较直接且不同于传统曲柄连杆式发动机的因素进行简要分析。

1. 上止点位置对放热规律的影响

由于液压自由活塞发动机的活塞不受机械约束，运行过程中其压缩比可变，所以对于压缩比的求解取决于上止点的位置，进而可知上止点位置对放热规律的影响包括上止点位置和压缩比两个方面。

根据传统发动机上止点偏差对于放热率的影响情况来看：上止点 ± 1 °CA 的误差可以导致放热率峰值出现 10%～15% 的偏差，导致放热百分比出现 7%～9% 的偏差。对于液压自由活塞发动机试验系统的测试精度为 50 K 的采样频率，折合曲轴转角为 0.2 °CA，则液压自由活塞发动机上止点处每偏离一个采样点放热率峰值存在 2%～3% 的偏差，放热百分比存在 1.4%～1.8% 的偏差。

压缩比 ε 对放热率的影响可以用下式表示：

$$\frac{\partial \left(\frac{\mathrm{d}Q}{\mathrm{d}t}\right)}{\partial \varepsilon} = -\frac{4.1868 M_a}{\eta_V \rho_a} \cdot \frac{1}{K-1} \cdot \frac{1}{(\varepsilon - 1)^2} \cdot \frac{\mathrm{d}p}{\mathrm{d}t} \tag{6.21}$$

式中，ρ_a 为标准状态下的干空气密度；K 为比热容比。

从式（6.21）可以看出，压缩比变化方向使放热率与放热百分比的变化方向相反。

2. 采样和计算步长对放热规律的影响

由于一个工作循环内气缸压力的变化是极不均匀的，从而使压力的采样步长和计算步长对放热规律的计算结果有明显影响。为了保证压力变化大的速燃期有较高精度，根据传统发动机的计算精度要求经验，采样精度一般不大于0.5 ℃A，液压自由活塞发动机试验时采用 NI 同步数据采集卡可以达到相当于0.2 ℃A 精度。

3. 示功图光顺对放热规律的影响

在实测示功图中，气缸压力曲线在燃烧区间存在锯齿形的压力波动。这种压力波动严重地影响放热规律的计算及其图形的光顺。在试验测得的数据中，该压力波动来源于两方面，一方面是燃烧压力振荡，另一方面是测压通道的通道效应。燃烧压力振荡的压力波动是由于柴油机产生带有爆炸性质的燃烧，其放热速度和加速度过大，使缸内压力升高的速度和加速度过大，导致气体容积来不及正常膨胀和传递压力，从而激发成压力冲击波。这种燃烧压力振荡波是一种超声速的压力冲击波，是与燃烧进程相伴而生的、固有的物理现象，不是由测试和分析系统造成的，所以不可避免。测试通道的通道效应是由于压力传感器结构上的原因通过测压通道测量气缸压力，这样的测量容易引起测压通道的腔振、图形滞后、变低和失真，这些给示功图的光顺带来了很大难度。

6.3.2 燃烧放热特点分析

基于前期对液压自由活塞发动机燃烧放热规律的初步分析得出：滞燃期较传统柴油机短，放热率曲线峰值出现在速燃期，同时在上止点附近，且呈单峰形状，燃烧主要在速燃期完成，该期间燃烧的燃料占整个燃料的80%以上，缓燃期很短，后燃期相对时间较长。由于示功图数据处理和放热率计算方法存在误差，并且只是单个工作循环的分析结果，因而上述分析结论存在一定的误差，不能完全正确地反映液压自由活塞发动机的燃烧放热规律。

由于内燃机的进气过程、喷油过程、混合气形成过程、着火过程和燃烧过程都是相对复杂的，因而综合这些过程而反映出来的缸内压力变化的情况也是十分复杂的。即使液压自由活塞发动机工作很平稳，测出的一个工作循环的压力数据和示功图也没有代表性，难于据此对液压自由活塞发动机的燃烧放热规律以及整机性能做出客观的评判和诊断。为此，取50个稳定工作循环的示功图作统计和均化处理，对均化后的示功图采用改进后的放热率计算方法进行计算分析。

如图6.15所示，SOI 代表喷油信号位置，TDC 代表上止点位置，C点代表压力峰值位置，D点代表温度峰值位置，a点为喷油始点，b点为始燃点，c点对应压力峰值点，d点对应温度峰值点，e点为终燃点。

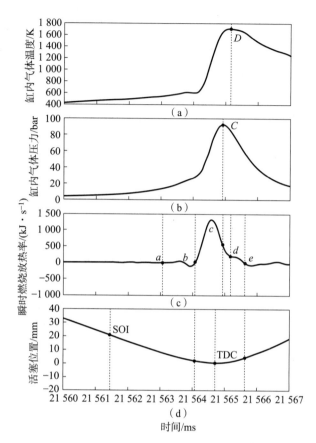

图 6.15 液压自由活塞发动机燃烧放热率曲线
(a) 缸内气体温度变化；(b) 缸内气体压力变化；
(c) 瞬时燃烧放热率变化；(d) 活塞位置变化

参照传统柴油机燃烧阶段划分方法，将液压自由活塞发动机燃烧过程划分为滞燃期、速燃期、缓燃期和后燃期四个阶段。如图 6.15 (c) 所示，液压自由活塞发动机的滞燃期 (ab) 持续时间为 1.17 ms。这个时期燃料在气缸内进行物理 - 化学准备，直到达到着火条件。在传统高速柴油机中，滞燃期一般为 0.7~3 ms。与传统柴油机相比，液压自由活塞发动机的滞燃期较短。这是因为滞燃期分为物理滞燃期和化学滞燃期，由于液压自由活塞发动机在上止点附近有更高的活塞速度，并且燃烧室为浅坑型，增强了缸内挤流，促进了油气混合，缩短了物理滞燃期。因此，与传统柴油机相比，在喷油时刻缸内温度和压力条件一致的条件下，液压自由活塞发动机的滞燃期要短一些。

速燃期 (bc) 持续时间为 0.96 ms。放热率峰值出现在速燃期内、上止点前。接近90%的燃料在速燃期内燃烧,阻碍活塞向上止点运动,对活塞做负功,不利于提高对外做功能力。与传统高速柴油机的0.8~2.0 ms速燃期相比,液压自由活塞发动机的速燃期也较短。由于液压自由活塞发动机在上止点附近具有较高的活塞速度,增强了缸内气体挤流运动,加速了油气混合,因而放热速度较快。

缓燃期(cd)持续时间为0.16 ms,仅有7%的燃料在缓燃期内燃烧。对于传统柴油机,扩散燃烧主要发生在缓燃期内,放热率在这个时期中常常出现第二个峰值,缓燃期为其主燃期,缓燃期内的质量燃烧百分比达到75%~85%,占0.5~1.5 ms。与等效条件下的传统柴油机相比,液压自由活塞发动机缓燃期无论是持续时间还是质量燃烧百分比都较小。这是由于膨胀冲程前期活塞速度较传统发动机要大,使得缓燃期内气缸工作容积的变化率较大,缸内温度和压力下降较快,导致了缓燃期持续时间大大缩短。

后燃期(de)持续时间为0.44 ms,质量燃烧百分比不足4%。与传统柴油机一样,液压自由活塞发动机在后燃期中仍有非常低速率的放热持续期,其原因为一部分燃料的能量存在于碳粒和富油燃烧产物之中,此时仍能释放出来。随着膨胀冲程缸内气体温度和压力的进一步下降,其放热过程也越来越缓慢。

图6.16为气缸内压力曲线与压升率曲线的对比图,图中压升率曲线上B点对应燃烧始点,M点对应上止点。从图中可知,液压自由活塞发动机的放热速度导致了上止点附近压力的迅速升高,上止点附近压升率峰值达到了124 bar/ms,比传统柴油机等效条件下的压升率大近2倍,由此将带来冲

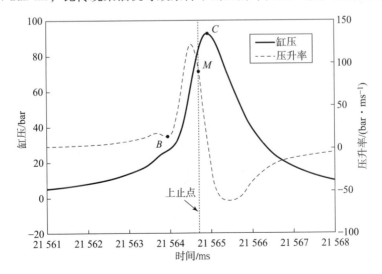

图6.16 液压自由活塞发动机缸内压力 – 压升率曲线

击振动等相关问题。同时,在膨胀冲程上止点附近,当压力越过峰值点后,压升率迅速变为负值,其压力下降速度较快,造成缓燃期缩短,对燃烧过程的组织提出了较高要求。

综合上述分析可知,液压自由活塞发动机燃烧放热特点如下:滞燃期较短,放热速率较快,放热率曲线呈单峰形状且峰值出现在上止点前速燃期内;速燃期燃烧百分比接近90%,且大部分燃料在上止点前燃烧;膨胀冲程上止点附近缸内容积变化率较大,缸内压力温度下降较快,因而缓燃期和后燃期持续时间远低于传统柴油机;缸内最高燃烧温度较低,对于降低传热损失,提高燃烧效率,减少 NO_x 的排放等方面存在一定优势。

6.3.3 运行参数对放热率的影响

1. 冷起动过程燃烧分析

对于液压自由活塞发动机而言,由于活塞不受约束,其燃烧过程与动力学参数存在强耦合关系,缸内燃烧过程直接影响活塞的动力学输出。在液压自由活塞发动机起动过程中,由于发动机的外部边界条件变化较大,容易引起发动机燃烧过程的变动,从而进一步影响到发动机的活塞动力学表征。图6.17为发动机起动过程中的TDC及BDC位置变化趋势图。为方便分析发动机活塞TDC及BDC的变化趋势,将200个循环内的数据进行统计并进行多项式拟合,结果表明,液压自由活塞发动机在起动过程中,BDC位置变化较大,并呈现递减趋势;而且下止点的位置向上止点方向移动将会导致压缩液压输入能减小,从而使压缩比减小。为进一步分析原因,借助图

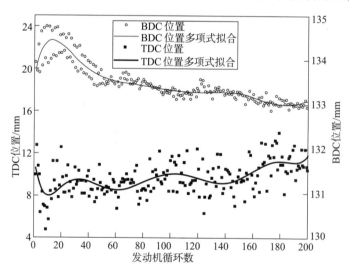

图6.17 起动过程中TDC及BDC位置变化趋势

6.18 所示的液压自由活塞发动机起动过程气缸最大燃烧压力及最大压升率的分布情况,显然得出液压自由活塞发动机在起动过程中最大燃烧压力较高,压升率较大,并且随着发动机的运行最大燃烧压力及最大压升率趋于平缓。

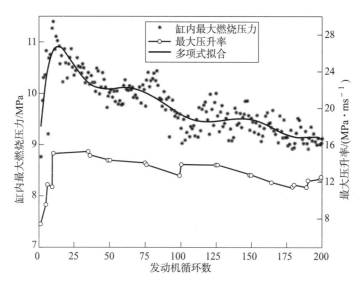

图 6.18 起动过程中缸内最大燃烧压力及压升率

为进一步分析液压自由活塞发动机的起动过程,图 6.19 选取了前 200

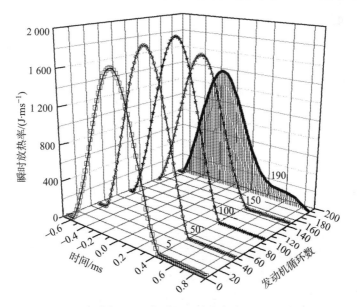

图 6.19 起动过程放热率分析

个循环中的若干燃烧放热率曲线。分析发现，液压自由活塞发动机的燃烧以预混燃烧为主，在早期循环中发动机的放热率呈现传统的单韦伯放热函数曲线，在第 190 个循环时呈现出双韦伯放热函数曲线，后燃情况严重。图 6.20 进一步探究了前 200 个循环中燃烧放热率拟合后的燃烧段分布情况。在前 100 个循环中，液压自由活塞发动机的燃烧放热率以预混燃烧为主，燃烧持续期为 1 ms 左右，但当发动机运行到 125 个循环时后燃期出现，液压自由活塞发动机的最大放热峰值下降，后燃期持续时间约为 0.5 ms。

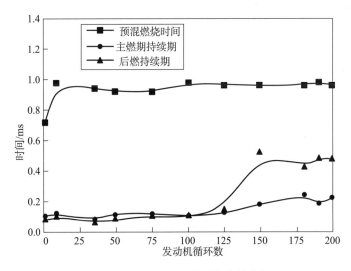

图 6.20　起动过程燃料燃烧参数分析

事实上，在传统发动机的冷起动过程中，由于发动机机体、外界环境温度低，导致进入缸内的工质温度低；尤其在起动初期，气缸壁温度较低，气缸内的工质与气缸壁的热散失较多，导致起动过程中因气缸内工质温度较低，压缩终点温度下降，而使着火性能差，滞燃期较长，起动性能不好。由于液压自由活塞发动机的主体部分结构与传统发动机区别不大。因此对于液压自由活塞发动机来说，冷起动过程也存在壁面温度低、滞燃期较长的这一过程。但对于液压自由活塞发动机而言，滞燃期的变化必然使得实际着火位置的变化，进而影响上止点的位置、发动机实际压缩比的变化。这些变化都会使得液压自由活塞发动机的放热率分布发生变化。

由于发动机的壁面温度为稳态值，很难用试验的方式对发动机的缸套壁面进行实时监控，因此可以借助 CFD 仿真手段对液压自由活塞发动机不同气缸壁面温度对缸内燃烧放热率的影响进行分析。图 6.21 为 CFD 仿真的缸内燃烧压力及燃烧放热率。其仿真结果与试验值基本吻合，在此基础之上，改变仿真过程中的气缸壁面温度（见表 6.1）对发动机的缸内燃烧过程进行分析。从图 6.22 所示结果表明，较高的壁面温度能够减少发动机的滞燃期，发动机放热率起始点前移。而对于液压自由活塞发动机而言，放热率前移意味着发动机的缸内燃烧压力提前升高，活塞减速快，从而导致 TDC 位置远离缸盖，压缩比减小，这与图 6.21 的情况是一致的。

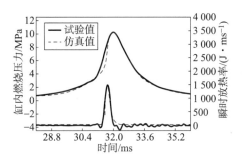

图 6.21　三维仿真结果与试验结果的对比

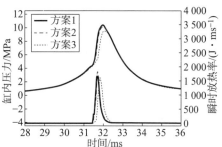

图 6.22　三种壁面温度条件下的放热率及缸压对比

表 6.1　CFD 仿真不同壁面温度方案　　　　　　　　　K

方案	活塞顶面温度	缸盖温度	缸套温度
1	543	523	473
2	443	423	373
3	343	323	303

2. 喷射参数对放热率的影响

由于液压自由活塞发动机的液压负载在设计过程中已经确定，因此在液压自由活塞发动机的运行过程中不进行喷油量的大量调节，一般来说，研究者采用喷油量微调的方式对上下止点进行控制。然而在液压自由活塞发动机实际喷油过程中以喷油脉宽对循环喷油量进行调节，喷油脉宽与喷油量并非严格按线性增长。因此对喷油量进行控制将会加入新的扰动变量。另外，喷油位置对发动机的做功影响很大，而且实际喷油位置在发动机运行过程中存在一定的变动，这是由于在压缩冲程，活塞停留在下止点的位置不同，因此活塞到达自动进油口时的速度是不一致的，这就导致活塞在上止点附近有一定的波动。发动机的喷油信号由位移信号提供，相同位置发出的信号需要经过相同的喷油延迟时间，而由于延迟过程中活塞的速度不同，活塞在喷油延迟段的移动距离是不一致的。因此需针对发动机的实际喷油位置对缸内燃烧情况进行分析。

图 6.23 及图 6.24 为不同喷油位置对应的放热率及缸内燃烧压力。由图 6.23、图 6.24 可以看出，随着喷油位置的变化，液压自由活塞发动机的放热率起始位置有明显的变化，当喷油位置靠近上止点时，发动机放热率主要分布在上止点后，而且后燃期所占比例较大，瞬时放热率峰值较小；当喷油位置距离上止点位置较大时，放热率分布主要位于上止点附近，瞬时放热率峰值较大。

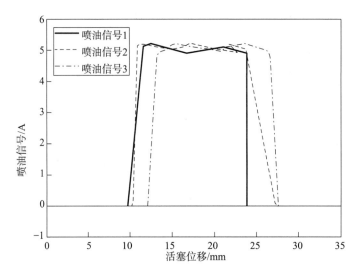

图 6.23 不同喷油信号触发曲线

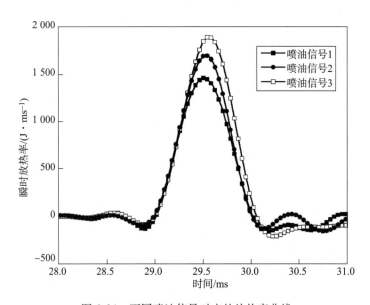

图 6.24 不同喷油信号对应的放热率曲线

3. 进气压力对放热率的影响

进气压力直接影响扫气过程,由于液压自由活塞发动机原理样机采用了进气稳压,因此进气压力的幅值基本保持稳定,图 6.25 为不同进气压力的分布情况,由图 6.25 可知进气压力的分布基本一致,而最大幅值稳定在 2.7 bar 左右。在活塞向上止点移动过程中,气口关闭,扫气腔压力上升,但膨胀过程中活塞的膨胀速度有所差异,较快的活塞膨胀速度会使得扫气口早开,从而使液压自由活塞发动机的扫气效率增加,缸内的残余废气系数下降,更多的新鲜空气进入缸内,这有利于组织缸内燃烧。而图 6.26 也对应给出了三种不同扫气情况下的缸内放热率情况,从图 6.26 可以发现,扫气压力一定时,扫气口的提早开启将有利于组织缸内燃烧,燃烧瞬时放热率更大。

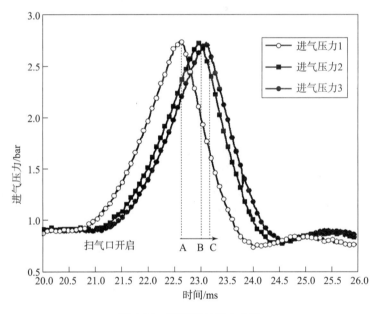

图 6.25 不同进气压力曲线

4. 其他因素对放热率的影响

由于液压自由活塞发动机采用二冲程气门-气口式直流扫气的方式,扫气口的开启时间直接影响其扫气过程,而扫气口的开启时间由液压自由活塞发动机的运行频率决定,在液压自由活塞发动机设计过程中,扫气过程中扫气口的开启时间应当满足最大频率运行要求。由于发动机的运行频率直接影响扫气过程,而扫气的优劣直接影响发动机的放热过程。因此,需研究发动机运行频率对放热率的影响规律。对于较高频率运行的工况,

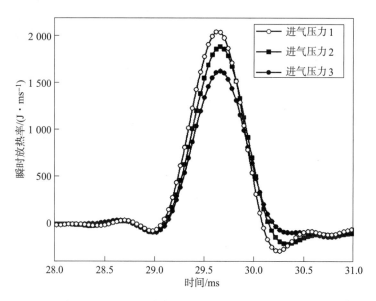

图 6.26　不同进气压力对应的放热率曲线

由前叙的扫气过程分析可知，较高的发动机频率将会影响发动机的扫气效率，缸内废气不易排出，从而影响发动机的放热率，图 6.27 也表明了较高的发动机频率对应的放热率峰值要比低频运行的发动机放热率低一些。值得注意的是，由发动机运行频率对扫气过程的影响可知，当液压自由活塞发动机的运行频率低至一定水平时，发动机的扫气效率不再增长，这时发动机的运行频率对放热率的影响作用将会减弱。

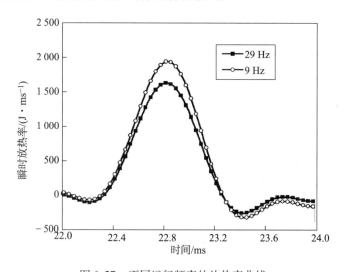

图 6.27　不同运行频率的放热率曲线

此外与发动机扫气直接相关的还包括气门的开闭,不同气门升程及气门开启时间对发动机的扫气效率有直接影响。由于气门的升程一般受到发动机结构的影响,为避免活塞撞上气门的情况发生,一般气门的升程设计为固定值。但气门的开关时刻是可以控制的,图6.28中展示了相同开启时刻不同关闭时刻对应的发动机放热率曲线。其中气门升程1对应的气门关闭时刻要早于气门升程2,而放热率峰值却高于后者,这主要是因为排气门过晚关闭将会损失部分的新鲜空气,使充气效率下降。

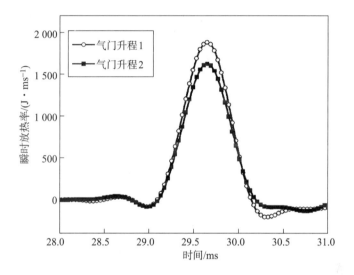

图6.28 不同气门升程对应的放热率曲线

5. 液压负载分布对放热率的影响

在液压自由活塞发动机运行过程中,负载分布对其燃烧过程有直接影响,这主要是因为当液压输出泵腔的压力分布不同时,活塞在膨胀过程中的受力分布发生了变化,从而引起缸内燃烧分布的不同。图6.29为发动机运行过程中的泵腔压力分布,由于进油单向阀的响应不同,泵腔压力的分布靠后时对应的放热率主要以预混燃烧为主,放热率曲线呈现单峰分布。在液压负载的分布向上止点移动过程中,放热率仍以单峰放热模式为主,但当液压分布靠近上止点时,液压负载力施加于活塞,活塞获得较小的加速度,活塞膨胀速度较小,表现在放热率出现了后燃段,如图6.30所示。

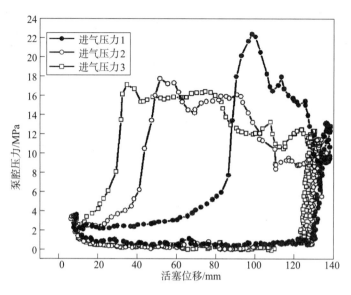

图 6.29 不同液压负载曲线

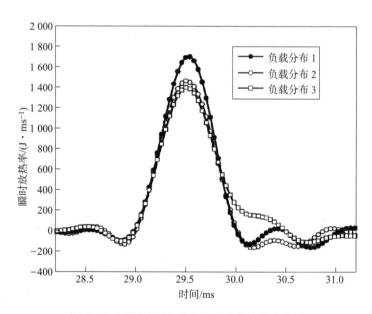

图 6.30 不同液压负载分布对应的放热率曲线

6.3.4 放热率拟合研究

液压自由活塞发动机的燃烧过程与传统柴油机的燃烧过程区别明显，因此，液压自由活塞发动机建模仿真时，往往不能正确选择燃烧模型及准确设定模型参数。根据液压自由活塞发动机的工作原理，活塞的运动规律取决于缸内压力和液压部分的液压力，而缸内的压力变化与缸内的燃烧过程息息相关。燃烧模型的不准确使液压自由活塞发动机模型不能反映液压自由活塞发动机真实的缸压与液压力之间的相互作用，为分析液压自由活塞发动机的各项性能带来误差。因此，本节针对液压自由活塞发动机的燃烧放热规律进行拟合，为液压自由活塞发动机参数化建模时提供参考。

（一）放热率函数

1. 单韦伯放热函数

韦伯函数是基于热力学和燃烧化学动力学的理论，结合大量的试验数据而提出的。由于韦伯模型既基于一定的理论基础，又用大量的试验数据修正完善，所以符合发动机燃烧的实际情况，因此得到广泛的使用。

单韦伯函数的表达式为：

$$\begin{cases} X = 1 - \exp\left[C \cdot \left(\dfrac{t - t_\text{B}}{t_\text{z}} \right)^{m+1} \right] \\ \dfrac{\text{d}X}{\text{d}t} = -\dfrac{C(m+1)}{t_\text{z}} \left(\dfrac{t - t_\text{B}}{t_\text{z}} \right)^{m} \exp\left[C \cdot \left(\dfrac{t - t_\text{B}}{t_\text{z}} \right)^{m+1} \right] \end{cases} \quad (6.22)$$

式中，t 为时间；t_B 为燃烧始点时间；t_z 为燃烧终点时间；m 为燃烧品质指数，决定了燃烧过程的进展情况；C 为燃烧品质指数，当 $X = 0.999$ 时 $C = -6.908$；燃烧品质指数 m 是表征放热率分布的一个参数，m 值的大小影响放热曲线的形状。m 值较小，初期放热量多，压力升高率大，燃烧粗暴，$\text{d}X/\text{d}t$ 曲线重心偏前。反之，m 值增大，初期放热量小，$\text{d}X/\text{d}t$ 曲线重心偏后，压力升高率小，燃烧柔和。

2. 双韦伯放热函数

从柴油机燃烧过程来看，放热过程实际上是预混合燃烧和扩散燃烧放热的综合叠加。用韦伯函数模拟中、低速柴油放热规律与实际情况比较接近，若用于模拟高速、中高速柴油机时与实际情况有相当大的差异。此时可用双韦伯函数按一定的规则叠加来模拟实际的放热规律。这种方法不仅接近实际，而且形象地把预混合燃烧与扩散燃烧分开考虑。其表达式为：

$$\begin{cases} X = (1 - Q_\text{d})\left[1 - \exp(C \cdot T_\text{p}^{m_\text{p}+1}) \right] + Q_\text{d}\left[1 - \exp(C \cdot T_\text{d}^{m_\text{d}+1}) \right] \\ \dfrac{\text{d}X}{\text{d}t} = (Q_\text{d} - 1)CM_\text{p}T_\text{p}^{m_\text{p}}\exp(C \cdot T_\text{p}^{m_\text{p}+1}) - Q_\text{d}CM_\text{d}T_\text{d}^{m_\text{d}}\exp(C \cdot T_\text{d}^{m_\text{d}+1}) \\ T_\text{p} = \dfrac{t - t_\text{Bp}}{t_\text{p}}, T_\text{d} = \dfrac{t - t_\text{Bd}}{t_\text{d}}, M_\text{p} = \dfrac{(m_\text{p}+1)}{t_\text{p}}, M_\text{d} = \dfrac{(m_\text{d}+1)}{t_\text{d}} \end{cases}$$

$$(6.23)$$

式中，Q_d 为扩散燃烧的燃油比例；t_Bp 为预混合燃烧起始点；t_p 为预混合燃烧持续期；m_p 为预混合燃烧品质指数；t_{Bd} 为扩散燃烧起始点；t_d 为扩散燃烧持续期；m_d 为扩散燃烧品质指数。

对于预混合燃烧始点的确定，一般认为燃烧始点可作为预混合燃烧的始点，因此 $t_{Bp}=0$。对于扩散燃烧的始点有不同的确定方法，有些学者认为，燃烧开始时，即可认为扩散燃烧也开始，因此 $t_{Bd}=0$，$t_d=t_z$。于是式（6.23）可进一步简化。

（二）放热率拟合方法

对 dX/dt 曲线用双韦伯函数拟合，实质上是已知函数的形式以及求解方程所需要的 n 个已知点，对函数中的未知参数进行求解，从数学上来说这就是解一个多元方程组的问题。从理论上来说，求解 n 个未知数仅需 n 个方程，即 n 个已知点。但实际工程测量值和理论分析之间存在误差，用 n 个已知点来确定模型中的参数，有可能得不到实数解。在实际工程问题中，一般情况下也确实很难得到精确的解析解。因此对需要求解的模型，不能仅仅利用 n 个已知点来求解，而是在满足所有约束条件的情况下，利用最优化方法，求得最接近实际工作过程的模型。对于韦伯函数的拟合属于非线性多参数拟合问题。

1. 拟合算法

为解决优化计算中使用迭代法必须给出合适初始值的问题，本节采用通用全局优化算法（Universal Global Optimization，UGO），该算法的基本思想是存在多个目标函数的局部最优问题时，优化器在保证有更好的新区域被发现的前提下不用花费更多的时间对同一区域进行搜索。这一目标可以通过定义的非重叠群集来实现。根据优化器的结果，搜索过程可以通过创建新的非重叠集合来指向更小的区域。这个过程类似于模拟退火法。特定群集不是搜索域的固定部分，它可以随着搜索的进行发生空间移动，但群集仍要求具有非重叠性。实际应用中，大多数情况下，给出恰当的初始值是件相当困难的事，特别是在参数量较多的时候，UGO 算法在该方面具有明显的优势：即使用者无须给出参数初始值，而由算法随机给出，通过其全局优化算法，也可以找出最优解。

UGO 算法的关键概念是群集，群集可以看成整个搜索空间的窗口。群集一般由中心点和搜索半径（正数）组成，群集定义是为了将优化器"本地化"，从而在此获取新的样本。这就意味着，给定群数的优化步数不大于群的半径。如果新的结果比旧的结果好时，新解将会作为新的中心点，即群集的位置将更新。当然群的半径不是任意给定的，而是从递减半径列表中获取的。半径以一定的几何级数进行缩减，递减半径表的一个重要因素就是搜索域半径。该搜索域半径由两种可能解的最大距离决定。如果一个

群集的半径为第 i 个数,这时群的等级就定义为 i。每一个群集都有固定的等级,每个有效级都有一个对应的半径(r_i)及两个功能评价参数。首先一个参数在级数(r_i)给定时使用(new_i),另一个在最优化个体种群(n_i)时使用。为了完整地定义算法,定义种群的最大长度为 M,最大级数为 l,用户允许整个优化步数的最大功能评价数为 N,与最大级数相对应的搜索半径为 r_l。

该算法中参数设置基于经验及以下相关法则:

(1) 相同概率法则,在某一级运算中,在优化过程中每个种群从原有的中心点向新的中心点移动一定的距离。在假定移动速度为 $v(r)$ 时可以确保每个种群接收到的估计值最小,r_l 为搜索空间直径,则该法则定义为:

$$\frac{v(r_i)n_i}{M} = r_1 v \quad (i = 2,\cdots,l) \tag{6.24}$$

(2) 指数半径增长,该法则直接指出了最大最小搜索半径(r_l,r_1),其他的搜索半径用以下函数表达式求取:

$$r_i = r_1 \left(\frac{r_l}{r_1}\right)^{\frac{i-1}{l-1}} \quad (i = 2,\cdots,l) \tag{6.25}$$

(3) 尽管种群表的长度有最大值,但仍可以使得每个旧的种群产生至少两个新的种群,这使得估算值可以设为相同的常数。

$$new_i = 3M \quad (i = 2,\cdots,l) \tag{6.26}$$

(4) N 的分解,为了进一步简化,定义 $new_1 = 0$,可将 N 分解为:

$$\sum_{i=1}^{l}(n_i + new_i) = (l-1)3M + \sum_{i=1}^{l} n_i = N \tag{6.27}$$

由于当 $l > 1$ 时 $n_i = 0$,将式(6.24)代入式(6.27)可得出 N 的表达式:

$$N = (l-1)3M + \sum_{i=2}^{l} \frac{Mr_1 v}{v(r_i)} \tag{6.28}$$

式(6.27)中,显然未知参数为用户给定的参数,根据每个参数的单调性,任意一个参数可以通过其他参数求得。

2. 单韦伯函数拟合

根据图 6.31 及图 6.32 所示曲线可知,第 100 个循环时气缸内温度和气缸壁温度较低,可燃混合气形成速度低,扩散燃烧的比例低,单韦伯函数对 dX/dt 曲线的拟合较为理想,计算曲线与拟合曲线的均方差 RMSE = 51.88。从前 200 个循环的放热率分析可知,第 190 个循环的放热率曲线在峰值后下降缓慢,尤其在曲线末端,形成一个拖尾,这符合传统柴油机有较长后燃期,且后燃期内燃烧速度慢的特点。对于液压自由活塞发动机,初期的工作循环中,缓燃期和后燃期持续时间都短,dX/dt 曲线在峰值后迅速下降,后期没有拖尾。因此单韦伯放热函数适合用来描述液压自由活塞发动机初期工作循环燃烧放热规律。表 6.2 中为单韦伯放热函数的拟合情况,显然计算曲线与拟合曲线的均方差 RMSE 较大。

表 6.2 单韦伯函数拟合参数分析

循环数	10	100	190
燃烧持续期 t_z/ms	1.33	1.29	1.31
燃烧品质指数 m	1.44	2.36	1.44
燃烧品质指数 C	6.63	6.88	6.68
计算曲线与拟合曲线的均方差 RMSE	144.5	51.88	157.5

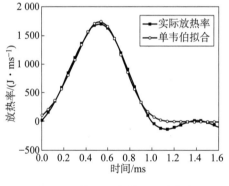

图 6.31 第 100 个循环的放热率曲线单韦伯拟合

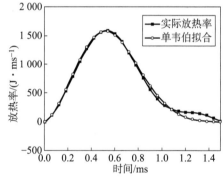

图 6.32 第 190 个循环的放热率曲线单韦伯拟合

3. 双韦伯函数拟合

图 6.33 表明,双韦伯函数对 dX/dt 曲线的拟合较好,计算曲线与拟合曲线的均方差 RMSE = 14.5。传统柴油机扩散燃烧的比例 Q_d = 0.6~0.8,液压自由活塞发动机扩散燃烧比例远低于传统柴油机,表明液压自由活塞发动机中的主要燃烧形式为预混合燃烧。燃烧品质指数的取值越大,放热率曲线的重心越往后移,表明燃烧速度越慢,如图 6.34 所示。而扩散燃烧品质指数 m_b 取值为 12.48,表明液压自由活塞发动机扩散燃烧速度慢。

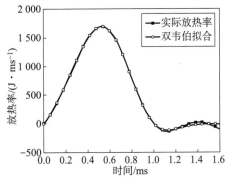
图 6.33　第 100 个循环的放热率曲线双韦伯拟合

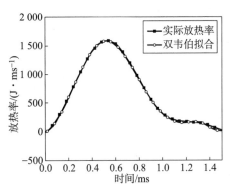
图 6.34　第 190 个循环的放热率曲线双韦伯拟合

延长液压自由活塞发动机工作循环，缸内气体温度和气缸壁温度高，液压自由活塞发动机缸内可燃混合气的形成速度快，缓燃期内燃油量增多，燃烧放热率曲线在缓燃期内出现凸起，甚至出现第二个峰值。针对液压自由活塞发动机更多工作循环后多燃烧放热率的双韦伯拟合，m_b 的取值将变小，即液压自由活塞发动机扩散燃烧速度变快，扩散燃烧比例 Q_d 的取值将变大。表 6.3 为液压自由活塞发动机前 200 个循环中选取的某三个的放热率拟合情况。

表 6.3　双韦伯函数拟合参数分析

循环数	10	100	190
扩散燃烧比例 Q_d	0.144	0.084 7	0.136 8
预混合燃烧持续期 t_p	1.25	1.15	1.367
预混合燃烧品质指数 m_p	1.493	1.958	1.438
预混合燃烧持续期 t_d	1.5	0.99	2
扩散燃烧品质指数 m_d	15	8	12.54
计算曲线与拟合曲线的均方差 RMSE	59.6	46.7	14.5

（三）拟合规律研究

1. 单韦伯函数拟合规律研究

图 6.35 展示了单韦伯函数采用两个拟合参数（燃烧品质指数 m 及燃烧持续期）时拟合结果的均方差，在前 200 个循环范围内，有个别循环的均方差达到了 360 J/ms，由于放热率表征的是能量输入的分布情况，其拟合结

果的均方差需控制在一定的范围内才可以满足要求。均方差的定义为：

$$\text{RMSE} = \sqrt{\frac{\sum_{i=1}^{n}(x_i - x'_i)^2}{N}} \quad (6.29)$$

式中，x_i 为实测值；x'_i 为拟合数值；N 为数据点个数。

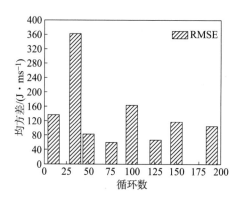

图 6.35 单韦伯拟合函数均方差

对于拟合过程而言，整个拟合范围内的累计能量误差为：

$$\Delta E = \sum_{i=1}^{n}\left(\frac{(x_i - x'_i) + (x_{i+1} - x'_{i+1})}{2}\right)\frac{\tau}{N} \approx \sum_{i=1}^{n}(x_i - x'_i)\frac{\tau}{N} \quad (6.30)$$

根据式（6.29）及式（6.30）可得出拟合范围内的累计能量最大误差为：

$$\Delta E \approx \tau \sum_{i=1}^{n}\frac{(x_i - x'_i)}{N} \leqslant \tau \sqrt{\sum_{i=1}^{n}(x_i - x'_i)^2/N} \quad (6.31)$$

式中，τ 为拟合燃烧持续期。取均方差为 360 J/ms 时对应的燃烧持续期值约为 1 ms，从而可以得出累计能量误差最大上限为 360 J，下限为 60 J，这对于本节中的标定能量输出值 1 036 J 来说，误差范围为（5.79%，34.74%）。因此在整个发动机过程中采用单韦伯函数拟合所得到的数据有明显的偏差。

当将单韦伯拟合函数的拟合参数提升至 3 个参数时（燃烧品质指数 C、m 及燃烧持续期），其均方差并没有明显改善，图 6.36 展示了燃烧品质指数 C 的拟合结果，根据韦伯放热函数中 C 的定义可知，试验中喷射的燃油基本完全燃烧。图 6.37 表明液压自由活塞发动机初期放热量多，燃烧粗暴，dX/dt 曲线重心偏前。图 6.38 表明液压自由活塞发动机的燃烧持续期在 1～1.5 ms 范围内。对于多个循环数据的拟合情况来看，液压自由活塞发动机的放热率单韦伯函数拟合燃烧品质指数 C 和燃烧持续期较为稳定，而对于影响放热率分布的燃烧品质指数 m 有明显的波动，这主要是由于在不同的循环，发动机的上止点、压缩比等相关参数存在一定的波动，从而导致放热率的分布有明显的差异。而上止点、压缩比等相关参数又由进气压力、排气门关闭时刻、压缩压力等外部可检测参数决定，因此可以通过建立进排气、液压系统的相关参数与放热率特征参数之间的关系，从而达到预测放热率的目的。对于单韦伯放热函数，显然可以实现两者之间的映射关系，但值得注意的是，由于单韦伯放热函数的拟合结果会造成较大的能量输入误差，因此，本节需进一步探讨双韦伯函数的拟合情况。

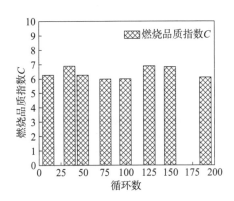

图 6.36　单韦伯拟合函数的燃烧品质指数 C

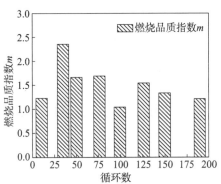

图 6.37　单韦伯拟合函数的燃烧品质指数 m

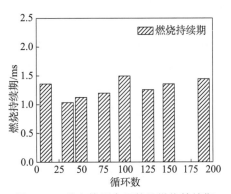

图 6.38　单韦伯拟合函数的燃烧持续期

2. 双韦伯函数拟合规律研究

图 6.39 为液压自由活塞发动机前 200 个工作循环中双韦伯拟合均方差分布图。由图 6.39 及式（6.31）可知，双韦伯拟合所得到的放热率产生的最大能量误差为 60 J，即能量输入误差不大于 5.79%，事实上拟合函数所产生的误差要远小于 5.79%，这主要是因为拟合曲线与实际曲线相比，拟

合曲线的数值可能比实际数值大,也可能比实际数值小,从而进一步抵消一部分累计放热量误差。因此对于液压自由活塞发动机而言,采用双韦伯拟合函数来描述实际的放热率情况更为准确。

为进一步减少双韦伯拟合函数的未知数个数,将预混燃烧比例系数和扩散燃烧比例系数用一个量进行表达。图 6.40 中为双韦伯函数的拟合后扩散燃烧比例系数,显然从全局角度来说,液压自由活塞发动机主要以预混放热模式为主,扩散燃烧最大比例不超过 20%。

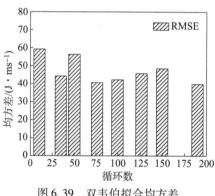 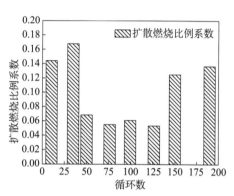

图 6.39 双韦伯拟合均方差　　　　图 6.40 双韦伯拟合扩散燃烧比例系数

双韦伯函数是由两个单韦伯函数叠加而成的。对于预混燃烧,图 6.41 展示了液压自由活塞发动机前 200 个工作循环中,其燃烧品质指数 m 的取值范围在 1.2~2.4,这与预混燃烧的重心较为靠前是一致的,而图 6.42 中展示的预混燃烧持续期也维持在 0.9~1.5 ms,这与单韦伯拟合结果是相似的。但是在某些循环燃烧品质指数较大时,对应的燃烧持续期相对较短。

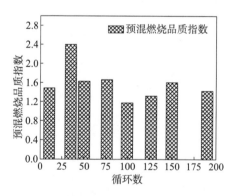 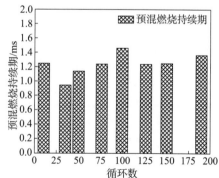

图 6.41 双韦伯拟合预混燃烧品质指数　　图 6.42 双韦伯拟合预混燃烧持续期

对于扩散燃烧而言,由于在双韦伯函数拟合时将扩散燃烧起始时间与燃烧起始点一致，因此扩散燃烧的重心将后移，对应的放热率燃烧品质指数应当比预混燃烧的燃烧品质指数大。图 6.43 为扩散燃烧品质指数分布图，显然燃烧品质指数较大。图 6.44 为扩散燃烧持续期分布图，扩散燃烧持续期与预混燃烧的燃烧持续期基本一致，波动范围在 0.9~2.0 ms。综合来看，扩散燃烧的燃烧品质指数及燃烧持续期相比于预混燃烧比例而言波动较大，即可以推测液压自由活塞发动机循环放热率波动主要来源于扩散燃烧段。

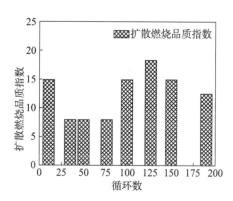

图 6.43　双韦伯拟合扩散燃烧品质指数　　图 6.44　双韦伯拟合扩散燃烧持续期

6.4　基于支持向量机的预测燃烧放热率模型

6.4.1　支持向量机理论依据

支持向量机（Support Vector Machine，SVM）是由 Vapnik 基于统计学习理论提出的一种回归分析方法。

1. 基本原理

对于非线性支持向量机回归，通过一个非线性映射 Φ 将数据映射到高维特征空间，并在这个空间进行回归。

设有数据 (x_1, y_1)，(x_2, y_2)，…，(x_i, y_i)，…，(x_l, y_l)，$x_i, y_i \in \mathbf{R}$，其中 x_i 为输入值，y_i 为期望输出值。回归函数为：

$$f(x) = \omega \Phi(x) + b \tag{6.32}$$

式中，ω 为分类超平面的权系数向量；b 为阈值，$b \in \mathbf{R}$。

在 ε 为不敏感损失函数的情况下，引入惩罚因子 C 和松弛变量 ξ_i、ξ_i^*，支持向量机回归问题可表示成凸优化问题：

$$\begin{cases} \min \dfrac{1}{2}\|\boldsymbol{\omega}\|^2 + C\sum_{i=1}^{l}(\xi_i + \xi_i^*) \\ \text{s.t} \quad y_i - \boldsymbol{\omega}\Phi(x_i) - b \leq \varepsilon + \xi_i, \boldsymbol{\omega}\Phi(x_i) + b - y_i \leq \xi_i^*, \xi_i, \xi_i^* \geq 0 \end{cases}$$

(6.33)

引入拉格朗日乘子：

$$L = \frac{1}{2}\|\boldsymbol{\omega}\|^2 + C\sum_{i=1}^{l}(\xi_i + \xi_i^*) - \sum_{i=1}^{l}\alpha_i[\xi_i + \varepsilon - y_i + \boldsymbol{\omega}\Phi(x_i) + b] -$$

$$\sum_{i=1}^{l}\alpha_i^*(\xi_i^* + \varepsilon + y_i - \boldsymbol{\omega}\Phi(x_i) + b) - \sum_{i=1}^{l}(\eta_i\xi_i + \eta_i^*\xi_i^*) \quad (6.34)$$

式中，η_i、η_i^*、α_i、α_i^* 大于等于零，$C > 0$。再根据 KKT 条件

$$\frac{\partial L}{\partial b} = \sum_{i=1}^{l}(\alpha_i - \alpha_i^*) = 0, 0 \leq \alpha_i, \alpha_i^* \leq C, i = 1, \cdots, l \quad (6.35)$$

$$\frac{\partial L}{\partial \boldsymbol{\omega}} = \boldsymbol{\omega} - \sum_{i=1}^{l}(\alpha_i - \alpha_i^*)\Phi(x_i) = 0 \Rightarrow \boldsymbol{\omega} = \sum_{i=1}^{l}(\alpha_i - \alpha_i^*)\Phi(x_i)$$

(6.36)

$$\frac{\partial L}{\partial \xi_i^*} = C - \alpha_i^{(*)} - \eta_i^{(*)} \Rightarrow C = \alpha_i^{(*)} + \eta_i^{(*)} \quad (6.37)$$

$$\frac{\partial L}{\partial \xi_i} = C - \alpha_i - \eta_i \Rightarrow C = \alpha_i + \eta_i \quad (6.38)$$

将式（6.35）~式（6.38）代入式（6.34），问题就转化为在式（6.35）约束下，最大化式：

$$W(\alpha_i, \alpha_i^*) = -\frac{1}{2}\sum_{i,j=1}^{l}(\alpha_i - \alpha_i^*)(\alpha_j - \alpha_j^*)k(x_i - x_j) +$$

$$\sum_{i,j=1}^{l}(\alpha_i - \alpha_i^*)y_i - \sum_{i,j=1}^{l}(\alpha_i - \alpha_i^*)\varepsilon \quad (6.39)$$

引入核函数 $k(x_i, x_j) = \Phi(x) \cdot \Phi(x_i)$，将高维空间的内积计算转化为低维空间的函数计算。将所得的参数 α_i、α_i^* 代入式（6.39），并由式（6.32）得到回归函数为：

$$f(x) = \sum_{i=1}^{l}(\alpha_i - \alpha_i^*)k(x_i, x_j) + b \quad (6.40)$$

本节采用 RBF 核函数，其形式为：

$$k(x_i, x_j) = \exp(-\gamma\|x_i - x_j\|^2) \quad (6.41)$$

式中，γ 为径向基参数。

对于 SVM 回归模型，惩罚因子 C 表征了对数据拟合的精确程度，径向基参数 γ 则体现了样本在高维特征空间中的分布。因此惩罚因子和径向基参数的选取会很大程度影响模型的精确程度。本节采用了遗传算法对这两个

参数进行寻优。

2. SVM 算法建模

本节使用了 Matlab 中的 libSVM 工具箱中的 SVMtrain 和 SVMpredict 程序实现 SVM 算法的训练样本和预测新样本的功能,该工具箱的使用步骤一般是:

(1) 按照 libSVM 工具箱的格式要求在 workspace 中准备数据集;
(2) 利用 SVMscale 对数据进行降维处理;
(3) 选取适当的径向基核函数(一般选用高斯径向基核函数);
(4) 选用优化算法取得最优参数值 γ 和 C;
(5) 对训练样本进行训练得到训练模型;
(6) 利用该模型对新样本进行预测。

在对于 RBF 核函数的 SVM 来说,选择的关键参数是惩罚因子 C 和核参数 γ。惩罚因子 C 是在结构风险和样本误差之间做出的折中,其取值与惩罚程度的误差相关,较大的 C 值适合较小的误差,较小的 C 值却相反,其适合较大的误差。核参数 γ 与学习样本的输入向量的空间大小及其宽度有关系,如果样本输入向量的空间越大,γ 的值越大,反之样本输入向量的空间越小,γ 的值越小。本节中粒子群优化算法中最大迭代次数为 100,种群数量为 20,经过粒子群算法寻优,可获取 γ 及 C 的最优值。

6.4.2 参数误差的传递

传统的双韦伯放热函数有 7 个参数。对于预混合燃烧始点的确定,一般认为燃烧始点可作为预混合燃烧的始点。对于扩散燃烧的始点有不同的确定方法,有些学者认为,燃烧开始时,即可认为扩散燃烧也开始。此时双韦伯函数可简化为式(6.42)的形式,而 β_1 与 β_2 之间的关系为 $\beta_1 = 1 - \beta_2$,从而向量机只需预测出 5 个韦伯参数(β_2, m_p, Δt_p, m_d, Δt_d)即可以获取预测放热率。但为了确认由韦伯参数误差造成的放热率误差范围,需要对放热率计算中的误差传递进行数学推导。

$$\frac{dX}{dt} = \sum_{i=1}^{2} \beta_i 6.9 \frac{(m_i + 1)}{\Delta t_i} \left(\frac{t}{\Delta t_i} \right)^{m_i} \exp\left[-6.9 \times \left(\frac{t}{\Delta t_i} \right)^{m_i+1} \right] \quad (6.42)$$

(一) 放热率函数的分解

双韦伯放热率的计算公式如式(6.23)所示,根据相关误差理论可按式(6.43)估算放热率的相对误差 e_r(RoHR)的范围:

$$e_r(\text{RoHR}) < 6.9 \sum_{i=1}^{2} \left| e_r \left\{ \beta_i \frac{m_i + 1}{\Delta t_i} \left(\frac{t}{\Delta t_i} \right)^{m_i} \exp\left[-6.9 \times \left(\frac{t}{\Delta t_i} \right)^{m_i+1} \right] \right\} \right|$$

(6.43)

为了方便表示，将上式中双韦伯函数中的几个因式分别记为：

$$f_1 = \beta_i, f_2 = \frac{m_i+1}{\Delta t_i}, f_3 = \left(\frac{t}{\Delta t_i}\right)^{m_i}, f_4 = \exp\left[-6.9\left(\frac{t}{\Delta t_i}\right)^{m_i+1}\right]$$

(6.44)

因此，式（6.43）可转换为式（6.45）的形式：

$$e_r(\text{RoHR}) < 6.9 \sum_{i=1}^{2} e_r(f_1 \cdot f_2 \cdot f_3 \cdot f_4) \quad (6.45)$$

根据误差传递原理可得：

$$e_r(f_1 \cdot f_2 \cdot f_3 \cdot f_4) \leq |e_r(f_1)| + |e_r(f_2)| + |e_r(f_3)| + |e_r(f_4)|$$

(6.46)

于是，对放热率的计算误差分析就转换为对 f_1、f_2、f_3、f_4 误差传播的分析。

（二）子函数误差传递公式

f_1 的相对误差就是 β_i 的相对误差：

$$e_r(f_1) = e_r(\beta_i) \quad (6.47)$$

f_2 的相对误差与燃烧持续期 Δt_i 和燃烧品质指数 m_i 有关：

$$e_r(f_2) = e_r\left(\frac{m_i+1}{\Delta t_i}\right) = \frac{m_i}{\Delta t_i}|e_r(m_i)| + \frac{m_i+1}{\Delta t_i}|e_r(\Delta t_i)| \quad (6.48)$$

对于一般的 $0.4 < m_i < 4$，$0.001 < \Delta t_i \leq 0.002$，根据式（6.48）可知 f_2 的误差比 $e_r(m_i)$ 和 $e_r(\Delta t_i)$ 低 1~2 个数量级，在误差传递的过程中 $e_r(f_2)$ 可以忽略。

f_3 的相对误差计算公式如下式所示：

$$e_r(f_3) = e_r\left[\left(\frac{t}{\Delta t_i}\right)^{m_i}\right] = m_i\left|\ln\frac{t}{\Delta t_i}\right||e_r(m_i)| + m_i|e_r(\Delta t_i)| \quad (6.49)$$

$e_r(f_3)$ 中的 $e_r(m_i)$、$e_r(\Delta t_i)$ 的误差放大因子分别记为 $A_{r,3}(m_i)$、$A_{r,3}(\Delta t_i)$。f_3 的绝对误差计算公式如下式所示：

$$e(f_3) = f_3\left|\ln\frac{t}{\Delta t_i}\right||e(m_i)| + m_i\left(\frac{t}{\Delta t_i}\right)^{m_i-1}\frac{t}{(\Delta t_i)^2}|e(\Delta t_i)| \quad (6.50)$$

f_4 的相对误差计算公式如下式所示：

$$e_r(f_4) = 6.9m_i\left|\ln\frac{t}{\Delta t_i}\right||e_r(m_i)| + 6.9(m_i+1)\left(\frac{t}{\Delta t_i}\right)^{m_i+1}|e_r(\Delta t_i)|$$

(6.51)

$e_r(f_4)$ 中的 $e_r(m_i)$、$e_r(\Delta t_i)$ 的误差放大因子记为 $A_{r,4}(m_i)$、$A_{r,4}(\Delta t_i)$。f_4 的绝对误差计算公式如下式所示：

$$e(f_4) = 6.9f_4\left[\left|\ln\frac{t}{\Delta t_i}\right||e_r(m_i)| + (m_i+1)\left(\frac{t}{\Delta t_i}\right)^{m_i}\frac{t}{(\Delta t_i)^2}|e_r(\Delta t_i)|\right] \tag{6.52}$$

（三）误差放大因子分析

dx_i/dt 相对误差限的估算如下式所示：

$$e_r(f_1 \cdot f_2 \cdot f_3 \cdot f_4) \leq e_r(\beta_i) + [A_{r,3}(m_i) + A_{r,4}(m_i)]e_r(m_i) + [A_{r,3}(\Delta t_i) + A_{r,4}(\Delta t_i)]e_r(\Delta t_i) \tag{6.53}$$

式中，$e_r(m_i)$、$e_r(\Delta t_i)$ 前的系数为对应参数的相对误差放大因子。

dx_i/dt 的绝对误差限等于相对误差限乘以函数值，其估算公式如下式所示：

$$e\left(\frac{dx_i}{dt}\right) \leq \frac{dx_i}{dt} \cdot \{|e(\beta_i)| + [A_{r,3}(m_i) + A_{r,4}(m_i)]|e(m_i)| + [A_{r,3}(\Delta t_i) + A_{r,4}(\Delta t_i)]|e(\Delta t_i)|\} \tag{6.54}$$

$e(m_i)$、$e(\Delta t_i)$ 前的系数为对应参数的绝对误差放大因子。

1. 燃烧品质指数相对误差 $e_r(m_i)$ 的放大因子

$e_r(m_i)$ 的放大因子为：

$$A_{r,3}(m_i) + A_{r,4}(m_i) = m_i\left|\ln\frac{t}{\Delta t_i}\right| + 6.9m_i\left|\ln\frac{t}{\Delta t_i}\right| = 7.9m_i\left|\ln\frac{t}{\Delta t_i}\right| \tag{6.55}$$

$$\lim_{\varphi\to\varphi_0}\left(\ln\frac{t}{\Delta t_i}\right) = -\infty \tag{6.56}$$

$e_r(m_i)$ 的放大因子与 $t/\Delta t_i$、Δt_i、m_i 取值有关。由式（6.56）可知，放大因子随着 $t/\Delta t_i$ 增大而减小，$t\to 0$ 时相对误差的放大因子趋于无穷大。

绝对误差 $e(m_i)$ 的放大因子表达成式（6.57）的形式：

$$7.908m_i\left|\ln\frac{t}{\Delta t_i}\right|\beta_i\frac{m_i+1}{\Delta t_i}\left(\frac{t}{\Delta t_i}\right)^{m_i}\exp\left[-6.9\left(\frac{t}{\Delta t_i}\right)^{m_i+1}\right] \tag{6.57}$$

由式（6.57）可知，$e(m_i)$ 绝对误差放大因子中包含 $\left(\frac{t}{\Delta t_i}\right)^{m_i}$ 项，由于 $\lim_{x\to 0}\ln(1-x)$（$0<x<1$）是比 $\lim_{x\to 0}x^n$ 低阶的无穷小，因此 $t\to 0$ 时，绝对误差放大因子趋于零。$t\to 0$ 即燃烧刚刚开始阶段，放热率值很低，相对误差计算中的分母过小造成相对误差放大因子很大，但对放热率的计算结果影响微小（放热率接近零）。根据对训练样本的统计，$0.4 \leq m_i \leq 4$，$0.001 < \Delta t_1 < 0.002$，$0.001 < \Delta t_2 < 0.002$。为估算最大的误差，取 $\Delta t_i = 0.002$，$t = 0.0001$（燃烧开始 0.1ms），则相对误差放大因子为：

$$7.9m_i \left| \ln \frac{t}{\Delta t_i} \right| = 7.9m_i \left| \ln \frac{1}{20} \right| = 23.7m_i \qquad (6.58)$$

由于 $0 < \beta_i < 1$，此时绝对误差放大因子为：

$$23.7m_i\beta_i \frac{m_i+1}{0.002} \left(\frac{1}{20}\right)^{m_i} \exp\left[-6.9\left(\frac{1}{20}\right)^{m_i+1}\right] < 23.7m_i \frac{m_i+1}{0.002} \left(\frac{1}{20}\right)^{m_i} \cdot$$
$$\exp\left[-6.9\left(\frac{1}{20}\right)^{m_i+1}\right]$$
$$(6.59)$$

2. 燃烧持续期相对误差 $e_r(\Delta t_i)$ 的放大因子

$$A_{r,3}(\Delta t_i) + A_{r,4}(\Delta t_i) = m_i + 6.9(m_i+1)\left(\frac{t}{\Delta t_i}\right)^{m_i+1} \qquad (6.60)$$

$t \to 0$ 即燃烧刚开始阶段，放大因子为：

$$A_{r,3}(\Delta t_i) + A_{r,4}(\Delta t_i) = m_i + 6.9(m_i+1)\left(\frac{t}{\Delta t_i}\right)^{m_i+1} \approx m_i < 4$$
$$(6.61)$$

$t \to 1$ 即燃烧接近终点时，放大因子为：

$$A_{r,3}(\Delta t_i) + A_{r,4}(\Delta t_i) = m_i + 6.9(m_i+1)\left(\frac{t}{\Delta t_i}\right)^{m_i+1} \approx 7.9m_i + 6.9$$
$$(6.62)$$

由式（6.61）和式（6.62）的对比可知，Δt_i 的误差放大因子在燃烧终点时达到最值 $7.9m_i + 6.9$，而燃烧终点的瞬时放热率值接近于零，持续期误差对放热率绝对误差的影响很小。总结各参数在放热率计算中误差的传递，在大多数的工况下，每个参量的误差放大因子在可估范围内，误差传递中没有明显的放大环节。在个别时刻，当放热率值过小时，微小的绝对误差就会导致很大的相对误差，但对放热率计算结果的影响不大。误差传递计算的结果表明，采用预测韦伯参数的方法来计算放热率的方法从理论上是可行的。

6.4.3 支持向量机运算及结果分析

根据前面分析可知，预测液压自由活塞发动机燃烧放热率的外部检测参数为进气口开启时缸内压力（p_{IVO}，bar）、不同循环的扫气时间（$\Delta T_{IVO \to IVC}$，ms）和进气口完全关闭时刻的缸内压力（p_{IVC}，bar）、排气门完全关闭时刻缸内压力（p_{EVC}，bar）、上止点前 10 mm 处缸内压力（p_{TDC_10}，bar），这五个参数决定了液压自由活塞发动机运行过程中燃烧放热率的形状和大小，前面分析得出双韦伯函数更能准确描述液压自由活塞发动机的燃烧放热模型，对应的双韦伯燃烧放热率拟合后的参数有扩散燃烧比例（β_2）、预混燃烧韦伯燃烧品质指数（m_p）、预混燃烧持续期（Δt_p，ms）、扩散燃烧韦伯燃烧品质指数（m_d）、扩散燃烧持续期（Δt_d，ms），选取前200个循环的相关预测值及对应的燃烧放热率特征参数作为支持向量机的训练样本，相关数值如表6.4所示。

表6.4 预测燃烧放热率参数及对应的韦伯放热函数特征参数

p_{IVO}	$\Delta T_{IVO \to IVC}$	p_{IVC}	p_{EVC}	p_{TDC_10}	β_2	m_p	Δt_p	m_d	Δt_d
1.742	92.92	1.205	1.402	13.258	0.054	1.744	1.20	15	1.5
1.764	91.92	1.213	1.346	13.222	0.144	1.493	1.25	15	1.5
1.960	91.10	1.214	1.411	12.026	0.061	1.179	1.46	15	1.5
2.023	92.46	1.219	1.344	14.164	0.083	1.726	1.23	8	1.06
2.038	89.78	1.215	1.375	11.951	0.121	1.301	1.41	8	2.0
2.046	89.1	1.197	1.405	13.008	0.125	1.610	1.25	15	1.5
2.050	89.94	1.231	1.427	13.073	0.195	1.556	1.24	13.1	2.0
2.107	89.68	1.214	1.379	12.047	0.182	1.210	1.41	14.4	1.5
2.120	90.40	1.214	1.404	12.878	0.054	1.327	1.24	15.4	2.0
2.128	90.64	1.217	1.367	12.127	0.136	1.438	1.37	12.5	2.0
2.140	90.30	1.231	1.437	12.851	0.223	1.445	1.31	15	2.0
2.178	90.28	1.221	1.418	12.871	0.042	1.526	1.27	15	1.5
2.187	93.88	1.223	1.415	12.807	0.047	1.704	1.26	15	2.0
2.228	91.06	1.222	1.427	13.119	0.042	1.470	1.25	8	0.88
2.258	90.62	1.211	1.380	12.633	0.055	1.663	1.24	8	0.96
2.259	91.22	1.210	1.372	11.864	0.075	1.362	1.49	10.3	2.0
2.259	91.48	1.228	1.386	12.959	0.084	1.958	1.15	8	0.99
2.432	91.88	1.218	1.379	12.694	0.082	1.700	1.13	8	0.91
2.449	91.24	1.221	1.394	13.248	0.068	1.629	1.14	8	0.88
2.602	91.96	1.220	1.399	12.555	0.123	2.089	1.07	8	0.96

6.4.4 预测效果分析

图6.45为预测放热模型中扩散燃烧比例参数在训练过程中SVR参数的选择过程，在MSE取得最小值时所对应的γ与C为最佳取值。在图6.46中

展示了扩散燃烧比例参数在完成训练后与原数值的差异，总体来说扩散燃烧比例预测较为准确。其中个别预测值偏差较大，这主要是由于本节采取的样本数量较小。对于液压自由活塞发动机而言，其燃烧主要由预混燃烧构成，从图 6.47 及图 6.48 可以看出，SVR 预测结果中预混燃烧参数相对于扩散燃烧参数更为准确。

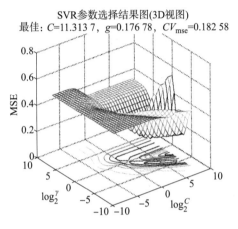

图 6.45　SVR 参数选择结果（3D 视图）

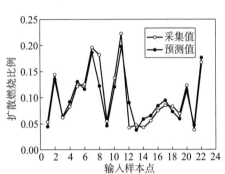

图 6.46　采集值与预测扩散燃烧比例的比较

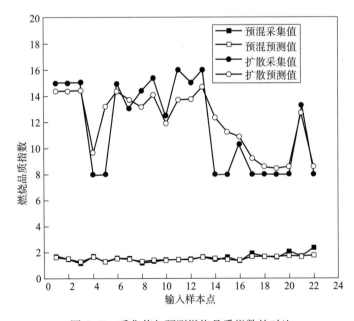

图 6.47　采集值与预测燃烧品质指数的对比

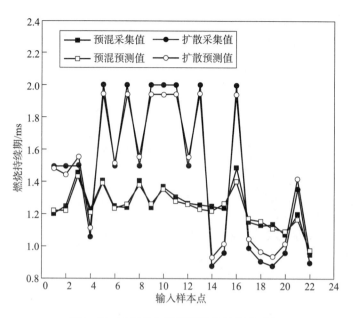

图 6.48 采集值与预测燃烧持续期的对比

为更直观地观察 SVM 预测燃烧放热率参数的准确性，选取参与训练的某一组预测参数，重新构建燃烧放热函数后与原有放热率进行对比，从图 6.49 可以看出，虽然两者在局部存在一定的差异性，但从其归一化累计放热率来看，其整体分布较为一致，预测参数能够很好地反映实际放热率的分布情况。为进一步探究预测模型的有效性，图 6.50 选取了未参与训练的燃烧放热率参数，结果表明，SVM 训练模型能够较为准确地预测实际燃烧放热率模型参数，可以将其用于未知工况的放热率预测。

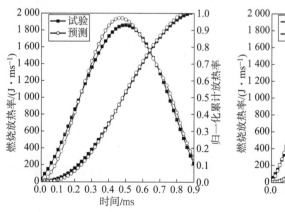

图 6.49 参与 SVM 训练的预测放热率

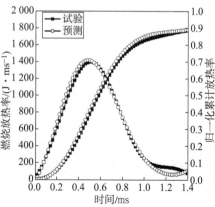

图 6.50 未参与 SVM 训练的预测放热率

事实上，液压自由活塞发动机的放热率在不同的工作循环波动较大，利用快速压缩膨胀机等单次燃烧方式去获取放热率具有明显的局限性。单循环的研究忽略了循环间的相互影响，即上一循环的燃烧将会影响排气过程及下一循环的扫气过程，最终引发下一循环的燃烧放热率的波动。而对于循环－循环间的放热率预测来说，很难利用试验的方式获取在预测参数的整个变化区间内燃烧放热率的分布情况。因此采用 SVM 的方法对液压自由活塞发动机多循环的预测参数及对应的放热率参数进行训练可以避免上述难点。获取尽可能多的连续运行工况是提高 SVM 预测液压自由活塞发动机循环－循环燃烧放热率模型准确性的有效方法。

6.5　影响放热率的相关参数循环波动性研究

为了建立液压自由活塞发动机循环输入参数（喷射参数、扫气参数、压缩压力、负载分布等）与燃烧放热函数之间的映射关系，应当对主要参数进行敏感性分析，即这些参数在多循环运行时的随机波动情况，从而筛选出外部输入的主要特征参数，建立影响放热率的主要参数与放热率特征参数之间的有效映射关系。

6.5.1　喷射参数

喷射参数为液压自由活塞发动机的主要输入参数，其喷油位置及喷油持续期直接影响放热率的形状大小情况，尤其是在液压自由活塞发动机不同循环中，这两个参数的变化直接导致循环波动。发动机运行过程中，由于液压自由活塞发动机的负载为定值，因此这两个参数在运行过程中设为定值。图 6.51 为不同循环的喷油开始位置，该位置为喷油信号开始的时刻对应的活塞位置。显然不同循环的喷油位置存在着波动，但大都维持在 24 mm 左右。对于液压自由活塞发动机实际运行过程来说，由于不同循环的压缩速度不一致，因此实际的喷油位置肯定不同，由于喷油信号发出与喷油器动作存在延迟时间，而活塞速度的不同必然使得实际的喷油位置有所差异。这一问题在自由活塞中只能通过缩小压缩循环的活塞速度差异进行改善，但不能完全消除误差。

图 6.52 为液压自由活塞发动机的喷油持续期，与喷油时刻活塞位置的波动情况相比，HEUI 喷油器的高精度喷射能够保证不同循环间的喷油持续期的一致性。作为能量输入环节，喷油持续期的一致性直接影响到喷油量的大小，进而影响能量输入的多少，显然从图 6.52 可以看出，不同循环的喷油持续期并没有明显的波动，因此作为定值的喷油持续期不能作为预测

放热率的输入参数。

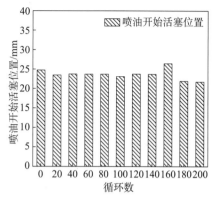

图 6.51　不同循环的喷油开始时活塞位置

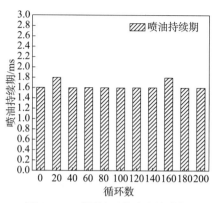

图 6.52　不同循环的喷油持续期

6.5.2　液压腔压力分布

在液压自由活塞发动机运行过程中，无论是控制腔还是泵腔的压力都不是定值，尽管采用稳压蓄能器、溢流阀等相关稳压手段，由于单向阀动作的不一致性及燃烧循环波动的存在，控制腔压力和泵腔压力必然存在波动，因此需对这两个参数进行分析。

1. 控制腔压缩压力

从图 6.53 中不同循环的控制腔压缩压力来看，尽管在初始循环的控制腔压缩压力设为 15 MPa，但在实际循环中由于液压泄漏损失及单向阀动作造成的节流损失，控制腔的平均压力小于 15 MPa，而且在不同循环存在明显的差异性。图 6.54 中不同循环的控制腔压力波动达到了 15.8%，显然这一波动情况是不容忽视的。事实上，控制腔的高压液压油是用来完成液压自由活塞发动机的压缩行程的，其平均压力的波动情况直接影响到的是压缩行程的活塞速度及压缩比。在实际的运行过程中，控制腔的平均压力无法实时监测，而控制腔压力大小直接影响上止点附近的缸内压力，因此本节选择上止点前 10 mm 处缸内压力值替代控制腔压力作为燃烧放热预测参数。

2. 泵腔输出压力

图 6.53 中的泵腔平均压力与控制腔压力一样存在明显的波动情况，泵腔平均压力在发动机运行前期较低，这与单向阀的响应有直接的关系。图 6.54 中泵腔平均压力的波动范围最高达到了 22.3%，显然这一参数的波动在液压自由活塞发动机运行过程中也不容忽视，但根据前文分析得出的结论，由于液压自由活塞发动机的放热速率较快，而在上止点后经过 1~2 ms 之后泵腔压力才完全建立，实际上泵腔压力对放热过程并没有直接的相关性。事实上，泵腔压力对液压自由活塞发动机的稳定性有影响，具体在后

面进行相关论述。

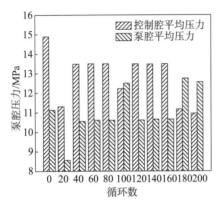

图 6.53　不同循环的泵腔压力

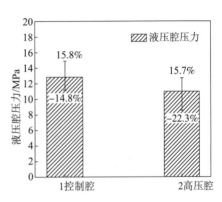

图 6.54　不同循环的泵腔压力波动范围

6.5.3　扫气过程参数

对于二冲程内燃机而言，扫气过程直接影响其燃烧放热过程。而扫气效率、捕获率等相关描述扫气效果的参数无法直接获取，因此需要通过相关直接可测参数进行扫气过程优劣的描述。根据第 5 章的液压自由活塞发动机扫气过程分析，液压自由活塞发动机在膨胀过程中气门在电液机构的控制下完成开启动作，从排气门开启到进气口开启这一区间为自由排气段，由于液压自由活塞发动机燃烧循环波动的存在，排气门开启时刻缸内压力必然将影响到下一循环的扫气过程。因此可以通过检测排气门开启时刻的缸内压力或进气口开启时刻的缸内压力对扫气进行预测，但这两个参数都表征的是液压自由活塞发动机上一循环的缸内燃烧程度，因此可以选取其中一个参数作为预测输入参数。

对于直流扫气二冲程发动机，气口开启时刻的缸压直接影响进气的快慢。气口开启时刻缸内压力较高时，进气困难，容易形成局部倒流现象；气口开启时刻缸内压力较低时，进气容易，缸内剩余废气易被扫出气缸，扫气效率更高。而封存新鲜空气量的多少又与气门完全关闭时刻的缸内压力有关，压力越大，封存的新鲜空气量越多，反之亦成立。因此可用进气口开启时刻气缸压力及进气口关闭时刻的气缸压力反映扫气效果，这两个参数对扫气过程影响较大，从而对燃烧放热率有直接影响。对于排气门而言，排气门完全关闭时刻的缸内压力将间接决定液压自由活塞发动机的上止点位置及压缩比，最终影响燃烧放热率分布，因此需将排气门完全关闭时刻的缸内压力作为放热率预测的重要参数，图 6.55 为扫气过程特定时间

第 6 章 液压自由活塞发动机燃烧特性 169

节点对应的缸压示意图。

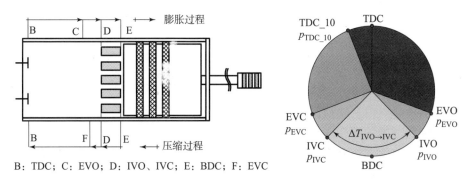

图 6.55 不同循环进排气时刻对应的缸压波动范围

1. 进排气开闭时刻气缸压力

图 6.56 展示了进气口开启时刻及关闭时刻对应的气缸压力,这两个参数直接决定换气过程的优劣,由于不同循环的燃烧放热率及缸压存在循环波动,因此即使排气口开启位置一致,在进气口开启时刻对应的气缸压力(p_{IVO})也不相同,而且存在明显的波动,图 6.57 中的进气口开启时刻对应的缸内压力波动最大值达到了 22.1%,因此不同循环的扫气效率必然有所差异。进气口关闭时刻的缸压受到进气压力的影响,由于试验中采用了稳压设备,因此进气口关闭时刻的缸压波动相对较小。由于进气口开闭时刻的缸内压力可测,因此将进气口开闭时刻对应的缸内压力作为预测燃烧放热率的一个重要参数。

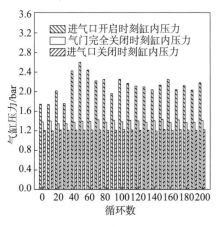

图 6.56 不同循环进排气时刻对应的缸压

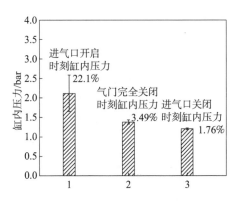

图 6.57 不同循环进排气时刻对应的缸压波动范围

另外，决定新鲜空气封存量的气门完全关闭时刻缸内压力的变化趋势可由图6.57获得，其值稳定在1.3 bar左右，图6.57显示其波动范围约为3.49%，因此不同循环，该参数对燃烧放热率的敏感性并不显著，但对液压自由活塞发动机的压缩比有直接的影响，从而间接影响到燃烧放热率的分布，因此将该参数作为燃烧放热率预测参数。

2. 进气持续期

液压自由活塞发动机运行过程中，由于上一循环的燃烧存在波动，导致不同循环的活塞膨胀速度有所差异，这一情况直接影响扫气口开启的时间，膨胀速度大，及气口开启时间早，再者液压自由活塞发动机采用PPM调频的方式，下止点处活塞停留的时间将会存在差异，这与传统的直流扫气二冲程发动机有很大的不同，因此进气口开启的有效时间也应作为预测输入参数之一。液压自由活塞发动机采取PPM的调速方式，在下止点对活塞加以控制，达到频率可控的目的。但由于液压自由活塞发动机采用二冲程直流扫气方案，活塞在下止点的停留时间直接影响了扫气效率，停留时间越长，缸内废气越容易被扫出气缸，扫气效率越高，获取的新鲜空气越多，反之亦成立。图6.58展示了不同循环的扫气时间（$\Delta T_{\text{IVO}\rightarrow\text{IVC}}$），由图可知，在前200个循环中进气时间基本一致，随着液压自由活塞发动机的运行，其扫气时间呈现一定的下降趋势，但整体波动范围较小，由图6.59可知，扫气时间的波动最大值为3.85%。但由于波动的绝对时间较长，对扫气效果有直接影响。因此对液压自由活塞发动机的燃烧放热率模型进行预测时需要将该参数作为预测燃烧放热率的主要参数之一。

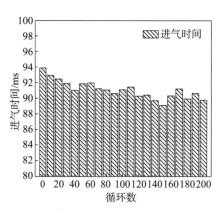

图6.58　不同循环的进气时间

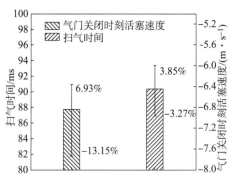

图6.59　不同循环的扫气时间及活塞速度波动

3. 排气门关闭时刻活塞速度

不同循环中的气门关闭时刻活塞的速度值（v_{EVC}）如图 6.60 所示。显然活塞速度的变化趋势与控制腔压缩压力的变化趋势相似，事实上气门关闭时刻的活塞速度是控制腔的压缩压力的一个外部反应，控制腔压缩压力在液压自由活塞发动机运行过程早期较大，气门关闭时刻活塞的速度在发动机运行早期也较大。此外，图 6.59 也展示了其波动范围，最大值达到了 13.15%。另外，气门关闭后，气缸形成密闭容器，活塞在气门关闭时刻的速度直接影响上止点位置，进而影响到液压自由活塞发动机的循环压缩比。图 6.61 中前 200 个循环的液压自由活塞发动机的上止点位置与气门关闭时刻活塞速度变化趋势相吻合。由于发动机压缩比对燃烧放热率有直接的影响，因此气门关闭时刻的活塞速度可作为预测燃烧放热率的参数。但考虑到实际过程中活塞速度的获取来源于活塞位移的一次导数，为避免因求导引起的随机误差，本节不再将其作为燃烧放热模型的预测参数。

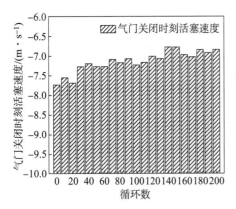

图 6.60　不同循环气门关闭时刻活塞速度

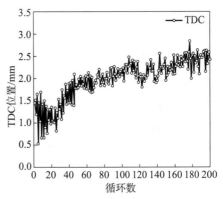

图 6.61　不同循环的上止点位置

综上对液压自由活塞发动机运行过程中影响燃烧放热率的主要参数分析可知，进气口开启时刻气缸压力、气口开启持续时间、气口关闭时刻缸内压力、气门完全关闭时刻缸内压力及喷油时刻缸内压力这五个参数可作为预测液压自由活塞发动机燃烧放热率的主要参数。

6.6　负载响应特性对燃烧过程的影响

由上述液压自由活塞发动机燃烧放热规律分析结果可知，上止点附近较大的容积变化率使得缸内压力和温度下降较快，不利于组织燃烧过程。由液压自由活塞发动机工作原理可知,泵腔压力在膨胀冲程中阻碍活塞向下止点运动,有利于降低缸内容积变化率。本节将对泵腔的液压负载响应特性对燃烧过程的影响进行分析研究,以期指导燃烧过程的优化。

液压自由活塞发动机泵腔的工作过程类似于柱塞式液压泵,泵腔内的压力与活塞的运动相关。在压缩冲程,活塞组件向上止点方向运动,泵腔容积随之变大,泵腔内压力降低,当压力低于低压端的油压时,在压差的作用下,低压端的液压油推开进油单向阀,进入到泵腔内,完成吸油过程。当活塞组件运动到上止点后,向下止点返回,泵腔容积随之变小,泵腔内的液压油受到压缩,压力升高,高于低压端压力,进油单向阀在回位弹簧的作用下关闭。当泵腔压力高于高压端压力时,泵腔内的液压油推开出油单向阀,向高压端输出液压油,完成排油过程。

图 6.62 为试验获得的活塞位移与泵腔压力曲线。在理想状态下,在活塞到达上止点开始膨胀冲程时,泵腔进油单向阀应迅速落座,泵腔压力随膨胀冲程迅速升高。试验结果显示,由于泵腔进油单向阀落座存在一定时间的滞后,泵腔压力在活塞越过上止点 Δt 时间后才开始建立,Δt 在试验中约为 4.8 ms。如图 6.63 所示,当泵腔压力建立的时候缸内燃烧过程已经结束,泵腔压力没有起到延缓活塞运动的作用,活塞在膨胀冲程上止点附近较大的运动速度使得容积变化率增大,缸内压力温度下降较快,这对液压自由活塞发动机增大循环喷油量提高输出功率是不利的。

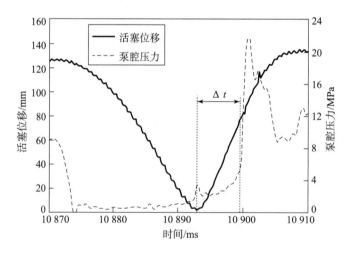

图 6.62 活塞位移与泵腔压力曲线

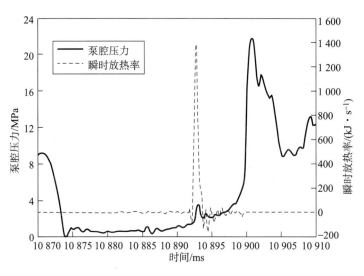

图 6.63 泵腔压力与瞬时放热率曲线

显然,要减小泵腔压力建立的滞后时间,最直接有效的方法是提高进油单向阀的响应速度。图 6.64 和图 6.65 为提高进油单向阀响应速度后的试验结果,从图中可知,当提高进油单向阀落座响应后,尽管泵腔压力建立的滞后时间 Δt 缩短为 2 ms,但仍无法起到延缓活塞运动,减小膨胀冲程上止点附近容积变化率的效果。

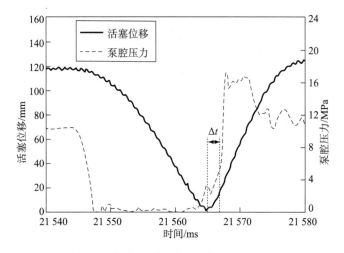

图 6.64 活塞位移与泵腔压力曲线(提高响应)

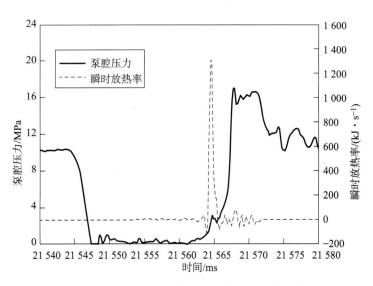

图 6.65　泵腔压力与瞬时放热率曲线（提高响应）

为了研究分析泵腔压力滞后对燃烧过程的影响，下面从活塞受力的角度进行分析。由液压自由活塞发动机活塞的受力分析可知，影响活塞运动规律的作用力来自缸内气体压力和液压端的液压力。在膨胀冲程中，阻碍活塞运动的液压力是压缩腔压力和泵腔压力，而加速活塞运动的是缸内气体压力和高压腔压力。以原理样机参数为基础，在膨胀过程中，当前工作状态下的气体压力产生的作用力最大值与其他作用力最大值的对比如表 6.5 所示，其中负号表示阻碍活塞膨胀过程加速的作用力。

表 6.5　上止点附近作用力最大值　　　　　　　　　　　　　N

作用力	气体压力	高压腔压力	泵腔压力	压缩腔压力
当前工作状态	68 544	3 060	−6 120	−6 600

从表 6.5 计算结果可知，当前工作状态下，膨胀冲程上止点附近阻碍活塞加速的泵腔液压作用力最大值占驱动力最大值的 8.5%。在当前试验中，尽管单向阀关闭的滞后时间缩短，但泵腔液压最大作用力与缸内气体最大压力所对应时刻相隔较大，即当上止点附近缸内气体压力达到最大值时，泵腔压力还未建立，压力值较小，因而对减小缸内容积变化率作用有限。当单向阀关闭的滞后时间进一步缩短时，泵腔液压最大作用力出现时刻将更靠近上止点，即泵腔液压最大作用力所对应时刻更靠近缸内气体最大压力对应时刻，将对延缓活塞运动和减小缸内容积变化率起到一定的作用。

第 7 章

液压自由活塞发动机液压阀组特性

7.1 液压阀组功能分析

液压自由活塞发动机作为特种二冲程发动机,其压缩冲程是由液压力完成的,而其膨胀冲程能量则以液压能方式输出,两个冲程的完成需要液压自由活塞发动机上的液压阀组与活塞运动相配合实现,因此液压自由活塞发动机液压阀组的工作特性直接决定了液压自由活塞发动机的整体特性。

7.1.1 液压自由活塞发动机液压阀组分析

在液压自由活塞发动机正常循环过程中,其 ECU 只负责控制系统的喷油、配气和工作频率,三者分别对应于系统原理图上三个高速电磁阀,而液压自由活塞发动机上对外输出功率的泵腔以及实现压缩过程的压缩腔完全处于一种"无控制"状态,两者完全依靠其"遗传"特性来保证其实现正常的功能,这显然无法满足液压自由活塞发动机精确高效工作的要求,有必要根据液压自由活塞发动机的特点对两腔特性进行匹配,保证其高效可靠的工作。

根据两液压腔的实际结构,其工作特性主要受制于两个因素:①液压自由活塞发动机活塞的运动规律,此因素决定了两液压腔的流量压力变化状态,即决定了它们的工作环境;②液压腔自身的结构特点,在泵腔主要指控制其进出油的单向阀即配流阀的结构特点,而在压缩腔则是指其压缩油路的布置、起补油回油作用的单向阀和频率控制阀。只有两者自身的结构特点与其所处的工作环境相适应,才能达到最佳配合效果。

泵腔工作特性对液压自由活塞发动机的影响主要表现在系统的容积效率也即泵腔的容积效率上,配流阀启闭时刻与液压自由活塞发动机活塞运动位置不配合将可能造成容积效率偏低,此种影响在阀配流液压泵上也有所表现。要体现液压自由活塞发动机节能优势,除了提高其内燃机模块的燃烧效率外,保证泵腔容积效率处于较高水平也是不可或缺的,只有这样才能体现液压自由活塞发动机集成式设计的优势。

两液压腔工作特性共同作用对液压自由活塞发动机的负面影响则表现在液压自由活塞发动机活塞在下止点附近的运动形式上,如图7.1所示。在图7.1中,从时间t_1到t_2,活塞的运动距离$x_{P1}-x_{P2}$的长短主要由两液压腔处于高压状态的时间长短以及高压腔压力决定。液压腔的高压状态作用表现为从时间t_1到t_2段中前半段的活塞加速状态,加速段时间除了受其死区容积和油液体积弹性模量影响外,在液压自由活塞发动机上还与泵腔排油阀和压缩腔回油阀的关阀滞后时间有关;高压腔压力作用则表现为从时间t_1到t_2段中后半段的活塞减速过程,减速段时间与活塞加速段末期速度和高压腔压力大小有关。

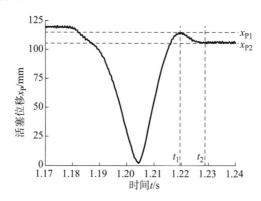

图7.1　液压自由活塞发动机活塞在下止点的运动状态

之所以要控制活塞运动距离$x_{P1}-x_{P2}$的长短,主要是基于液压自由活塞发动机工作频率控制的需要。由于液压自由活塞发动机结构的限制,若$x_{P1}-x_{P2}$过长,将部分封闭动力腔进气口而影响下一个循环,甚至可能造成液压自由活塞发动机工作频率不可控,因此对活塞该段运动距离的限制是必要的。

7.1.2　液压自由活塞发动机液压阀组工作过程分析

1. 液压自由活塞发动机配流阀工作过程分析

液压自由活塞发动机配流阀主要完成泵腔吸油和排油工作,如图7.2所示,配流阀均为锥阀,以利用其导向准确、密封性好、通流能力强等特点,吸油阀和排油阀采用了外流式结构。

根据液压自由活塞发动机活塞循环过程,其配流阀工作过程如下:

(1) 吸油过程——当频率控制阀开启,压缩腔压力开始升高并推动活塞向上止点运动,受泵腔体积增大的影响,泵腔压力将逐渐降低,由于吸

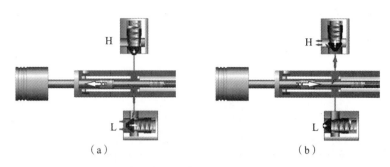

图 7.2 液压自由活塞发动机配流阀工作过程
(a) 吸油过程；(b) 排油过程

油阀回位弹簧预紧力和泵腔压力的作用，吸油阀没有随活塞运动而立即开启，此时便产生了吸油阀开启滞后，伴随着活塞运动，当泵腔压力降低到不足以维持吸油阀继续关闭时，阀芯开启泵腔开始吸油，如图 7.2 (a) 所示。

(2) 排油过程——活塞运动到上止点时，泵腔的容积将开始减小，即吸油过程结束但排油过程没有开始，因为吸油阀阀芯不会在活塞运动到上止点时立即关闭，而有一定的延迟，此段延迟将影响泵腔容积效率，吸油阀阀芯关闭时排油才真正开始，如图 7.2 (b) 所示，当活塞运动到下止点时，排油阀阀芯也同样存在关闭滞后问题，其除了降低泵腔容积效率外还将影响液压自由活塞发动机工作频率控制的可靠性。

根据上述对液压自由活塞发动机配流阀工作过程分析可知，液压自由活塞发动机配流阀与活塞运动的配合问题不但改变液压自由活塞发动机的流量输出特性，还将对系统的正常工作产生影响。保证液压自由活塞发动机对外输出的高效性以及其循环过程的可靠性和可控性是体现其潜在节能优势的基础，因此有必要对其泵腔以及相应的配流阀工作特性进行研究，以期得到适合液压自由活塞发动机要求的配流阀特性，满足液压自由活塞发动机高效可靠工作的需要。

2. 液压自由活塞发动机补油回油阀工作过程分析

液压自由活塞发动机补油回油阀指与压缩腔连通的单向阀，如图 7.3 所示，其中回油阀还与压缩蓄能器连通，而补油阀则还与低压油路连通。回油阀采用外流式结构，而补油阀则是反向外流式结构。

根据液压自由活塞发动机的循环过程，其补油回油阀工作过程如下：

(1) 回油过程——在活塞运行在膨胀冲程时，压缩腔压力油将返回到压缩蓄能器，在压缩蓄能器与压缩腔的直接连通口关闭之前，油液通过该口回到压缩蓄能器，回油阀不起回油作用且处于关闭状态，当压缩活塞将

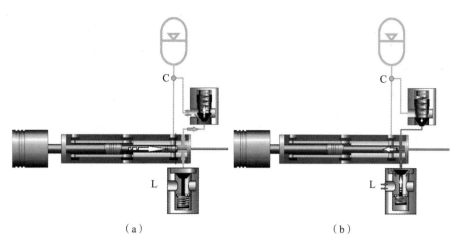

图 7.3 液压自由活塞发动机补油回油阀工作过程
(a) 回油过程；(b) 补油过程

压缩蓄能器与压缩腔的直接连通口关闭后，活塞还将继续向右运动，此时压缩腔油液压力将升高，随即开启回油阀，如图 7.3（a）所示，油液通过回油阀回到压缩蓄能器。由于活塞将压缩蓄能器与压缩腔的直接连通口关闭后运动距离很短，所以回油阀实际工作时间只占循环总时间约 15%，但其所起作用则是实现液压自由活塞发动机工作频率控制的关键。

（2）补油过程——补油阀主要是起防止压缩腔产生气穴的作用，即当活塞达到理论下止点反弹时，压缩腔压力降低到一定值，补油阀将开启并对压缩腔油液进行补充，如图 7.3（b）所示。

根据以上对补油回油阀工作过程的分析可知，两阀都会对压缩腔的压力状态产生影响，进而影响到液压自由活塞发动机的工作频率控制，该影响结果及其控制将通过对下止点稳态精度的研究来得到。

7.2 系统配流阀工作特性

控制配流阀的相位差的一个重要手段是控制驱动压力频率，为此有必要对液压自由活塞发动机配流阀阀芯位移的时间响应进行研究，分析影响驱动压力频率的主要因素，掌握配流阀阀芯在液压自由活塞发动机循环过程中的运动状态，指导液压自由活塞发动机配流阀的参数确定。

7.2.1 配流阀数学模型研究

实际配流阀开启运动过程存在两种情况：①阀芯在开启运动过程中没

有与阀芯限位装置发生任何接触,阀芯在驱动压力作用下受迫振动;②阀芯在开启运动过程中与阀芯限位装置发生了碰撞并产生反弹,显然此种情形下阀芯运动状态将更复杂。配流阀在关闭过程中,阀芯必然与阀座发生碰撞并存在反弹,即阀芯关闭要经历一个类似衰减振动的时间历程。鉴于实际配流阀阀芯运动过程的复杂性,其数学模型将考虑以上因素的影响,并通过与液压自由活塞发动机耦合仿真模型联调来研究配流阀阀芯位移时间响应。

假设阀芯为刚体,模型将阀芯与限位装置以及阀座之间的碰撞作用简化为阀芯与弹簧阻尼系统相互作用,如图 7.4 所示。根据图 7.4,配流阀的阀芯运动方程可以表示为:

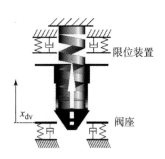

图 7.4 配流阀阀芯运动模型

$$\begin{cases} m_{dv}\ddot{x}_{dv} + (c_{dvf} + c_{dvlf})\dot{x}_{dv} + F_{dvfl} + K_{dv}(x_{dvK} + x_{dv}) + \\ \quad K_{dvl}(x_{dv} - x_{dvmax}) - (p_{dvi} - p_{dvo})A_{dv} = 0 \ (x_{dv} \geq x_{dvmax}) \\ m_{dv}\ddot{x}_{dv} + c_{dvf}\dot{x}_{dv} + F_{dvfl} + K_{dv}(x_{dvK} + x_{dv}) - \\ \quad (p_{dvi} - p_{dvo})A_{dv} = 0 \ (0 < x_{dv} < x_{dvmax}) \\ m_{dv}\ddot{x}_{dv} + (c_{dvf} + c_{dvsf})\dot{x}_{dv} + F_{dvfl} + K_{dv}(x_{dvK} + x_{dv}) + \\ \quad K_{dvs}x_{dv} - (p_{dvi} - p_{dvo})A_{dv} = 0 \ (x_{dv} \leq 0) \end{cases} \quad (7.1)$$

式中,c_{dvlf} 为限位装置等效阻尼系数;K_{dvl} 为限位装置等效刚度;x_{dvmax} 为限位装置位置坐标;c_{dvsf} 为阀座等效阻尼系数;K_{dvs} 为阀座等效刚度;m_{dv} 为阀芯质量;x_{dv} 为阀芯位移;c_{dvf} 为阀芯阻尼系数;F_{dvfl} 为液动力;K_{dv} 为弹簧刚度;x_{dvK} 为弹簧预压缩量;p_{dvi} 为入口压力;p_{dvo} 为出口压力;A_{dv} 为阀芯截面积。

配流阀压力 - 流量方程为:

$$q_{dv} = c_{dv}\pi x_V \sin\beta (d_{dv} - x_{dv}\sin\beta\cos\beta) \sqrt{\frac{2(p_{dvi} - p_{dvo})}{\rho_{dv}}} \quad (7.2)$$

式中,q_{dv} 为配流阀阀口流量;x_V 为阀芯位移;β 为阀芯锥角;d_{dv} 为阀口直径;ρ_{dv} 为流经阀的油液密度。

配流阀的流量连续性方程可以表示为:

$$q_{dvi} = q_{dv} + A_{dv}\dot{x}_{dv} + \frac{V_{dv}}{B_{dv}}\frac{dp_{dvi}}{dt} \quad (7.3)$$

式中,q_{dvi} 为泵腔向配流阀的供油流量;V_{dv} 为阀口前端的容积;B_{dv} 为油液体积弹性模量。

7.2.2 阀芯位移测试系统

阀芯位移测试系统的主要目的是要在尽量不影响阀芯时间响应特征的前提下得到其位移时间响应结果，验证前文对液压自由活塞发动机阀芯位移时间响应描述，指导液压自由活塞发动机配流阀的匹配工作。

阀芯位移测试系统主体部分如图 7.5 所示，位移测试只在排油阀上进行。测试系统基本原理是将阀芯位移的直接测量转化为间接测量回位弹簧的变形，将测试装置对系统的影响降到最低值。位移采用电涡流位移传感器测量，探头直径为 10 mm，量程为 0~4 mm。阀芯实际位移与传感器输出电压 V_{sensor} 之间的对应关系如图 7.6 所示。

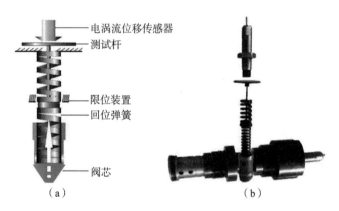

图 7.5 阀芯位移测试系统
(a) 原理图；(b) 实物图

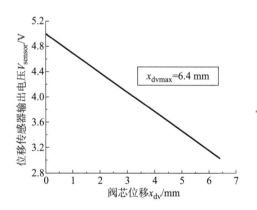

图 7.6 阀芯位移实际值与测量值之间的关系

7.2.3 配流阀阀芯位移时间响应结果及其分析

配流阀阀芯位移时间响应分析主要基于联调仿真与试验结果，包括限位装置起作用和限位装置不起作用两种情形。

1. 限位装置不起作用下的阀芯位移时间响应

在阀芯限位装置不起作用时，只存在阀芯与阀座的相互碰撞，对应的仿真结果如图 7.7 所示。

从图 7.7 可知，在限位装置不起作用时，配流阀动作过程中所对应的活塞位移滞后量在吸油阀开启时最小而排油阀开始时最大，两阀关闭过程中的滞后量处于中游。排油阀开启过程中的前半部分滞后量是由于吸油阀关闭滞后造成的。排油阀的最大开度较吸油阀大很多，此现象主要是由于活塞在膨胀冲程运动速度较大同时排油阀通径较吸油阀小的缘故。当阀芯开度大到一定值时，通流面积也将达到最大值并且不发生变化。

配流阀排油阀阀芯位移和落座速度与时间的关系如图 7.8 所示。从图中可知，阀芯回位且在与阀座接触之前拥有一定的速度，与阀座发生接触后将以较接触前稍小的速度发生反弹，后将再次与阀座碰撞，此过程将循环多次直到阀芯完全静止在阀座上，以上从阀芯初次与阀座接触直到静止的阀芯时间响应过程称为阀芯落座过程。

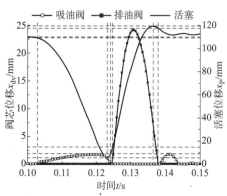

图 7.7 配流阀阀芯位移
不限位仿真结果

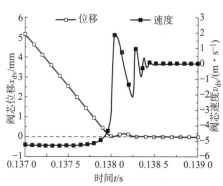

图 7.8 配流阀排油阀阀芯位移和
落座速度随时间的变化关系

阀芯落座过程的最大位移、持续时间与阀芯落座过程初始速度、阀芯和阀座的材料性质等因素有关。阀芯和阀座材料性质决定反弹速度的大小，描述反弹速度与初始速度关系的系数称为弹性恢复系数，该系数在钢对钢时约为 0.56，钢对橡胶时约为 0.2，合理选择阀芯与阀座材料可以缩短落座过程持续时间。根据耦合模型仿真结果，液压自由活塞发动机阀芯落座过程的初始速度主要与阀口压差有关，压差越小，初始速度越小。液压自由活塞发动机配流阀的阀口压差主要由配流阀通径和回位弹簧刚度决定，通径越大，刚度越小，压差越小，即初始速度越小。

如前所述，阀口通径和阀芯运动速度越大，阀芯运动引起容积变化量占泵腔容积变化量的比重越大，尤其在膨胀冲程末期，即使活塞位移已经到达下止点且开始反弹时，泵腔容积可能由于阀芯关闭动作其值仍然在减小，从而改变了驱动压力的频率，并将可能延长排油阀关闭过程的滞后量，如图 7.9 所示。大通径排油阀意味着较小的阀芯运动速度和阀芯开度，而小通径则意味着较大的阀芯运动速度和阀芯开度，由于液压自由活塞发动机活塞运动过程基本恒定，合理选择排油阀的通径可以将阀芯运动对泵腔容积的影响降到最低值，也即阀芯运动不影响驱动压力的频率。

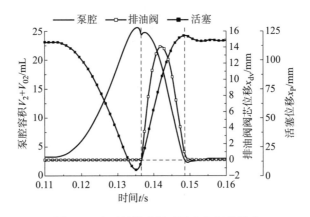

图 7.9　大通径排油阀对泵腔容积的影响

2. 限位装置起作用下的阀芯位移时间响应

阀芯限位装置起作用指阀芯位移最大值比限位装置位置值大，此种情况下阀芯运动受到了限位装置的限制即存在阀芯与限位装置之间的相互作用，此种情况一般只在排油阀上产生，对应的仿真结果如图 7.10 所示。

从图 7.10 可知，在限位装置起作用时，配流阀阀芯最大开度被限制在约 7 mm。由于吸油阀开度较小，阀芯运动过程中不会受到限位装置的影响，整个运动过程与上节结果基本一致。排油阀开启初期也不受到限位装置的影响，其滞后量与上节分析结果一致。排油阀初始开度达到一定值时，阀芯与限位装置发生碰撞并反弹，由于液压自由活塞发动机膨胀冲程没有结束，因此排油阀开度将二次增大，并可能再次与限位装置发生碰撞。显然，阀芯此种运动轨迹将对配流阀驱动压力的频率产生干扰。

排油阀阀芯受限位装置影响后阀芯位移和速度与时间的关系如图 7.11 所示。排油阀阀芯与限位装置碰撞后将以较小的速度反弹，若不再与限位装置接触，其将按类似图 7.7 后半段阀芯运动轨迹继续运动直到排油阀关闭。排油阀落座过程与上节结果一致。从阀芯开启到阀芯与限位装置碰撞后反弹至开度最小值的过程称为阀芯开启过程。

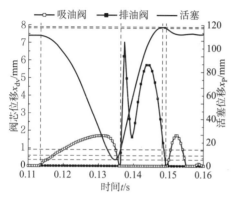

图 7.10 配流阀阀芯位移限位仿真结果

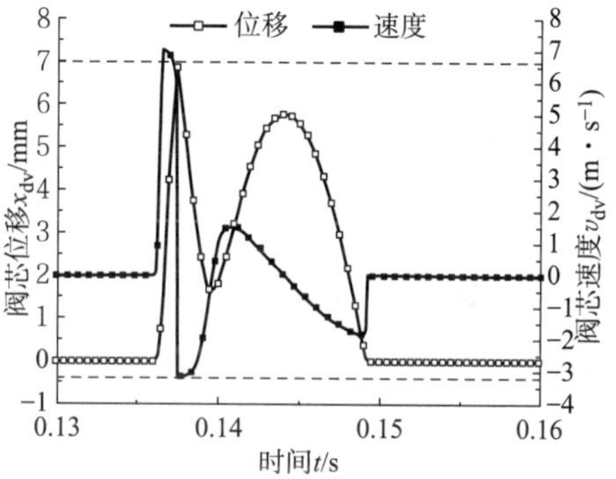

图 7.11 排油阀阀芯位移和速度随时间的变化关系

阀芯开启过程中的最大速度基本出现在阀芯与限位装置接触的初始时刻，该过程中的阀芯开度极值则为限位装置位置值和阀芯反弹位移最小值。阀芯开启过程的最大速度主要受压差影响，压差越小，则最大速度越小。通过增大配流阀通径和减小回位弹簧刚度的方法可以降低最大速度值，该值的减小将使阀芯反弹位移最小值增大，此举可减小阀芯运动轨迹对泵腔驱动压力的影响。当通径达到一定值时，阀芯开度不足以达到限位位置，阀芯位移时间响应与上节一致。

3. 阀芯位移时间响应测试结果

一个循环的阀芯位移时间响应试验测试结果如图 7.12 所示。在测试过程中，由于测试杆结构的特殊性，造成位移测试结果平衡位置与其静态测试平衡位置发生了微小的偏差。

从图 7.6 和图 7.12 可知，排油阀阀芯在开启瞬间位移达到最

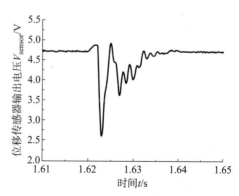

图 7.12 排油阀阀芯位移测试结果

大值,而后则保持在较小的开度,与阀芯限位装置起作用时的仿真结果基本一致。测试结果在小开度位置时振动较大的主要原因是高压腔压力在循环过程中波动较大。

7.2.4 配流阀对液压自由活塞发动机泵腔效率的影响

本节主要研究配流阀特性对泵腔效率的影响,泵腔效率分析分别包括机械效率分析和容积效率分析。

配流阀对泵腔机械效率的影响主要表现在阀口节流损失上。显然,配流阀阀口通径和阀芯开度越大,节流损失越小,其中阀芯开度主要由回位弹簧刚度及其预紧力决定,因此通径越大、刚度和预紧力越小,节流损失越小。

配流阀对泵腔容积效率的影响主要表现在阀芯动作相对于活塞位移的相位差上,包括阀芯开启和关闭两个过程。消除阀芯开启过程对容积效率的影响主要是避免泵腔在压缩冲程出现气穴,即要保证泵腔充分进油。一般情况下,配流阀开启过程对液压自由活塞发动机泵腔容积效率的影响不明显。

阀芯关闭过程的相位差是影响容积效率的主要因素,液压自由活塞发动机循环过程中的泵腔配流阀流量变化关系如图7.13所示,泵腔进油流量为正。

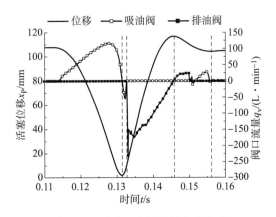

图 7.13 泵腔配流阀流量变化关系

从图 7.13 可知,吸油阀关闭相位差将使活塞膨胀冲程前期泵腔油液排往了低压油路,而排油阀关闭相位差则使活塞膨胀冲程末期高压回路油液倒灌进泵腔,两种情形都将减小泵腔容积效率,液压自由活塞发动机一个循环过程中泵腔所排出的有效高压油只存在于吸油阀关闭后到活塞运动理论下止点位移段内。根据上述分析，减小配流阀关闭相位差是提高泵腔容积效率的可靠手段。

7.3 系统频率控制阀工作特性

液压自由活塞发动机可控性高是其几大优势之一，而液压自由活塞发动机工作频率可控则是其可控性高的重要体现。通过控制工作频率，液压自由活塞发动机可以实现从零到满功率输出，同时与传统内燃机相比，液压自由活塞发动机零输出时不存在维持发动机基本转速的怠速工况，即液压自由活塞发动机油耗与其有效输出功率基本成正比关系，同时根据上节的分析，液压自由活塞发动机的有效输出功率又与其工作频率基本成正比关系，因此根据负荷大小实现对液压自由活塞发动机工作频率的精确控制是液压自由活塞发动机高效运转的关键环节之一。

7.3.1 基本结构与工作原理

1. 基本结构

液压自由活塞发动机频率控制阀为三级阀，如图 7.14 所示，其由主阀 A、次阀 B 和先导阀 C 构成，其中阀 A 和阀 B 是插装式锥阀，阀 C 是两位三通高速电磁阀，额定流量小但响应快。主阀和次阀采用锥阀主要是利用其密封性好、过流能力强和抗污染能力强的特点。主阀在出油过程采用内流式以保证足够的阀芯开度，而其回油过程采用外流式以保证工作稳定性，实现阀芯的可靠落座；次阀采用稳定性好的外流式设计。

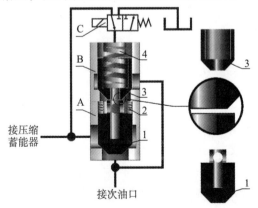

图 7.14 液压自由活塞发动机频率控制阀基本结构
1—主阀芯；2—主阀芯回位弹簧；3—次阀芯；
4—次阀芯回位弹簧；A—主阀；B—次阀；C—先导阀

在液压自由活塞发动机上,频率控制阀主阀两油口分别与压缩蓄能器和次油口连通,主阀芯在两油口都有一定的承压面积,其与次阀芯之间具有一定的微小间隙;次阀两油口分别与主阀背压容腔和主阀出油口连通,次阀背压容腔与主阀背压容腔连通;高速电磁阀用来控制主阀和次阀的背压。频率控制阀的基本原理是利用高速电磁阀直接控制主阀芯,而后利用主阀芯动作来控制次阀芯的运动,最终实现主阀的高速开关工作状态,同时利用主阀的大通径满足对通流能力的要求。

2. 工作原理

液压自由活塞发动机频率控制阀的工作原理如图 7.15 所示,其动作过程要与液压自由活塞发动机循环过程相配合,包括开启过程和关闭过程,以下将对其具体动作过程进行分析。

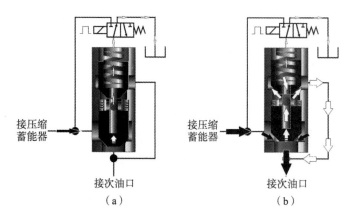

图 7.15 液压自由活塞发动机频率控制阀开启过程工作原理
(a) 第一阶段;(b) 第二阶段

首先在初始状态下,压缩腔中为低压油,压缩蓄能器存储着一定量的液压油,液压自由活塞发动机的压缩压力一般为 15 MPa,先导阀处于图 7.14 状态,根据频率控制阀的结构可知,此时主阀和次阀都将处于关闭状态。频率控制阀接到开阀信号时,其具体开启动作过程可以分为两个阶段:

(1) 开启过程第一阶段——如图 7.15 (a) 所示,当先导阀换位时,主阀和次阀的背压腔压力油将通过先导阀泄压,虽然先导阀额定流量非常小,但随着背压腔压力减小到某设定值,主阀芯仍可以在压缩蓄能器液压压力作用下缓慢开启,同时压缩蓄能器压力油开始进入压缩腔并使其压力逐渐增大,当压力升高到足以克服活塞所受到运动阻力时,活塞开始缓慢向上止点运动,压缩冲程开始。此阶段主阀芯开度较小。

(2) 开启过程第二阶段——如图 7.15 (b) 所示,当主阀芯运动到与次阀芯相接触时，依靠液压压力产生的巨大作用力，主阀芯将继续运动并顶开次阀芯，此时主阀和次阀的背压腔压力油将迅速通过次阀油口迅速泄到压缩腔，主阀芯将继续开启，压缩蓄能器压力油将以更大流量进入压缩腔，并推动活塞继续加速运动直到打开压缩蓄能器与压缩腔直接连通的主油口，当主阀芯达到最大开度时，频率控制阀则完成了开启过程的第二阶段。

从频率控制阀的开启动作过程分析结果可知，主阀芯的开启完全由阀芯受的压力差决定，而该压力差首先是依靠先导阀来实现且响应较慢、开度较小，随后次阀芯的开启起到迅速增大压力差的效果，从而实现频率控制阀的高速开启和大开度，而次阀芯的开启又是主阀芯运动直接造成的。

根据以上分析，频率控制阀开启过程的第一阶段完成对活塞低速段的加速工作，此段距离较短；而开启过程的第二阶段则完成对活塞中速段的加速工作，此段效果直接由频率控制阀性能决定，并将对整个压缩冲程产生重要影响。

在压缩冲程末期，由于压缩腔压力和压缩蓄能器压力基本一致，根据频率控制阀结构，阀芯开度将减小并趋于平衡。进入膨胀冲程后，频率控制阀的油液流动状态如图 7.16（a）所示，此时由于主阀芯稳态液动力使阀芯趋于关闭，因此阀芯开度将继续减小并最终维持一种小开度平衡状态。当高速电磁阀切换到初始状态时，如图 7.16（b）所示，由于压缩腔压力仍然比压缩蓄能器略高，主阀芯无法完全关闭，直到进入膨胀冲程末期，压缩腔与压缩蓄能器压差几乎消失，最后次阀芯将依靠回位弹簧逐渐关闭，此后主阀芯则依靠压差和回位弹簧产生的力关闭且不会自动开启。在图 7.15 中，先导阀油路与主阀油路使用同一压力源，阀芯关闭过程与上述分析结果一致。在液压自由活塞发动机上，若先导阀油路使用高压油路压力油源，由于液压自由活塞发动机高压油路压力较压缩油路高，因此阀芯关闭将是回位弹簧和油液压力差双重作用的结果，此种连接方式必将使频率控制阀关阀速度加快但开阀延迟时间增加。

根据以上分析，按先导阀压力产生形式，频率控制阀在液压自由活塞发动机上有两种连接形式：①先导阀压力与压缩蓄能器压力相等，此种情形压力差是利用活塞运动产生流量压力变化得到的，此连接形式称为共压连接方式；②先导阀压力和高压油路压力相等，直接利用高压油路与压缩油路之间的压力差控制频率控制阀工作，此连接形式称为差动连接方式。共压连接开阀延迟时间较短而差动连接关阀速度较快。

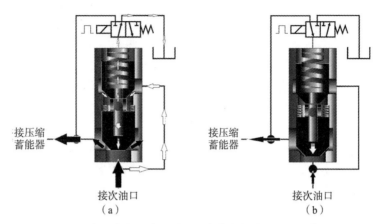

图 7.16 液压自由活塞发动机频率控制阀关闭过程工作原理
(a) 第一阶段;(b) 第二阶段

7.3.2 数学模型

为了更好地掌握频率控制阀的动态特性并指导设计,根据其基本结构建立相应的频率控制阀数学模型,其动力学分析如图 7.17 所示。

根据图 7.17,将频率控制阀关闭时的阀芯初始位置设为坐标系原点且规定开启方向为正方向,主阀芯和次阀芯的运动方程可以表示为:

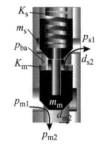

图 7.17 液压自由活塞发动机频率控制阀动力学分析

$$\begin{cases} m_m \ddot{x}_m + c_{fm} \dot{x}_m \pm F_{flm} + F_{Km} - p_{m1} S_{m1} - p_{m2} S_{m2} + p_{ba} S_{m3} - F_{ca} = 0 \\ m_s \ddot{x}_s + c_{fs} \dot{x}_s \pm F_{fls} + F_{Ks} - p_{s1} S_{s1} - p_{ba} S_{s2} + p_{ba} S_{s3} + F_{ca} = 0 \end{cases} \quad (7.4)$$

$$\begin{cases} F_{Km} = K_m(x_m + x_{m0}) \\ F_{Ks} = K_s(x_s + x_{s0}) \end{cases} \quad (7.5)$$

式中,m_m 和 m_s 分别为主阀芯和次阀芯质量,忽略弹簧质量的影响;x_m 和 x_s 分别为主阀芯和次阀芯位移;c_{fm} 和 c_{fs} 分别为主阀芯和次阀芯运动的黏性阻尼系数;F_{flm} 和 F_{fls} 分别为主阀芯和次阀芯受到的液动力且只考虑稳态液动力,正负号根据液动力的作用效果确定;F_{Km} 和 F_{Ks} 分别为作用在主阀芯和次阀芯上的弹簧力,弹簧刚度分别为 K_m 和 K_s,预压缩量分别为 x_{m0} 和 x_{s0};p_{m1} 和 p_{s1}、S_{m1} 和 S_{s1} 分别为主阀和次阀进油口压力及其相应阀芯的作用面积,进出油口根据锥阀工作于内流式时的油液流动状态确定,其中 S_{s1} 一般为 0;p_{m2} 和 S_{m2} 分别为主阀出油口压力和阀芯相应的作用面积;p_{ba} 为主阀和次阀的背压腔压力;S_{s2} 为次阀出油口阀芯作用面积,根据频率控制阀结构可知其作用压力为背压 p_{ba};S_{m3} 和 S_{s3} 分别为主阀和次阀的背压在阀芯上的作用面积;F_{ca} 为两阀芯的相互作用力。下标 m 和 s 代表主阀和次阀参数。

主阀和次阀阀口流量 q_m 和 q_s 计算公式为:

$$q_m = C_m A(x_m) \sqrt{\frac{2|\Delta p_{Om}|}{\rho_{00}}} \tag{7.6}$$

$$q_s = C_s A(x_s) \sqrt{\frac{2|\Delta p_{Os}|}{\rho_{00}}} \tag{7.7}$$

式中,C_m 和 C_s 为阀口流量系数;Δp_{Om} 和 Δp_{Os} 为阀口压降;ρ_{00} 为油液密度且为常数。主阀和次阀阀口通流面积 $A(x_m)$ 和 $A(x_s)$ 通过下式计算:

$$A(x_m) = \pi x_m \sin\beta_m \left(d_{m2} - \frac{x_m}{2}\sin 2\beta_m\right) \tag{7.8}$$

$$A(x_s) = \pi x_s \sin\beta_s \left(d_{s2} - \frac{x_s}{2}\sin 2\beta_s\right) \tag{7.9}$$

式中,d_{m2} 和 d_{s2} 为阀口通径;β_m 和 β_s 为阀芯半锥角。

对主阀芯与次阀芯的相互作用进行简化,简化模型如图 7.18 所示,阀芯之间的间隙用 x_{gap} 表示,其值用以下关系式计算:

$$x_{gap} = x_{gap0} - (x_m - x_s) \tag{7.10}$$

式中,x_{gap0} 为阀芯初始间隙。于是阀芯之间的相互作用力可以表示为:

$$F_{ca} = \begin{cases} k_{ms} x_{gap} + c_{ms} \dot{x}_{gap}, & x_{gap} < 0 \\ 0, & x_{gap} \geqslant 0 \end{cases} \tag{7.11}$$

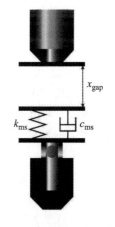

图 7.18 阀芯相互作用模型

式中,k_{ms} 为阀芯接触等效刚度;c_{ms} 为阀芯接触等效阻尼系数。

将先导阀阀芯运动系统简化为二阶系统,其传递函数可以表示为:

$$G_{HSV}(s) = \frac{k_{HSV} \omega_{HSV}^2}{\omega_{HSV}^2 + 2\zeta_{HSV} \omega_{HSV} s + s^2} \tag{7.12}$$

式中,k_{HSV} 为系统增益;ω_{HSV} 为系统固有频率;ζ_{HSV} 为系统阻尼系数。高速电磁阀换向时间约为 5 ms。先导阀流量 q_{HSV} 仍根据式(7.6)计算,式(7.6)除了压降外其余均取值为常数,通流面积根据其额定压降下的额定流量反推得到,根据以上方法得到的先导阀流量 q_{HSV} 与其阀口压降 Δp_{HSV} 之间的关系与试验的对比如图 7.19 所示。

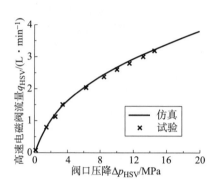

图 7.19　高速电磁阀压力流量特性

频率控制阀的背压腔压力计算只考虑主阀芯运动的影响，于是背压腔压力变化可以表示为：

$$\frac{\mathrm{d}p_{ba}}{\mathrm{d}t} = \frac{B_{Oba}q_{ba}}{V_{ba0} - S_{m3}x_m} \quad (7.13)$$

式中，B_{Oba} 为背压腔液压油体积弹性模量；V_{ba0} 为背压腔初始容积；q_{ba} 为进出背压腔的流量，采用下式计算：

$$q_{ba} = -q_{HSV} \pm q_s + S_{m3}\dot{x}_m \quad (7.14)$$

式中，q_s 的符号根据油液的流动方向确定，进入背压腔取正号。

从式（7.13）和式（7.14）可知，在主阀芯开启后与次阀芯开启之前的时间段里，有可能存在 q_{ba} 等于甚至大于零的情形，即背压腔压力不减小或者增大，由于先导阀始终在泄压，最终结果是背压腔压力在该时间段将振荡下行而主阀芯速度也将在某一平衡位置振荡。由于在打开次阀芯之前主阀芯开度很小，振荡的发生会延长主阀芯维持该小开度的时间，降低频率控制阀的整体响应速度。

7.3.3　动态压力特性测试系统

频率控制阀试验件采用两个型号为 LC16A 的插装阀组合而成，其中一个阀芯中部开孔贯通，如图 7.20 所示。

主阀芯和次阀芯的具体工作参数为：

$m_m \approx m_s \approx 0.08$ kg；$S_{m1} = S_{s1} = 0.73$ cm²；$S_{m2} = S_{s2} = 1.54$

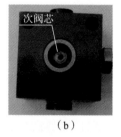

图 7.20　频率控制阀试验件组件
（a）主阀；（b）次阀

cm^2; $S_{m3} = S_{s3} = 2.27 \ cm^2$; $x_{gap0} \approx 0.3 \ mm$。

对于液压自由活塞发动机频率控制阀的工作特性，当在结构上保证其拥有足够通流能力时，其开关动作响应时间则是最能反映其工作能力的因素，而阀芯位移可以直观得到其动作响应时间。由于阀结构以及位移传感器安装条件的限制，直接测量阀芯位移比较困难，本节将采用测量背压腔和主阀进出油口压力的方法，根据压力变化的转折点来判断阀芯的动作状态，压力变化的转折点与阀芯开启瞬间及其关闭瞬间有一一对应关系。频率控制阀动态压力测试系统原理如图 7.21 所示，压力传感器型号为 HDA4x4x，高速数据采集系统为 PIX1020。测试系统实物图如图 7.22 所示，连接形式为差动连接。

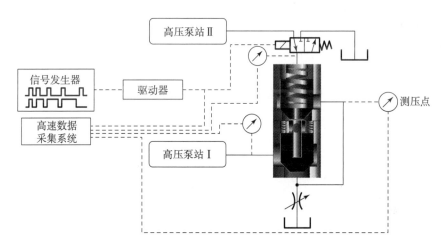

图 7.21　频率控制阀动态压力测试系统原理

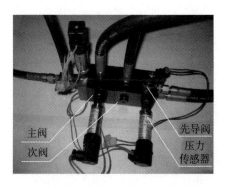

图 7.22　频率控制阀动态压力测试系统实物图

测试系统利用信号发生器产生不同频率和占空比的控制信号，信号经过驱动器后控制高速电磁阀动作。根据液压自由活塞发动机循环过程的特点，在频率控制阀出口处增加了阻尼装置，使整个油路能够保持住一定压力，更好地模拟液压自由活塞发动机压缩冲程的起始段。频率控制阀阀芯实际动作过程将根据测量得到的背压腔和主阀进出油口压力并通过与仿真结果对比的分析得到。

7.4 液压自由活塞发动机频率控制阀工作特性研究

7.4.1 阀芯工作稳定性分析

工作稳定性分析将视主阀芯和次阀芯为一个整体，整体阀芯的运动方程为：

$$m_{FCV}\ddot{x}_s + c_{fFCV}\dot{x}_s + F_{flm} + F_{fls} + F_{Km} + F_{Ks} - p_{m1}S_{m1} - p_{m2}(S_{m2} + S_{s1}) + p_{ba}(S_{m3} - S_{s2} + S_{s3}) = 0 \quad (7.15)$$

式中，m_{FCV} 和 c_{fFCV} 分别为阀芯整体质量和整体阻尼系数：

$$m_{FCV} = m_m + m_s$$
$$c_{fFCV} = c_{fm} + c_{fs}$$
$$F_{flm} = \pi C_m^2 d_{m2} \Delta p_m x_m \sin 2\beta_m$$
$$F_{fls} = \pi C_s^2 d_{s2} \Delta p_s x_s \sin 2\beta_s$$

式中，Δp_m 为主阀芯油口压差，$\Delta p_m = p_{m2} - p_{m1}$；$\Delta p_s$ 为次阀芯油口压差，$\Delta p_s = p_{ba} - p_{s1}$。

式（7.15）可简化为：

$$m_{FCV}\ddot{x}_s + c_{fFCV}\dot{x}_s + K_{FCV}x_s = p_{m1}S_{m1} - p_{ba}(S_{m3} - S_{s2} + S_{s3}) + \pi C_m^2 d_{m2} x_{gap0} p_{m1} \sin 2\beta_m - K_m x_{gap0} \quad (7.16)$$

式中，

$$K_{FCV} = \pi C_m^2 d_{m2} \Delta p_m \sin 2\beta_m + \pi C_s^2 d_{s2} \Delta p_s \sin 2\beta_s + K_m + K_s \quad (7.17)$$

频率控制阀阀芯运动系统传递函数为：

$$G_{FCV}(s) = \frac{\frac{1}{K_{FCV}}}{\frac{m_{FCV}}{K_{FCV}}s^2 + \frac{c_{fFCV}}{K_{FCV}}s + 1} \quad (7.18)$$

于是可以得到阀芯运动特征方程为

$$\frac{m_{FCV}}{K_{FCV}}s^2 + \frac{c_{fFCV}}{K_{FCV}}s + 1 = 0 \quad (7.19)$$

式（7.19）的根可以表示为：

$$s_{1,2} = \frac{-\dfrac{c_{fFCV}}{K_{FCV}} \pm \sqrt{\left(\dfrac{c_{fFCV}}{K_{FCV}}\right)^2 - 4\dfrac{m_{FCV}}{K_{FCV}}}}{2\dfrac{m_{FCV}}{K_{FCV}}} \quad (7.20)$$

显然系统的稳定完全由 $\sqrt{(c_{fFCV}/K_{FCV})^2 - 4m_{FCV}/K_{FCV}}$ 与 c_{fFCV}/K_{FCV} 的大小关系决定,即只需通过 K_{FCV} 的正负来判断系统是否稳定。当 $K_{FCV} > 0$ 时,系统是稳定的;当 $K_{FCV} = 0$ 时,系统临界稳定;当 $K_{FCV} < 0$ 时,系统不稳定。

根据液压自由活塞发动机特点,频率控制阀有两种工作状态:①压缩冲程——频率控制阀处于初始开启阶段,此时有 $\Delta p_m \approx -p_{m1}$ 和 $\Delta p_s \approx p_{ba} \approx p_{m1}$,根据式(7.17),系统有可能不稳定。②膨胀冲程——频率控制阀进入关闭阶段,此时有 $\Delta p_m > 0$ 和 $\Delta p_s \approx 0$,系统是稳定的。基于以上稳定性分析结果,若需要在压缩冲程提高频率控制阀的抗干扰能力,其措施主要有增大回位弹簧刚度和调整次阀通径稍大于主阀通径。

在液压自由活塞发动机压缩冲程,频率控制阀主阀芯开启过程的前5 ms主要由阀独立完成活塞加速工作,因此此时间段主阀芯开度越大,相对应的瞬时流量也越大,节流损失越小,对液压自由活塞发动机压缩冲程起始段越有利,这里将该时间段的主阀芯开度称为有效开度。显然,若能够在给出频率控制阀开启信号后使主阀芯迅速偏离初始平衡位置即关闭位置,可以提高有效开度,因此主阀芯在开启过程中的不稳定状态对液压自由活塞发动机压缩冲程有利,而在膨胀冲程主阀芯处于外流式稳定状态,基于以上分析可知主阀芯在整个液压自由活塞发动机活塞循环过程中的工作是高效且稳定可靠的。

次阀芯在频率控制阀开启过程中处于外流式稳定状态。若次阀芯在膨胀冲程开始关闭过程,当频率控制阀出油口与背压腔压差较大时,其将有可能处于内流式不稳定状态,后果则是轻微扰动将使次阀芯自行开启继而造成频率控制阀失效,因此需要适当增加次阀芯回位弹簧刚度,保证其有足够稳定性储备。

7.4.2 开关过程动态特性分析

开关过程动态特性分析将基于试验件试验结果和数学模型仿真结果。

1. 开启过程及其延迟时间分析

主阀芯开启过程的仿真与动态压力特性测试系统测试结果如图 7.23 所示。

从图 7.23 可知,先导阀开启动作将直接引起背压腔压力迅速下降,相

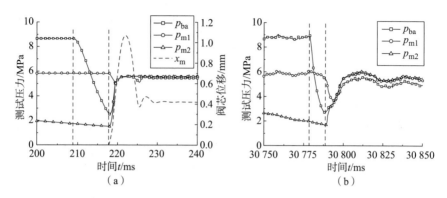

先导阀压力 7.7 MPa，主阀进油压力 5.7 MPa

图 7.23　频率控制阀先导阀与主阀芯动作过程

(a) 仿真；(b) 试验

应的压力曲线出现转折点，而主阀芯开启动作将使得频率控制阀出油口压力迅速上升，对应的压力曲线同样出现转折点，两转折点之间的时间间隔是开启时间延迟的重要组成部分，该间隔在图 7.23 测试条件下的仿真结果与试验结果基本一致且约为 10 ms。

次阀芯的开启表示频率控制阀进入开阀的第二阶段，如图 7.24 所示。根据频率控制阀的结构特点以及动态压力测试系统原理可知，当次阀芯开启后，背压腔压力与主阀出油口压力将迅速靠近，即表示频率控制阀进入开阀的第二阶段。

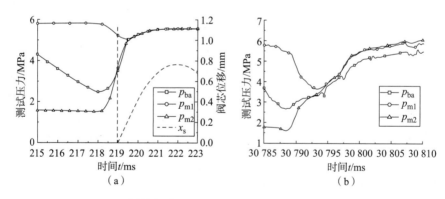

先导阀压力 8.7 MPa，主阀进油压力 5.7 MPa

图 7.24　频率控制阀次阀芯动作过程

(a) 仿真；(b) 试验

从图 7.24 (a) 可知，在次阀芯开启后，背压腔压力与频率控制阀出油口压力几乎相等，此后随着次阀芯的继续开启，频率控制阀出油口压力将继续增大并在稳定时略高于背压腔压力,如图 7.23 后半段所示。根据以上分析和测试结果,可以认为背压腔压力与频率控制阀出油口压力相等时的时刻为次阀芯开启时刻,于是在图 7.24 测试条件下,主阀芯与次阀芯开启动作间隔试验结果约为 3 ms,仿真结果约为 1.5 ms,此误差是由于仿真模型参数设置中的阀芯间隙误差、背压腔容积误差等因素造成的。

图 7.23 后半段阀芯趋于稳定状态,此时频率控制阀进油口压力与出油口压力非常接近,而出油口压力高于背压腔压力,即此时的频率控制阀内的油液流动方向为:主阀进油口—主阀出油口—背压腔—先导阀—油箱,只要先导阀不回到图 7.14 所示的初始状态,这种平衡就将一直维持下去。

根据对频率控制阀开启过程的分析,其开启过程延迟时间主要包括两项,如图 7.25 所示:①从先导阀控制信号 $Signal_{FCV}$ 发出到先导阀开始动作之间的间隔 Δt_{FCV1},先导阀动作时刻由背压腔压力 p_{ba} 第一个转折点确定;②从先导阀开始动作到主阀芯开始动作之间的间隔 Δt_{FCV2},主阀芯开始动作时刻由频率控制阀出油口压力 p_{m2} 的转折点确定。在图 7.25 的测试条件下,开启过程的延迟时间试验结果约为 5 ms,此时间的控制主要通过限制 Δt_{FCV1} 和 Δt_{FCV2} 大小来实现,主要方法有:减小背压腔容积、压力及其作用面积;增大频率控制阀进油口压力及其作用面积;增大先导阀流量;增大先导阀开启瞬间的作用电流。

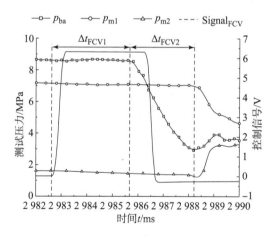

先导阀压力 8.6 MPa,主阀进油压力 7.1 MPa
图 7.25 频率控制阀开启过程延迟时间

2. 关闭过程分析

频率控制阀关闭过程的仿真与试验结果如图 7.26 所示。

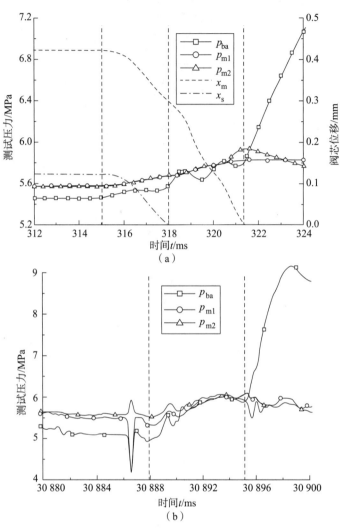

先导阀压力 8.7 MPa，主阀进油压力 5.7 MPa

图 7.26 频率控制阀阀芯关闭过程

(a) 仿真；(b) 试验

从图 7.26 可知，在给出关闭信号先导阀开始回到图 7.14 初始状态时，频率控制阀内的油液流动方向将变化为：先导阀—背压腔—主阀出油口，此时差动连接的频率控制阀背压腔压力将增大，从而打破阀芯的平衡状态，主阀芯和次阀芯同时开始关闭动作，三个测试压力开始增大，但关闭开始初期其大小关系没有改变。随着次阀芯关闭，背压腔压力值迅速向其余两个压力靠近，三个测试压力值基本一致，而主阀芯关闭加速度也有所增加。

当主阀芯完全关闭时,压力出现转折点,背压腔压力迅速升高到先导阀压力,而频率控制阀出油口压力开始减小,进油口压力趋于平稳。在图7.26测试条件下,频率控制阀关闭时间仿真与试验结果都约为7 ms。

根据上述分析结果可知,试验结果和数学模型仿真结果基本一致,由此验证了频率控制阀数学模型是可靠的,同时频率控制阀开关过程的理论分析与测试结果一致。

根据动态压力测试试验与阀芯运动过程仿真结果,频率控制阀有效开度最大值和主阀芯开启过程的最大开度为同一值。

3. PPM 控制试验研究

液压自由活塞发动机的工作频率采用 PPM 控制方式,也即任何工作频率下频率控制阀的开关信号绝对时间长度基本不变,不同频率控制信号控制的频率控制阀动作过程动态压力测试结果如图7.27所示。

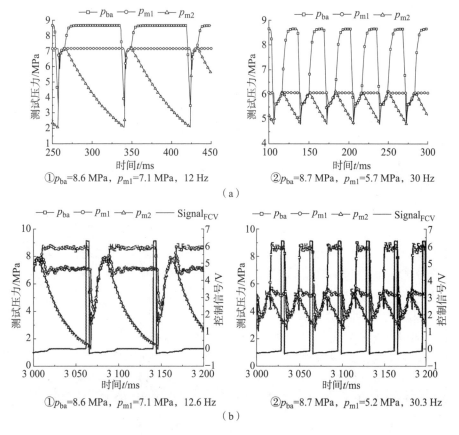

图 7.27　频率控制阀 PPM 控制仿真与试验结果
(a) 仿真;(b) 试验

从图 7.27 可知，频率控制阀 PPM 控制仿真与试验结果基本一致，其性能完全可以满足液压自由活塞发动机的要求，结果表明了频率控制阀设计的可行性及其数学模型的正确性。

7.4.3 流量特性分析

主阀流量的主要影响因素是阀口压差和通流面积，其中通流面积在主阀芯通径一定时主要与阀芯开度有关。频率控制阀在不同阀芯开度和不同阀口压差下流量变化规律如图 7.28 所示。

从图 7.28 可知，频率控制阀要满足液压自由活塞发动机要求，阀芯有效开度最大值要

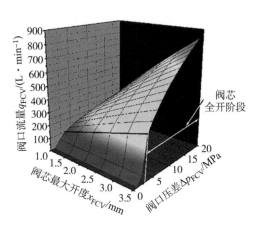

图 7.28 频率控制阀流量特性

保证在 2.0 mm 以上并且达到该位置的时间要控制在 5 ms 以内。

7.4.4 工作特性影响因素分析

根据频率控制阀的结构特点，除了高速电磁阀响应时间和额定流量的限制外，确定背压腔容积、主阀芯开启压力有效作用面积、次阀芯直径及其回位弹簧、频率控制阀背压腔压力和主次阀芯之间的间隙为阀工作特性主要影响因素。

1. 背压腔容积

由两个阀芯和阀体组成的背压腔容积是影响频率控制阀动态性能的主要参数之一。保持其他条件和参数不变，根据上述数学模型进行仿真研究，在开关阀过程中频率控制阀阀芯位移和背压腔压力特性随背压腔容积的变化情况如图 7.29 所示。

从图 7.29 可知，随着背压腔容积的减小，在开阀过程中液压腔压力建立时间以及阀芯响应延迟时间均缩短，关阀过程几乎不受背压腔容积的影响且阀芯响应延迟时间很短。液压自由活塞发动机活塞完成一个循环耗时为 30~40 ms，而膨胀冲程占其中的 1/3，因此应使频率控制阀开阀响应延迟时间控制在 10 ms 以内，以保证液压自由活塞发动机的工作频率完全处于可控范围。

根据频率控制阀的工作原理以及图 7.29（b），可知有效开度的主要影响因素是次阀开启瞬间次阀出油口与背压腔的压差和主阀出油口与背压腔

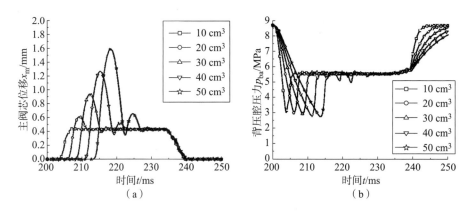

开启时刻 200 ms，关闭时刻 233 ms，先导阀压力 8.7 MPa，主阀进油压力 5.7 MPa

图 7.29 背压腔容积对频率控制阀工作特性的影响

(a) 主阀芯位移；(b) 背压腔压力

的压差，两压差越大，有效开度越大。不同压差下的仿真结果对比如表 7.1 所示。

表 7.1 频率控制阀不同压差下的有效开度对比

主阀出油口与背压腔/MPa	次阀出油口与背压腔/MPa	有效开度/mm
15.6	6.2	2.0
10.0	0.7	0.75

2. 主阀芯开启压力有效作用面积

主阀芯开启压力有效作用面积也将影响频率控制阀动态性能。保持其他条件和参数不变，根据上述数学模型对主阀芯开启压力有效作用面积的影响进行仿真研究，在开关阀的过程中频率控制阀阀芯位移和背压腔压力特性随主阀芯开启压力有效作用面积的变化情况如图 7.30 所示。

从图 7.30 可知，由于频率控制阀的开启依靠的是主阀芯受到压差产生的轴向力，主阀芯开启压力有效作用面积增大也即增大此压差对应的作用面积，因此在开阀过程中阀芯响应延迟时间均缩短，而关阀过程也几乎不受主阀芯开启压力有效作用面积的影响。有效作用面积增大的同时还将减小主阀的通径，影响主阀的通流能力。

3. 次阀芯直径与回位弹簧

次阀芯直径对频率控制阀动态性能的影响主要表现在阀芯开度上，如图 7.31 所示。次阀芯直径减小将使阀开启瞬间受到背压产生的作用力减小，因此开阀过程中阀芯响应延迟时间减小，阀芯有效开度将增大。显然，次

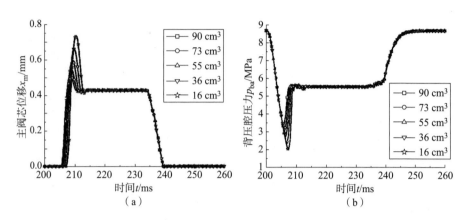

开启时刻 200 ms，关闭时刻 233 ms，先导阀压力 8.7 MPa，主阀进油压力 5.7 MPa
图 7.30　主阀芯开启压力有效作用面积对频率控制阀工作特性的影响
(a) 主阀芯位移；(b) 背压腔压力

阀芯直径不能无限小，其通流能力必须满足主阀芯高速运动的要求，否则将由于流量限制造成阀芯动作较慢且有效开度不足。

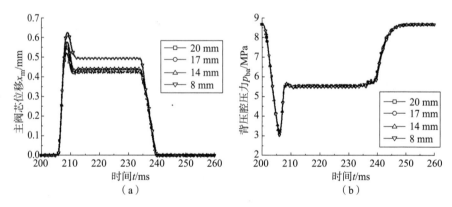

开启时刻 200 ms，关闭时刻 233 ms，先导阀压力 8.7 MPa，主阀进油压力 5.7 MPa
图 7.31　次阀芯直径对频率控制阀工作特性的影响
(a) 主阀芯位移；(b) 背压腔压力

次阀芯回位弹簧所包含的控制量为其刚度和预紧力，保持其他条件和参数不变，根据上述数学模型对两控制量的影响进行仿真研究，结果如图 7.32 所示。

从图 7.32 可知，次阀回位弹簧刚度对开关阀过程影响甚微，然而预紧力减小会使关阀时间增长，但有效开度增大。根据以上分析，次阀回位弹簧的两个控制量中，预紧力对阀动态特性的影响要远远强于刚度。

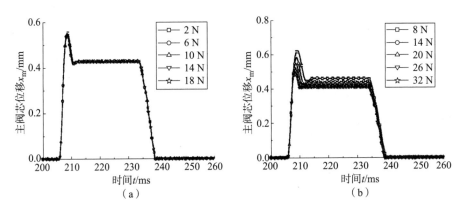

开启时刻 200 ms,关闭时刻 233 ms,先导阀压力 8.7 MPa,主阀进油压力 5.7 MPa

图 7.32　次阀芯回位弹簧对频率控制阀工作特性的影响

(a) 预紧力 20 N；(b) 刚度 20 N/mm

4. 背压腔压力

背压腔压力的首要作用是关闭频率控制阀,不同背压腔压力下的频率控制阀动态特性仿真结果如图 7.33 所示。

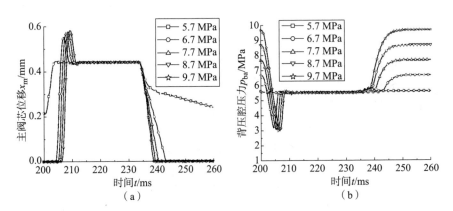

开启时刻 200 ms,关闭时刻 233 ms,先导阀压力 8.7 MPa,主阀进油压力 5.7 MPa

图 7.33　背压腔压力对频率控制阀工作特性的影响

(a) 主阀芯位移；(b) 背压腔压力

从图 7.33 可知,背压腔压力与频率控制阀进油口压力的压差是频率控制阀关闭的主要因素,压差越大,关闭速度越快,但频率控制阀开启时的阀芯响应延迟时间也增大。

5. 阀芯间隙

阀芯间隙对频率控制阀动态特性仿真结果如图 7.34 所示。

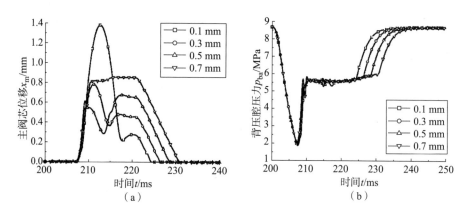

开启时刻 200 ms，关闭时刻 220 ms，先导阀压力 8.7 MPa，主阀进油压力 5.7 MPa

图 7.34　阀芯间隙对频率控制阀工作特性的影响

(a) 主阀芯位移；(b) 背压腔压力

从图 7.34 中可知，阀芯间隙对频率控制阀开启时的阀芯响应延迟时间影响不大，随着间隙的减小，阀芯有效开度增大且关阀时间缩短。

根据上述频率控制阀影响因素分析结果，对试验件主要技术参数进行再设计得到优化件，其与试验件的主要参数见表 7.2，性能对比如图 7.35 所示。图 7.35 (a) 为动态压力特性测试仿真结果，其中开启时刻为 187 ms，关闭时刻为 200 ms，先导阀压力为 8.7 MPa，主阀进油压力为 5.7 MPa。图 7.35 (b) 为频率控制阀优化件与液压自由活塞发动机耦合仿真模型联调结果，其中液压自由活塞发动机工作频率为 15 Hz，工作压力为 30 MPa，压缩压力为 15 MPa。

表 7.2　频率控制阀优化件与试验件主要参数

项目	背压腔容积/cm³	主阀芯有效作用面积/mm²	次阀芯直径/mm	预紧力/N	阀芯间隙/mm
优化件	5	113	8	10	0.1
试验件	20	73	17	20	0.3

从图 7.35 (a) 可知，经过调整参数后的频率控制阀有效开度提高了 490%，达到了 1.86 mm，开启时的阀芯响应延迟时间缩短了 4.7 ms，关闭时间增长了 4.6 ms，整个周期耗时约 20 ms，无论是差动连接还是共压连接都完全可以满足液压自由活塞发动机工作频率控制的需要，如图 7.35 (b) 所示。

第 7 章 液压自由活塞发动机液压阀组特性 203

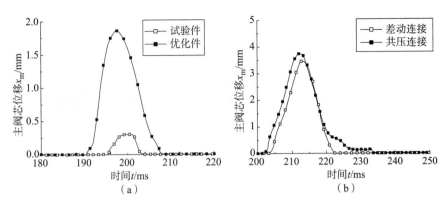

图 7.35 频率控制阀优化件与试验件有效开度的对比及优化件联调结果
（a）优化结果对比；（b）不同连接方式对比

第 8 章

液压自由活塞发动机控制策略

精确可靠的控制系统是保证液压自由活塞发动机正常运行并优化性能的关键。与传统曲柄连杆式内燃机不同,液压自由活塞发动机活塞运动不受机械约束,其运动规律完全取决于所受力的情况,对液压自由活塞发动机的控制是通过改变作用于活塞上的液压力和缸内气体压力实现的。本章将基于对液压自由活塞发动机控制的各种要求,设计液压自由活塞发动机控制系统方案,并在总体方案的基础上,制定控制策略,开发满足各项控制功能的硬件、软件。

8.1 发动机对控制系统的要求

液压自由活塞发动机整体推进系统作为一种液压混合动力系统,其控制系统包含整车控制器、液压自由活塞发动机各缸控制器和液压变压器控制器等。而液压自由活塞发动机控制器则是整体推进系统控制系统中最基础、最关键的部分。根据项目的进展情况,本书所研究的对象为液压自由活塞发动机单缸控制系统,目的在于实现单缸液压自由活塞发动机的初步稳定运行,为多缸液压自由活塞发动机控制器的设计奠定基础。

由于液压自由活塞发动机与传统内燃机存在着结构上的较大差异,因此液压自由活塞发动机对其控制系统也提出了不同的要求:

(1) 由于液压自由活塞发动机没有曲柄连杆机构,即旋转机构,无凸轮驱动的发动机供油系统和配气系统的正时均依赖于活塞位移。因此,必须采用具有高精度、高响应性、高可靠性的直线位移传感器。

(2) 液压自由活塞发动机控制系统必须实时检测活塞位移,并根据活塞位移及时完成各种计算,准确地发出各控制信号。由于液压自由活塞发动机的活塞运动最高速度明显高于传统发动机,这便对控制器微处理器的性能提出了较高要求。微处理器需要有较强的信号处理能力和运算能力。

(3) 对液压自由活塞发动机控制系统中各执行器的要求也与传统发动机有所不同,特别是采用了无凸轮液压驱动技术的气门机构、喷油器应具有较高的响应速度,以实现对扫气过程和循环喷油量的可靠控制。加之液压自由活塞发动机活塞在上止点时加速度非常之高,机体振动问题明显,各执行器必须能够在这样的条件下正常工作。

基于液压自由活塞发动机原理样机的设计要求,控制系统应实现如下控制功能:

(1) 液压自由活塞发动机起动控制。传统曲轴柴油机是通过起动电机的带动来实现起动,而液压自由活塞发动机是通过储存在蓄能器中的液压能来推动活塞向上止点运动实现起动。起动控制的主要任务是起动前使活塞停留在下止点,控制压缩蓄能器所储存液压能的释放过程。

(2) 液压自由活塞发动机供油系统控制。根据液压自由活塞发动机的不同工况向气缸内喷入相应质量的柴油,对喷油提前位置(相对于传统内燃机的喷油提前角)进行调节,并通过循环喷油量的控制来实现下止点的闭环调节。

(3) 液压自由活塞发动机配气系统控制。对无凸轮液压驱动配气机构进行控制,实现可变气门正时,可变气门升程。

(4) 液压自由活塞发动机工作频率控制。通过控制活塞在下止点的停留时间实现对液压自由活塞发动机工作频率的控制,进而实现对液压自由活塞发动机输出功率的调节。

(5) 液压自由活塞发动机压缩比控制。通过调节压缩蓄能器压力即压缩过程中传递给活塞的能量大小来控制上止点位置,实现压缩比可变。

(6) 液压自由活塞发动机失火控制。在液压自由活塞发动机失火情况下,通过对活塞回位阀的控制,使活塞组件回到下止点,并启动一个新的循环。

此外,液压自由活塞发动机控制系统还应具有通信功能,包括上、下位机通信,控制发动机的运行,监测发动机各项控制参数并能够在线标定,以及在未来应用中与整车控制器的通信等。

8.2 控制系统总体方案

8.2.1 液压自由活塞发动机控制系统组成

基于以上对控制系统功能要求的分析,对液压自由活塞发动机控制系统进行总体设计,其基本组成如图 8.1 所示。

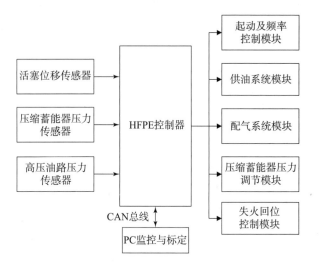

图 8.1　液压自由活塞发动机控制系统基本组成

8.2.2　传感器

传统发动机主要使用转速传感器、温度传感器、压力传感器、进气流量传感器等，而对于液压自由活塞发动机控制系统来说，其最基本的"知觉"是活塞位移信号，液压自由活塞发动机几乎所有的控制功能的实现都依赖于活塞位移。技术成熟的自由活塞发动机能够始终工作在最佳工况，因此可以使用二值传感器，即在需要利用活塞位移触发控制信号的若干位置上设置只产生0/1信号的传感器，这样可以使系统结构更加简单紧凑，降低对控制器的资源要求。但对于样机开发过程中的试验研究而言，势必需要反复对控制参数进行调整优化，并且基于活塞位移的连续信号对发动机运行过程的分析是必不可少的。因此，需采用直线位移传感器实时测量活塞位移。液压自由活塞发动机的活塞最高速度可达 18 m/s，为了使控制精确，必须使用响应速度快、测量精度高的直线位移传感器；由于没有曲柄连杆机构的约束，液压自由活塞发动机活塞加速度较传统发动机高出许多，尤其在上止点，燃烧爆发，活塞转向，加速度达到几倍于传统发动机的量级，若将位移传感器直接连接于活塞组件上，极有可能造成传感器损坏，所以必须使用非接触式的测量方式获得活塞位移信号。综上所述理由，本章选用了 ZLDS100 激光直线位移传感器，其采样频率为 5 kHz，精度为 0.02 mm。

压缩蓄能器压力是进行变压缩比控制的依据，高压油路压力是液压自由活塞发动机的系统工作压力（负载压力），并作为循环喷油量调整的依据之一，以上压力信号的测量均采用量程为 60 MPa 的贺德克液体压力传感器 HDA3844 – E。

8.2.3 执行装置模块

液压自由活塞发动机控制系统执行装置可分为五个模块：起动及频率控制模块、供油系统模块、配气系统模块、压缩蓄能器压力调节模块和失火回位控制模块。

1. 起动及频率控制模块

起动及频率控制模块用于控制液压自由活塞发动机的起动以及在非最大频率工况下控制液压自由活塞发动机工作频率，即控制压缩蓄能器与压缩腔连接管路的通断。该模块主要由频率控制阀、压缩蓄能器、单向阀一起组成压缩油路，与压缩腔相连，而频率控制阀则是该模块中唯一通过液压自由活塞发动机控制器所发出的控制信号来控制的部件。

频率控制阀最基本的要求是响应速度高，其开关周期应小于液压自由活塞发动机循环周期（约 30 ms），由于活塞压缩冲程起始段耗时在 10 ms以下，所以还要求频率控制阀打开速度尽可能快（小于 10 ms）。同时，频率控制阀应具有较大流量，其最低流量要求在 80 ~ 120 L/min。

基于以上要求，本章选用 Radk – Tech 公司的三级电液伺服阀 RT7926E 作为样机的频率控制阀，其阶跃响应时间不超过 10 ms，在额定压降 7 MPa 条件下流量约为 250 L/min。

2. 供油系统模块

供油系统是液压自由活塞发动机内燃机部分的最关键部件之一，精确可靠的喷油器是液压自由活塞发动机燃烧得以正常进行的保证。由于液压自由活塞发动机是一种特殊的直线内燃机，无旋转机构，因此必须使用无凸轮驱动供油系统。此外，因为液压自由活塞发动机活塞是"自由"的，循环喷油量对于活塞冲程循环变动有着直接的影响，因此喷油器的循环喷油量应具有较高的一致性。喷油正时是液压自由活塞发动机运行的重要控制参数，对于排放和效率有着重要影响，必须保证喷油正时精确可控。同时，喷油器应喷射迅速，雾化良好。本章研究样机选用卡特皮勒公司的 HEUI（Hydraulic Electronic Unit Injection）喷油器。HEUI 是一种中压共轨液压驱动电控泵喷嘴系统，如图 8.2 所示，该系统中有机油和燃油两套油路。机油共轨油路维持中等压力，当电磁阀打开，共轨油路的压力油进入增压活塞上腔，推动增压活塞向下运动，增压活塞下腔燃油压力升高，使喷油器针阀打开，喷油开始，直至喷油控制信号结束，提升阀回位，增压活塞上升，液压油通过回油油路泄压，针阀关闭。HEUI 喷油器最高燃油喷射压力可达 150 MPa，保证了燃油的良好雾化。由于液压自由活塞发动机可以替代 HEUI 系统中高压泵的作用，液压自由活塞发动机供油系统所需部件仅包括 HEUI 喷油器、燃油泵、燃油滤清器和燃油箱，因此 HEUI 可以较容易地在液压自由活塞发动机上应用，控制器只需控制 HEUI 喷油器电磁阀来调整喷油量和喷油正时。

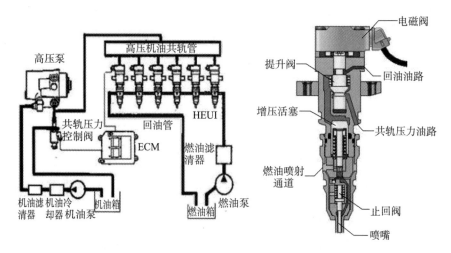

图 8.2　HUEI 中压共轨系统及喷油器

3. 配气系统模块

本章所研究的液压自由活塞发动机采用气门-气口式直流扫气方案，针对液压自由活塞发动机无凸轮轴的特点，开发了一种电控液压驱动无凸轮配气机构，其设计思想是：利用液压力驱动的按一定规律运动的液压柱塞在柱塞缸内的运动来代替传统配气机构中凸轮轴上凸轮的驱动作用，液压柱塞的运动规律是通过串联在液压回路中的开关电磁阀的动作来实现的，其结构如图 8.3 所示。图中液压油源系统 1 可用液压自由活塞发动机的输出液压能代替，电磁阀 2 和 3 分别控制高压油液流入和流出柱塞缸 4。柱塞 5 在液压缸内压力的作用下往复运动，推动气门 7 的打开和关闭。根据设计计算，电磁阀 2 和 3 的最大流量为 17 L/min，且要求电磁阀打开速度在 2 ms 左右，本章采用 HEUI 喷油器的电磁阀部分作为开关电磁阀使用，其最大流量可达 30 L/min。

该电控液压驱动无凸轮配气机构具体工作过程为：初始时进油电磁阀 2 和泄油电磁阀 3 均关闭，柱塞缸内无压力，气门处于关闭状态；当需要打开气门时，进油电磁阀 2 打开，高压油液充入柱塞缸 4，气门打开；进油电磁

第 8 章 液压自由活塞发动机控制策略

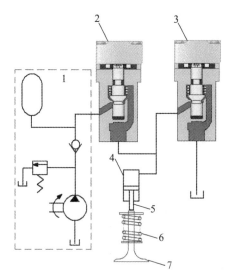

图 8.3 电控液压驱动无凸轮配气机构的原理图
1—液压油源系统；2—进油电磁阀；3—泄油电磁阀；
4—柱塞缸；5—柱塞；6—气门弹簧；7—气门

阀 2 的控制脉宽结束后，进油电磁阀 2 关闭，此时泄油电磁阀 3 仍在关闭状态，柱塞缸内压力保持在高压状态，使气门维持在最大升程；当气门需要关闭时，泄油电磁阀 3 得电打开，柱塞缸内压力得以泄放，气门在弹簧作用下落座。

4. 压缩蓄能器压力调节模块

液压自由活塞发动机的特点之一是压缩比可变，在液压自由活塞发动机工作压力为恒压时，压缩比直接受压缩蓄能器压力的影响。压缩蓄能器压力调节模块主要包括压缩蓄能器加压阀和减压阀，当需要提高压缩蓄能器压力时，与高压油路连接的加压阀打开，高压端向压缩蓄能器充压，压力提高，当需要降低压缩蓄能器压力时，与低压油路连接的减压阀打开，将压缩蓄能器中的高压油泄掉一部分，实现压缩蓄能器压力调整。压缩蓄能器加压阀和减压阀选用了 SUN hydraulics 公司的 DTDA MCN 系列，2 位 2 通提动式电磁方向阀，最大工作压力为 35 MPa，最大流量为 40 L/min，响应时间为 50 ms。

5. 失火回位控制模块

当燃烧过程不正常时，发动机会出现失火现象。对于液压自由活塞发动机来说，某一循环发生失火意味着没有足够的燃烧能量将活塞推至下止点，由于没有飞轮的惯性作用，液压自由活塞发动机的下一循环的压缩冲程会受到严重影响,液压自由活塞发动机将会停止运行。失火发生后,需要通过失火回位控制模块将活塞推回至下止点,以使其能够正常启动下一个循环。该模块主要由两个活塞回位阀组成,工作过程中失火时,这两个开关阀打开,使泵腔和压缩腔与低压油路接通,活塞组件在高压腔压力的作用下被推回至下止点。活塞回位阀采用 SUN hydraulics 公司的 DAAA - MCV - 524/224 电磁方向阀,压降为 2.5 MPa 时流量为 4 L/min,响应时间为 30 ms。

8.2.4 控制器 MCU 选型

控制器微处理器(MCU)是控制系统的"大脑"。本章采用 Freescale 公司的 MC9S12DP256B 为电控单元的微处理器。该芯片是一种基于模块化设计理念的 MCU,芯片内部的各个功能模块相对独立,有足够的响应速度和丰富资源来满足液压自由活塞发动机控制器的设计要求。该芯片的主要技术参数和功能模块如图 8.4 所示,微控制器包括的主要模块及其功能如下:

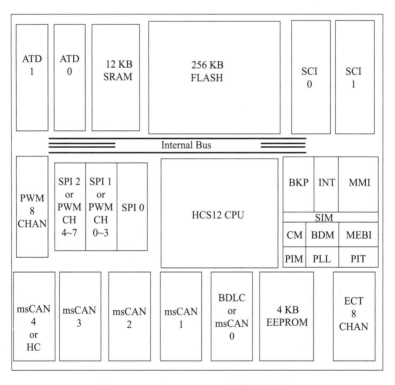

图 8.4 MC9S12DP256B 微控制器结构

(1) 采用了高性能的 16 位处理器 HCS12，以 CPU12 内核为核心，可提供丰富的指令系统，具有较强的数值运算和逻辑运算能力，能够满足数据处理的实时性。

(2) 片内有 12 KB 的 SRAM、4 KB 的 EEPROM，可反复擦写的 256 KB 的 FLASH 使得开发过程无须再外扩存储器，而且支持在线编程和保密功能，支持高级语言和背景调试方式（BDM），开发方式简单可靠，方便现场修改下载程序。

(3) 拥有两路独立的 ATD 模块，共计 16 路 10 位的 A/D 通道，多种采样方式和结果存储的选择，转换速度快，无论在转换速度还是转换精度上都足够满足要求。

(4) 串行通信模块（SIM）拥有三路独立的串行 I/O 子系统，即一路同步串行通信 SPI，两路异步串行通信 SCI0、SCI1，可以外扩串行接口的芯片，也可以与 PC 机进行串口通信，实现数据采集和标定。

(5) ECT 模块含有通用计数器，可以完成输入捕捉和输出比较定时功能，拥有 8 路独立的 8 位 PWM 输出，也可以级联为 4 路 16 位的 PWM 输出。

(6) 拥有五路独立的 CAN 总线接口，msCAN12 支持 CAN2.0A/B 规范。

(7) 具有实时中断模块，可以方便地产生定时基准。

MC9S12DP256B 微控制器的开发采用 Metroworks 公司的 CodeWarrior 系列集成开发环境，利用 P&E 公司的 USB HCS08/HCS12 Multilink 接口进行 BDM 调试。

8.2.5 微处理器资源分配

根据所需要实现的控制功能和选定的微处理器，对微处理器的各种资源进行合理分配，确定微处理器的输入输出信号通道。表 8.1 为 MC9S12DP256B 微处理器资源分配情况。

表 8.1　MC9S12DP256B 微处理器资源分配

信号	通道	信号	通道
活塞位移	PAD00	蓄能器压力加压阀	IOC4
压缩蓄能器压力	PAD01	蓄能器压力减压阀	IOC5
高压油路压力	PAD02	回位控制阀 1	IOC6
喷油器电磁阀	IOC0	回位控制阀 2	PP0
气门机构进油电磁阀	IOC1	CAN 总线发送	TxCAN0
气门机构泄油电磁阀	IOC2	CAN 总线接收	RxCAN0
频率控制阀	IOC3		

从表 8.1 可以看出，用于控制的传感器模拟信号为活塞位移信号、压缩

蓄能器压力信号和高压油路压力信号，这三个模拟信号通过信号调理电路转换为 0~5 V 电平后送入微控制器的模拟数字转换模块（ATD），使用 ATD 模块的 PAD00、PAD01 和 PAD02 通道；微处理器的输出包括喷油器电磁阀控制信号，无凸轮气门机构进油、泄油电磁阀控制信号，频率控制阀控制信号，压缩蓄能器加压阀、减压阀控制信号以及两个活塞回位阀控制信号，以上信号主要通过定时器模块（ECT）输出，另外使用了一路 PWM 模块的通道作为普通 I/O 使用；微控制器主要采用 CAN 总线通信方式，使用 msCAN12 模块实现基于 CAN2.0B 规范的通信。

MC9S12DP256B 的每个模块都可以产生中断。每一个中断都对应一个 16 位中断向量，指向中断服务的入口地址，中断向量存储在标准 64 KB 地址 MAP 上的 0xFFFF~0xFF80 这 128 个字节里面，每个中断向量占两个字节，前六个中断为复位和不可屏蔽中断，后面的均为可屏蔽中断。本系统中使用了 9 个中断，其名称以及功能如表 8.2 所示。

表 8.2 系统中断资源分配

中断源	中断向量	功能
复位中断（reset）	0xFFFF	系统上电初始化或系统复位
实时中断（Real Time Interrupt）	0xFFF0	为系统软件提供时钟节拍
喷油控制信号（ECT）	0xFFEE	喷油控制
排气门开控制信号（ECT）	0xFFEC	排气门开启控制
排气门关控制信号（ECT）	0xFFEA	排气门关闭控制
频率控制阀控制信号（ECT）	0xFFF8	频率控制阀控制
活塞回位阀 1 信号（ECT）	0xFFF4	活塞回位控制
活塞回位阀 2 信号（ECT）	0xFFF2	活塞回位控制
CAN 通信中断（msCAN12）	0xFFB2	实现 CAN 总线数据的接收

8.3 控制策略设计

在完成了液压自由活塞发动机控制系统硬件设计的基础上，本节对液压自由活塞发动机各种功能要求的控制策略和软件进行设计，保证液压自由活塞发动机样机试验过程中各种控制功能的实现。

8.3.1 起动控制策略

传统曲轴柴油机通过起动电机的带动来实现起动，而液压自由活塞发动机是通过存储在压缩蓄能器中的液压能来推动活塞向上止点运动实现起动。在起动前，需要使活塞静止在下止点，因此控制系统程序上电初始化后，必须首先开启活塞回位阀。由于液压泄漏的影响，如图 8.5 中箭头①、②所示，高压腔与压缩蓄能器内的高压油液将通过泄漏进入泵腔和压缩腔，因此在发动机起动前，必须保证活塞回位阀处于开启状态，避免因液压泄漏产生的向上止点方向的作用力而使活塞运动。在控制器接收到上位机的发动机起动命令后，将频率控制阀打开，活塞回位阀关闭，保证经频率控制阀流入压缩腔的油液能够建立压力，使活塞开始压缩冲程。由于活塞回位阀的响应存在约 30 ms 的滞后，因此应先关闭活塞回位阀，延时一段时间后再打开频率控制阀。图 8.6 为液压自由活塞发动机起动控制流程图。

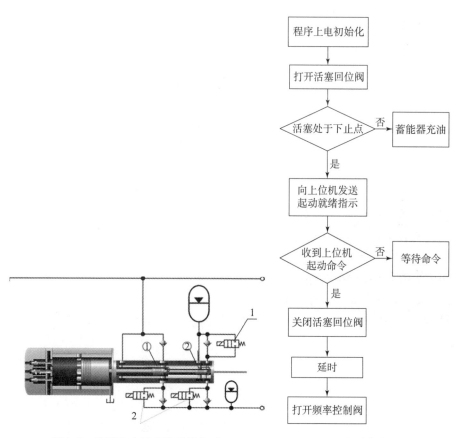

图 8.5　液压自由活塞发动机起动状态泄漏示意图
1—频率控制阀；2—活塞回位阀

图 8.6　起动控制流程图

8.3.2 工作频率控制策略

液压自由活塞发动机工作频率控制通过对频率控制阀的控制，调整液压自由活塞发动机运行时活塞在下止点的停留时间，进而调整液压自由活塞发动机的工作频率。对频率控制阀的控制包括对其打开时刻和关闭时刻的控制：频率控制阀的打开时刻即为液压自由活塞发动机工作循环的开始时刻，而频率控制阀的关闭时刻对应的活塞位置不同将会造成两种结果：①活塞正常完成压缩冲程；②活塞不能完成压缩冲程，在下止点附近停止运动。第二种情况出现的原因是频率控制阀开启脉宽过短，导致压缩蓄能器与压缩腔之间的连通口未打开频率控制阀便已经关闭，活塞无法继续获得向上止点运动的能量，随即停止运动。因此，对频率控制阀的控制应要求使活塞能够正常开始压缩冲程。

频率控制阀控制脉宽 T_F 的最小值 T_{Fmin} 应保证活塞端面可以被推至压缩蓄能器连通口的右端面，即推动活塞运动长度为 Δx_P 的距离，如图 8.7（a）所示。频率控制阀控制脉宽 T_F 的最大值 T_{Fmax} 应不超过活塞一个工作循环的周期，如图 8.7（b）所示，否则膨胀冲程活塞已经回到了下止点而频率控制阀还未关闭，活塞将立即开始下一个循环，此时活塞做自激振动，工作频率将不受控制。

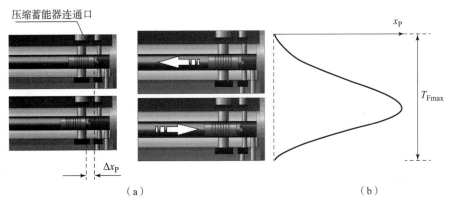

图 8.7　频率控制阀控制脉宽限值
(a) 最小值；(b) 最大值

Innas 提出了一种脉冲相位调制（Pulse Phase Modulation，PPM）控制方法应用于液压自由活塞发动机工作频率的控制。PPM 控制利用活塞运动可重复性好的特征，以一定的频率发出固定脉宽的频率控制阀开启信号。由于活塞下止点位置存在一定波动，尤其在起动阶段，固定脉宽信号缺乏适应性，存在无法实现活塞压缩过程连续加速的可能。为了克服 PPM 信号的缺点同时保留其优点，引入了液压自由活塞发动机活塞位置反馈调制（Piston Feedback Modulation，PFM）控制方法。PFM 控制拥有固定的频率控制阀打开信号发出时刻，但没有固定的频率控制阀关闭信号发出时刻，其关闭信号是根据活塞位置反馈激活的，如图 8.8 所示，在活塞开始压缩过程以后，只有当活塞位置超过某一设定值后，其关闭信号才会发出，该设定值要保证主油口完全开启。PFM 控制完全避免了频率控制阀关闭而压缩蓄能器接口没有完全开启情况的发生，保证了活塞依靠频率控制阀流量持续加速的连续性。图 8.9 为 PFM 控制方法的流程图。

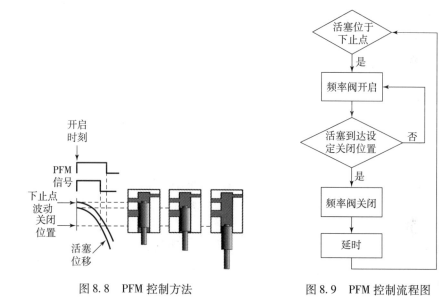

图 8.8 PFM 控制方法　　　　　图 8.9 PFM 控制流程图

8.3.3　燃油喷射控制策略

燃油喷射控制是柴油机控制中最核心的问题，对于采用柴油机工作原理的液压自由活塞发动机也不例外。燃油喷射控制包括喷油量控制和喷油正时控制两个方面。

液压自由活塞发动机是基于能量守恒定律确定设计参数的，其稳定运行的条件是维持液压自由活塞发动机输入输出能量的平衡。液压自由活塞发动机的输入功率 P_{input} 与负载功率 P_{load} 的失衡可能会产生严重后果：若 $P_{input} < P_{load}$，活塞在膨胀冲程无法回到设计下止点，发动机将会出现熄火；若 $P_{input} \gg P_{load}$，则活塞膨胀冲程运动将超出设计下止点，可能与机体撞击并

造成机械损坏。因此，喷油量的控制首先依据的是系统工作压力即负载压力。

柴油燃烧的能量是输入能量的主要来源，对于本章所研究的液压自由活塞发动机样机来说，约占全部输入能量的97%，而液压能则占到输出总能量的38%。柴油燃烧所释放的能量 Q_{ES} 为：

$$Q_{ES} = m_f H_u \tag{8.1}$$

式中，m_f 为循环供油量；H_u 为燃料低热值。

液压自由活塞发动机输出液压能为：

$$\Delta E_H = (p_{OH} - p_{OL}) V_{Disp} \tag{8.2}$$

式中，ΔE_H 为液压自由活塞发动机的输出液压能；p_{OH} 为高压油路压力即系统输出压力；p_{OL} 为低压油路压力；V_{Disp} 为液压自由活塞发动机的排量，即一个工作循环泵腔所输出油液的体积。

由式（8.1）和式（8.2）以及能量平衡关系可以得到液压自由活塞发动机循环供油量、系统输出压力与排量之间的关系，如图8.10所示。根据确定的样机参数，其排量为固定值，因此可以初步得到系统工作压力与循环供油量的对应关系。本书第4章通过仿真模型得出了在不同工作压力下可使活塞下止点稳定的循环喷油量，可作为软件设计的参考。

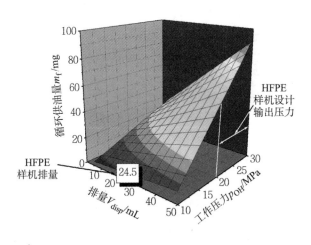

图8.10 循环供油量、工作压力与排量的关系

在输入能量与输出能量基本平衡的基础上，活塞在膨胀冲程可以正常回到设计下止点范围内，但是由于发动机运行过程中存在诸如燃烧变动、液压系统变动、摩擦损失变动等情况，活塞的下止点位置必然会产生循环间变动，而循环喷油量是下止点位置最重要的影响因素，因此喷油量控制的另一个目标是使下止点尽可能稳定。

为稳定活塞下止点的位置，采用循环供油量的闭环控制，以活塞运行的每循环下止点为反馈量,与设定的理论下止点进行比较,通过 PID 算法对循环喷油量进行修正。PID 算法在单片机中的实现采用增量式 PID 控制,控制器只输出控制量的增量,其算法是:

$$\Delta u_i = u_i - u_{i-1} = K_p(e_i - e_{i-1}) + K_i e_i + K_d(e_i - 2e_{i-1} + e_{i-2}) \quad (8.3)$$

式中,Δu_i 为第 i 次采样时控制器的输出值;e_i 为此次采样的误差值;e_{i-1}、e_{i-2} 为前两次采样的误差值。

综合上述分析并结合仿真模型的计算结果,可得出液压自由活塞发动机的循环喷油量以控制下止点稳定为控制目标,将液压自由活塞发动机负载压力变化 D_L 作为系统前馈,PID 控制器根据设定下止点位置 x^*_{BDC} 和实际下止点位置 x_{BDC} 的误差对循环喷油量 m_f 进行微调,循环喷油量控制器结构如图 8.11 所示。

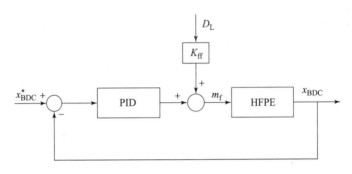

图 8.11 循环喷油量控制器结构

液压自由活塞发动机由于没有旋转机构,不存在"曲轴转角"概念,喷油正时采用活塞位移控制,在活塞压缩冲程中运动至上止点前某一位置时触发喷油控制信号,在样机的开发过程中,喷油正时的确定通过仿真与试验进行标定。

8.3.4 排气门控制策略

液压自由活塞发动机应用了电控液压驱动无凸轮配气机构,可以灵活、单独、精确地控制气门的运动,即对气门正时、气门升程和气门开启时面值进行柔性控制。

气门正时的控制同样是基于活塞位移信号,如图 8.12 所示:膨胀冲程活塞向下止点运动,在活塞将进气口打开前,气门应当打开,此时缸内气体压力远大于排气口处的压力,气缸内燃气以临界速度流出,流出量占燃气总量的 70%~80%;活塞继续向下止点运动,进气口打开,使新鲜空气得以进入气缸,并在扫气压力作用下将残余废气通过气门排出,该过程持续到活塞在下一循环开始压缩冲程将进气口关闭；图中气门关闭位置在进气口关闭之后，可以实现后充气，得到较好的缸内换气质量。

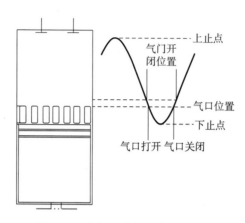

图 8.12　气门正时与活塞位置关系

气门升程和时面值的调节方法如图 8.13 所示，进油电磁阀信号脉宽 t_1 用以调节气门升程，充入高压油液的时间越长，则气门升程越大。进油电磁阀信号与泄油电磁阀信号之间的间隔 t_2 则决定了气门保持阶段的时间，可以实现对气门时面值的控制；泄油电磁阀信号则决定了气门关闭时刻，在 t_3 时间段内完成柱塞缸内油液的泄放，使气门落座。为减小气门落座的冲击，设计了泄油电磁阀信号双脉冲方案，将泄油电磁阀的信号分为两个连续的脉冲，当气门接近落座时，第一个

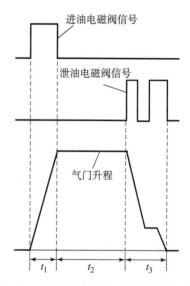

图 8.13　气门控制信号与气门升程示意图

脉冲结束，泄油电磁阀关闭，柱塞缸形成密封容积，液体压力阻止气门继续下落，在一定时间的停顿之后，控制器发出第二个脉冲，再次将泄油电磁阀打开，泄放柱塞缸内油液，气门完成落座。

由于电控液压驱动无凸轮配气机构的原理特点，电磁阀响应时间、液压建立速度等因素都将造成气门实际动作的滞后，在实际发动机气门控制中，必须根据气门滞后时间对气门正时进行调整。

此外，防止气门与活塞撞击是液压自由活塞发动机气门控制区别于传统发动机的一个重要问题。传统发动机气门动作与活塞运动是通过凸轮轴关联的，因此不可能出现活塞运动至上止点而同时气门打开的情况。但对于液压自由活塞发动机而言，由于应用了无凸轮的电控液压驱动机构，若在气门开启控制信号发出后发动机失火或者燃烧不正常，活塞在泵腔和压缩腔液压力作用下将迅速向上止点折返，此时气门处于打开状态，将可能造成活塞与气门的撞击，使气门杆弯曲，对气门密封效果造成致命破坏。因此，必须设计防止气门与活塞撞击的保护程序。

由于活塞撞击气门是在失火条件下发生的，所以气门保护控制的方法是：若控制器判断有失火情况发生，立即关闭气门。气门保护程序可以通过以下两种方法实现。

（1）当气门打开信号发出后，控制器立即开始失火状态检测，即在预设气门关闭信号发出之前，如果检测到活塞位移高于气门打开位置，则判定为活塞失火，控制器立即关闭气门进油电磁阀，同时打开气门泄油电磁阀。这种控制方式的不足之处在于：由于液压驱动气门存在响应滞后，控制信号的变化并不能立即使气门关闭，这样就不能可靠避免活塞与气门的撞击。

（2）针对第一种控制方法的不足之处，采用预测活塞失火发生，不打开气门的控制方式，图 8.14 为采用该方式的气门控制流程图。由于膨胀冲程活塞运动速度是缸内燃烧情况的重要表征，失火循环膨胀冲程的速度明显小于正常循环，因此可以通过对气门开启信号触发位置 x_E 前某一点 x_{EC} 的速度 v_{EC} 进行计算，来判断该循环活塞是否将会出现失火情况，进而决定气门开启与否。用于失火判断的速度阈值 v_{TH}，可以根据试验中正常着火循环比较点的速度得到。

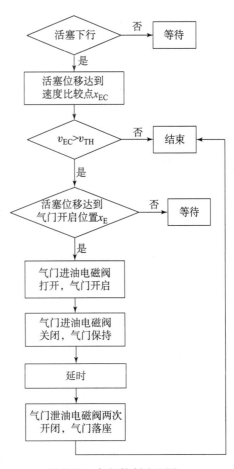

图 8.14　气门控制流程图

第 9 章

液压自由活塞发动机的稳定性研究

液压自由活塞发动机的稳定性是指其活塞组件能够顺利到达并停留在下止点处，进而能够顺利进入下一循环，保证液压自由活塞发动机能够连续工作。活塞组件的位移情况能够反映液压自由活塞发动机的稳定性，本章通过建立液压自由活塞发动机活塞组件的振动模型来求解其振幅的解析解，从振幅增减变化的角度分析液压自由活塞发动机的燃烧能量与活塞振幅（位移）之间的关系，从而构建燃烧额能量与输入参数之间的影响关系，获取各输入参数适用于液压自由活塞发动机稳定运行的取值范围。同时，可以利用能量预测的方法对液压自由活塞发动机的能量输入进行预测，根据能量输入大小及液压负载分布与活塞振幅之间的关系，获取液压负载腔的电磁阀控制脉宽，从而对液压负载进行调控，使得活塞顺利到达预设下止点位置，进而提高液压自由活塞发动机的循环稳定性。

9.1 液压自由活塞发动机非线性振动分析

液压自由活塞发动机作为非线性系统，不仅不存在固有频率，其频率还与载荷、振动幅值等诸多因素相关，采用数值方法很难给出相关的信息。因此，根据液压自由活塞发动机的动力和负载特征建立液压自由活塞发动机系统的非线性模型，并利用非线性振动系统的定性理论和定量分析方法，从另一个角度分析液压自由活塞发动机系统的性质，全面揭示液压自由活塞发动机的运行特性，为液压自由活塞发动机控制策略的制定提供参考。

液压自由活塞发动机作为一个热机耦合系统，目前此类系统的理论研究方法主要是通过建立一系列描述系统状态的常微分方程组，并采用数值方法对方程组进行求解，而后根据所得到的系统循环过程的数值解，分析系统的工作特征，最后结合样机试验结果对数值模型结果的准确性进行验证。数值解和试验结果是相互验证互为补充的关系。目前，在类似液压自由活塞发动机系统的动态特性定量研究方法中，数值方法占有绝对主导地位，但数值方法也有其局限性，它只能提供系统离散的数值解，因而不能很好地提供系统解的全貌,难以对液压自由活塞发动机系统的全局性质做出分析,但其结果可以作为检验理论分析结果的标准。为了弥补数值方法的不足,对液压自由活塞发动机系统循环过程的解析解进行理论分析是必要的,而理论分析首先必须建立精度足够的液压自由活塞发动机非线性模型。

9.1.1 受力分析

根据图9.1,液压自由活塞发动机活塞受到的力主要包括气压力、液压力和摩擦阻尼力,在此将摩擦阻尼力统称为阻力。气压力来源于动力腔,而动力腔气体压力根据其产生原因可以分为两种:①活塞运动造成的动力腔容积变化产生的气体压力;②燃料燃烧放热产生的气体压力。根据液压自由活塞发动机动力腔的特点,可将因动力腔容积变化导致的气体压力所产生的气压力称为恢复力,显然该恢复力是非对称的,而由燃料燃烧放热导致的气体压力所产生的气压力称为爆发力。液压自由活塞发动机活塞作用力子模型将分别对作用在活塞上的气压力、液压力和阻力进行分析并得到它们的数学表达式。根据以上分析可以将活塞组件的受力分解为非对称恢复力、爆发力、液压力及活塞阻力。

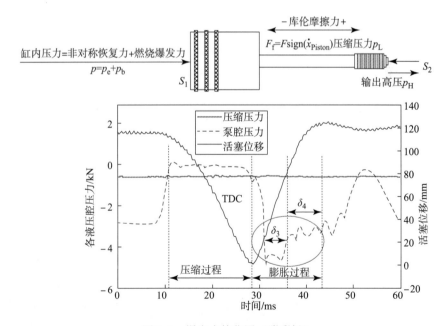

图 9.1 爆发力简化图(附彩插)

根据气体压力的组成,气体压力可以表示为:

$$p = p_e + p_b \tag{9.1}$$

式中，p 为气缸压力，Pa；p_e 为纯压缩过程缸内气体压力，Pa；p_b 为柴油压燃后产生的高温高压气体的压力与纯压缩过程缸内气体压力之间的差值，Pa。

假设动力腔容积变化引起的气体热力循环过程是绝热过程，于是由容积变化产生的气体压力可以表示为：

$$p_e = p_{e0}\left(\frac{V_e}{V_{e0}}\right)^{\gamma} \tag{9.2}$$

式中，p_{e0} 为下止点处气缸压力，Pa；V_{e0} 为下止点处气缸容积，m^3；V_e 为任意时刻气缸容积，m^3；γ 为比热容比。

由式（9.2）可以得到容积变化引起的气压力即非对称恢复力为：

$$F_e = p_{e0}L^{\gamma}(L-x)^{-\gamma}\pi\left(\frac{D}{2}\right)^2 \tag{9.3}$$

式中，L 为下止点位置到气缸缸盖的距离，m；x 为初始零点活塞在液压力及缸内气体作用下的平衡位置，m；D 为气缸横截面积，m^2；p_{e0} 为进气压力，Pa。

考虑到燃烧放热产生的气体爆发压力曲线具有高峰值性和短时性，在此将爆发力近似为短时间作用的渐变力 F_b，如图 9.2 所示：在着火前其值为 0；当活塞到达上止点时，F_b 突变为最大值，而后按线性规律逐渐减小到零并保持零值直到活塞到达下止点。爆发力 F_b 可以表示为：

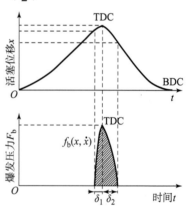

图 9.2 活塞受力分析图

$$F_b = f_b(x,\dot{x}) \tag{9.4}$$

根据能量守恒定律，能量输入还要满足下式：

$$E_{\text{cyc}}\eta_i = \int_0^{\delta_1+\delta_2} f_b(x,\dot{x}) \tag{9.5}$$

在分析图 9.1 液压力时，忽略所有液压损失的影响。在液压自由活塞发动机每个工作循环，泵腔压力都在工作压力和低压压力之间变化，在此假定低压压力为零，于是泵腔压力可以简化为：

$$F_{02} = \frac{(p_H - p_L)S_2\text{sign}(\dot{x}) + (p_H + p_L)S_2}{2} \tag{9.6}$$

不失一般性，假设活塞运动过程受到的阻力只有库伦摩擦力，其大小为定值 F_{C0}，于是：

$$F_C = F_{C0}\text{sign}(\dot{x}) \tag{9.7}$$

9.1.2 系统非线性模型

根据简化后的作用力,液压自由活塞发动机在正常工作状态下的运动微分方程可以表示为:

$$m\ddot{x} - F_e - F_b + F_{O2} + F_C = 0 \tag{9.8}$$

将式(9.2)~式(9.7)代入式(9.8),得到系统非线性模型为:

$$m\ddot{x} - \frac{F_{e0}L^\gamma (L-x)^{-\gamma}}{4} - f_b(x,\dot{x}) + \frac{(p_H - p_L)S_2\text{sign}(\dot{x}) + (p_H + p_L)S_2}{2} +$$
$$F_{C0}\text{sign}(\dot{x}) = 0 \tag{9.9}$$

由于 $x/L < 1$,因此可将非对称恢复力 F_e 按级数展开得到:

$$L^\gamma (L-x)^{-\gamma} = 1 + \gamma\left(\frac{x}{L}\right) + \frac{\gamma(\gamma+1)}{2!}\left(\frac{x}{L}\right)^2 + \frac{\gamma(\gamma+1)(\gamma+2)}{3!}\left(\frac{x}{L}\right)^3 \cdots \tag{9.10}$$

根据式(9.8)和式(9.10)可得:

$$m\ddot{x} - \frac{\pi D^2 p_{e0}}{4}\left[1 + \gamma\left(\frac{x}{L}\right) + \frac{\gamma(\gamma+1)}{2!}\left(\frac{x}{L}\right)^2 + \frac{\gamma(\gamma+1)(\gamma+2)}{3!}\left(\frac{x}{L}\right)^3 \cdots\right] -$$
$$f_b(x,\dot{x}) + \frac{(p_H - p_L)S_2\text{sign}(\dot{x}) + (p_H + p_L)S_2}{2} + F_{C0}\text{sign}(\dot{x}) = 0 \tag{9.11}$$

从式(9.11)可知,液压自由活塞发动机活塞运动非线性模型中出现了位移 x 的偶数次幂,即系统属于非对称恢复力振动系统,其在平衡位置正负方向上的位移是不相等的。

9.2 液压自由活塞发动机非线性模型的解析解

定性分析方法无法得到定量规律,而数值方法不能提供解析解,为了弥补它们的不足,以下将采用解析方法对液压自由活塞发动机非线性模型进行求解。寻求液压自由活塞发动机非线性模型解的解析表达式,这样既有益于研究系统的运动规律,也利于研究系统运动特性与系统参数之间的关系,从而便于实现对系统参数的精确控制。为了更好地研究非线性系统,从而获取其解析解,将原来由物理模型建立的振动方程经过坐标变换化为标准形式,即

$$x = x^* + L_0 \tag{9.12}$$

式中,x^* 为物理模型的位移坐标;x 为转化为标准形式的位移坐标;L_0 为下

止点到平衡位置的距离。

9.2.1 可解条件

根据式（9.11），取级数展开的前三项可以得到：

$$\ddot{x} + g(x) = \varepsilon f(x,\dot{x}) \tag{9.13}$$

式中，

$$g(x) = \frac{p_{e0}\gamma\pi\left(\frac{D}{2}\right)^2}{mL}\left[x + \frac{(1+\gamma)x^2}{2L}\right] \tag{9.14}$$

$$f(x,\dot{x}) = \left[f_b(x,\dot{x}) + p_{e0}\pi\frac{D^2}{4} - \frac{[(p_H - p_L)S_2 + 2F_{c0}]\operatorname{sign}(\dot{x})}{2} - \frac{(p_H + p_L)S_2}{2}\right] \tag{9.15}$$

ε 取为 $1/m$，$g(x)$ 的力学意义为弹力。考虑式（9.13）的派生方程：

$$\ddot{x} + g(x) = 0 \tag{9.16}$$

式（9.16）两边乘以 $\dot{x}$ 并积分得到：

$$\frac{1}{2}\dot{x}^2 + Po_E(x) = Me_E \tag{9.17}$$

式中，

$$Po_E(x) = \int_0^x g(u)\mathrm{d}u = \frac{p_{e0}\gamma\pi\left(\frac{D}{2}\right)^2}{mL}\left[\frac{x^2}{2} + \frac{(1+\gamma)x^3}{6L}\right] \tag{9.18}$$

式（9.17）中的第一项 $\dot{x}^2/2$ 表示活塞的动能，第二项 $Po_E(x)$ 表示弹性力 $g(x)$ 的势能，第三项 Me_E 表示活塞的机械能。活塞受到的弹力 $g(x)$ 满足 $g(0) = 0$，$Po_E(x_{-2}) = Po_E(x_{+2})$，在 (x_{-2}, x_{+2}) 区间内存在 x_{-1} 和 x_{+1} 满足：

$$Po_E(x_{-1}) = Po_E(x_{+1}) \tag{9.19}$$

且当 $x \in (x_{+1}, x_{+2})$ 和 $x \in (x_{-2}, x_{-1})$ 时，

$$xg(x) > 0 \tag{9.20}$$

同时，当 $x \in (x_2, x_1)$ 时，

$$Po_E(x_1) - Po_E(x) > 0 \tag{9.21}$$

其中，$x_2 \in (x_{-2}, 0)$；$x_1 \in (0, x_{+2})$；$Po_E(x_2) = Po_E(x_1)$。上述三个条件表示式（9.18）所表示的保守系统在相平面上有闭轨迹线，即式（9.16）有周期解。

根据以上分析，活塞振动方程式（9.13）中的 $g(x)$ 和 $f(x,\dot{x})$ 均为解析函数且 $g(0) = f(0,0) = 0$，同时其派生方程式（9.16）存在周期解，在 $\varepsilon \neq 0$ 且较小时，式（9.13）所表示的活塞振动虽不是保守系统但和保守系统相差不大，可称之为拟保守系统，满足以上条件也即表明液压自由活塞

发动机活塞振动方程式（9.13）满足采用广义谐波函数法求解的基本要求。

9.2.2 解析解分析

根据活塞振动方程式（9.13）的特点，在此采用广义谐波函数 KBM 法求其解析解。在 $\varepsilon = 0$ 时，式（9.13）的派生方程（9.16）的周期解可表示为：

$$\begin{cases} x = a\cos\varphi + b \\ \varphi = \tau(t) + \theta \end{cases} \quad (9.22)$$

式中，a 为活塞振幅；b 为偏心距；φ 为相位；τ 为时间 t、振幅 a 和偏心距 b 的函数；θ 为常数。a 和 b 要满足以下条件：

$$0 < a + b < x_{+2}, \quad x_{-2} < -a + b < 0 \quad (9.23)$$

$$Po_E(a+b) = Po_E(-a+b) \quad (9.24)$$

根据式（9.22）得到：

$$\begin{cases} \dot{x} = -a\Phi(a,\varphi)\sin\varphi \\ \dot{\varphi} = \Phi(a,\varphi) \end{cases} \quad (9.25)$$

式中，

$$\begin{cases} \Phi(a,\varphi) = \sqrt{2[Po_E(a+b) - Po_E(a\cos\varphi + b)]/(a^2\sin^2\varphi)}, \\ \qquad \varphi \neq 0, \pm\pi, \pm 2\pi, \cdots \\ \Phi(a,0) = \sqrt{g(a+b)/a}, \Phi(a,\pi) = \sqrt{-g(-a+b)/a} \end{cases}$$

$$(9.26)$$

在 $\varepsilon = 1/m$ 时，式（9.13）所表示的活塞振动方程的解可表示为：

$$\begin{cases} x = a\cos\varphi + b + \varepsilon x_1(a) + \varepsilon^2 x_2(a) + \cdots \\ \dot{a} = \varepsilon A_1(a) + \varepsilon^2 A_2(a) + \cdots \\ \dot{\varphi} = \Phi_0(a,\varphi) + \varepsilon \Phi_1(a,\varphi) + \varepsilon^2 \Phi_2(a,\varphi) + \cdots \end{cases} \quad (9.27)$$

式中，$\Phi_n(a,\varphi)$（$n = 0,1,2,\cdots$）为 φ 的以 2π 为周期的函数，$\Phi_0(a,\varphi)$ 由式（9.26）确定。

为简化计算难度，在此只计算活塞振动的一阶近似解，于是式（9.27）可简化为：

$$\begin{cases} x = a\cos\varphi + b + \varepsilon x_1(a) \\ \dot{a} = \varepsilon A_1(a) \\ \dot{\varphi} = \Phi_0(a,\varphi) + \varepsilon \Phi_1(a,\varphi) \end{cases} \quad (9.28)$$

式中，

$$x_1(a) = \left[a\int_0^\pi \left[f_0(a,\theta) + A_1\left(2\Phi_0 + a\frac{\partial \Phi_0}{\partial a}\right)\sin\theta \right] \sin\theta d\theta \right] /$$

$$[g(a+b) - g(-a+b)] \quad (9.29)$$

$$A_1(a) = \frac{-\int_0^{2\pi} f_0(a,\theta)\sin\theta d\theta}{\left(\int_0^{2\pi}\left(2\Phi_0 + a\frac{\partial \Phi_0}{\partial a}\right)\sin^2\theta d\theta\right)} \qquad (9.30)$$

$$\Phi_1(a,\varphi) = \left\{[g(a+b) - g(a\cos\varphi + b)]x_1(a) - a\int_0^\varphi \left[f_0(a,\theta) + A_1\left(2\Phi_0 + a\frac{\partial \Phi_0}{\partial a}\right)\sin\theta\right]\sin\theta d\theta\right\} \Big/ (a^2\Phi_0\sin^2\varphi)$$
$$(9.31)$$

$$f_0(a,\varphi) = f(a\cos\varphi + b, -a\Phi_0\sin\varphi) \qquad (9.32)$$

a 和 b 的关系根据式（9.24）确定。将式（9.13）中的 $f(x,\dot{x})$ 分段函数以相角 φ 表示：

$$f_b(a\cos\varphi + b + \varepsilon x_1(a)) = \begin{cases} \int_{\varphi_1}^{\varphi_2} f_b(a\cos\varphi + b + \varepsilon x_1(a)), & \varphi_1 \leq \varphi < \varphi_2 \\ 0, & 0 \leq \varphi < \varphi_1, \varphi_1 \leq \varphi \leq 2\pi \end{cases} \qquad (9.33)$$

$$\left(\frac{p_{O2}S_2}{2} + F_{C0}\right)\text{sign}(-a\Phi(a,\varphi)\sin\varphi) = \begin{cases} -(p_H - p_L)S_2/2 - F_{C0}, & 0 \leq \varphi < \pi \\ (p_H - p_L)S_2/2 + F_{C0}, & \pi \leq \varphi \leq 2\pi \end{cases}$$
$$(9.34)$$

式中，$\varphi_1 = \arccos(1 - \delta_1/a)$，$\varphi_2 = \arccos(1 - \delta_2/a)$。

根据式（9.28）可以确定活塞振幅随时间的变化规律。若将爆发压力简化为线性增长的力时，根据式（9.28）～式（9.34）得到：

$$\dot{a} = m\frac{[F_{b\max}(\delta_1 + \delta_2)/2 - (2(p_H - p_L)S_2 + 4F_{C0})a]}{a\int_0^{2\pi}\left(2\Phi_0 + a\frac{\partial \Phi_0}{\partial a}\right)\sin^2\theta d\theta} \qquad (9.35)$$

式中，$(2\Phi_0 + a\partial\Phi_0/\partial a)\sin^2\theta$ 为 θ 的偶函数，可以证明：

$$\int_0^{2\pi}\left(2\Phi_0 + a\frac{\partial \Phi_0}{\partial a}\right)\sin^2\theta d\theta > 0 \qquad (9.36)$$

于是活塞振幅的变化趋势完全由式（9.35）的分子决定：当能量输入多于消耗时，振幅增大；当能量输入少于消耗时，振幅减小。当表征输入能量的 $F_{b\max}(\delta_1 + \delta_2)/2$ 项大小不变时，振幅增大将导致表征能量消耗增大，而振幅减小将使表征能量消耗减小，由此可见，最终结果都将是能量输入和消耗相互平衡。

事实上爆发压力在发动机的实际工作中不是严格按照线性增长的,根据 $A_1(a)$ 及 $f_0(a,\theta)$ 的表达式可知,式(9.15)可简化为:

$$f(x,\dot{x}) = f_b(x,\dot{x}) - \frac{[(p_H - p_L)S_2 + 2F_{C0}]\text{sign}(\dot{x})}{2} + \text{constant}$$
(9.37)

显然,在 $(0,2\pi)$ 区间上常数部分积分为 0,而第二项乘以 $\sin\theta$ 后在 $(0,2\pi)$ 区间积分可得 $2(p_H - p_L)S_2 + 4F_{C0}$。对于第一项乘以 $\sin\theta$ 后在 $(0,2\pi)$ 区间积分可表达为:

$$\overline{F_b} = \int_0^{2\pi} f_b(x,\dot{x})\sin\theta d\theta = \begin{cases} \int_{\varphi_1}^{\varphi_2} f_b(x,\dot{x})\sin\theta d\theta, & \varphi_1 < \theta < \varphi_2 \\ 0, & 0 < \theta < \varphi_1, \varphi_2 < \theta < 2\pi \end{cases}$$
(9.38)

由于区间 (φ_1, φ_2) 与对应的位移 x 之间存在对应关系,而且 $x = a(1 - \cos\theta)$,经过积分还原后可得:

$$\overline{F_b} = \int_0^{2\pi} f_b(a\cos\theta + b)\sin\theta d\theta = \int_{\varphi_1}^{\varphi_2} f_b(a\cos\theta + b)\sin\theta d\theta = \frac{\int_{\delta_1}^{\delta_2} f_b(x,\dot{x})dx}{a} = \frac{W_b}{a}$$
(9.39)

式中,W_b 的物理含义即为图 9.2 的阴影部分面积,即能量输入总量。

9.3 稳定性判据及评价指标

针对以上建立的活塞振动模型进行影响振幅变化的影响因素分析,以下将基于活塞非线性模型定常振幅解,对活塞定常振动变化特性进行分析,从而获取液压自由活塞发动机的稳定判据及评价指标。

9.3.1 非线性模型的稳定判据

(一)定常振幅稳定性研究

当能量输入与消耗相互平衡时,$\dot{a} = 0$,此时振幅不随时间变化而保持为常值,活塞开始定常振动且该振幅称为定常振幅 a_0。定常振幅由 $\dot{a} = 0$ 确定:

$$a_0 = \frac{W_b}{2(p_H - p_L)S_2 + 4F_{C0}} \quad (9.40)$$

从式(9.40)可知,活塞振动系统刚度项对定常振幅没有影响,定常振幅完全由其能量平衡决定。假设:

$$K_0(a) = m \frac{W_b - (2(p_H - p_L)S_2 + 4F_{c0})a}{a \int_0^{2\pi} \left(2\Phi_0 + a \frac{\partial \Phi_0}{\partial a}\right) \sin^2\theta d\theta} \tag{9.41}$$

在定常振幅 a_0 附近有一个无穷小增量 ζ，则在三个振幅位置（$a_0 - \zeta$、a_0 和 $a_0 + \zeta$）有以下三个关系式：

$$\begin{cases} K_0(a_0 - \zeta) > 0 \\ K_0(a_0) = 0 \\ K_0(a_0 + \zeta) < 0 \end{cases} \tag{9.42}$$

式（9.40）即表明定常振幅 a_0 是稳定的，由于 a_0 可以为任意值，因此在理论上液压自由活塞发动机活塞可以以任意振幅开始定常振动。

根据式（9.40）得到定常振幅 a_0 及其对应的偏心距 b_0 之间的关系为：

$$3\alpha_2 b_0^2 + 2\alpha_1 b_0 + \alpha_2 a_0^2 = 0 \tag{9.43}$$

式中，

$$\alpha_1 = \frac{p_{c0} \gamma \pi D^2}{8mL}, \quad \alpha_2 = \frac{p_{c0} \gamma (1 + \gamma) \pi D^2}{24mL^2} \tag{9.44}$$

根据式（9.43）得到：

$$b_0 = \frac{-1 + \sqrt{1 - 3\alpha_0^2 a_0^2}}{3\alpha_0}, \alpha_0 = \frac{1 + \gamma}{3L} \tag{9.45}$$

在此，由于 $a_0 = 0$ 时，$b_0 = 0$，因此根号前取正号。

（二）定常振幅变化的因素分析

1. 液压力分析

液压自由活塞发动机工作压力 p_H 对活塞定常振动特性的影响如图9.3所示。在其他条件不变时，随着高压腔工作压力的增加，活塞振幅和最大运动速度都将减小，同时极限环的上止点和下止点将向活塞平衡位置移动，即工作压力的增加将使液压自由活塞发动机压缩比和振幅都减小，事实上，由图9.3可知，泵腔工作压力并不恒定，而且泵腔压力的建立具有一定的滞后性，且当气门开启时，其压力会有一定幅度的降低。因此气门的开启时间对高压泵腔压力有直接影响，当气门开启不一致时，会影响到定常振幅的范围。

液压自由活塞发动机控制腔压力对活塞定常振动特性的影响如图9.4所示。在其他条件不变时，随着压缩压力的增加，根据式（9.40），活塞振幅随着压缩压力的增加而增加，且压缩冲程和膨胀冲程循环最大运动速度有所增加，而极限环的上止点和下止点将向缸盖底平面方向平移，即液压自由活塞发动机压缩比将增大。

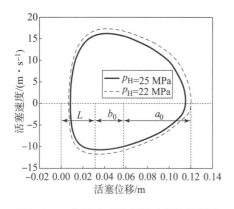
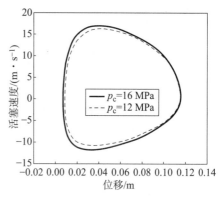

图 9.3　工作压力对活塞振动特性的影响　　图 9.4　控制腔压力对活塞振动特性的影响

2. 输入能量因素分析

事实上根据之前的分析，自由活塞定常振幅变化的主要影响因素是输入能量的多少、输入起始位置以及能量持续的终止位置。而活塞受到的非对称恢复力只与活塞位置有关，因此当液压自由活塞发动机结构参数确定后，其值基本不会发生变化。爆发压力大小主要受单次循环燃油燃烧所释放的能量大小及其释放规律的影响。爆发压力做功即喷油量对活塞定常振动特性的影响如图 9.5 所示。

从图 9.5 可知，在其他条件不变时，随着爆发压力做功的增大，根据式（9.40），活塞振幅

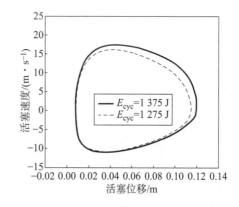

图 9.5　爆发压力做功对活塞振动特性的影响

将成比例增大，压缩冲程和膨胀冲程循环最大运动速度也有所增加，而极限环的下止点增大，液压自由活塞发动机压缩比变化不大。爆发压力做功的变化只是成比例改变了极限环的大小而并没有改变活塞的速度变化特征。液压自由活塞发动机爆发力的起始位置、最大峰值以及持续时间与着火位置有直接关系，而其着火点与喷油位置及滞燃期长短有直接的关系。液压自由活塞发动机的喷油位置信号由激光位移传感器提供，因此由电控系统产生的信号具有较高的精度，但是由于各个循环速度的变动及喷油执行器的延迟造成了实际喷油位置的差异，虽然可以将差异性缩小一定的范围，但无法消除差异，因此对喷油位置的选取是一个可变范围。对自由活塞供

油系统这一特征,很有必要研究喷油位置变化对发动机稳定性的影响。

3. 喷油因素分析

喷油位置对柴油机的最大爆发压力影响很大,由图9.6可知,当喷油提前位置过大时,一方面会影响到燃烧的等容度使得燃烧效率降低,另一方面由于自由活塞着火点提前,活塞提前减速,最大爆发压力下降;当喷油提前位置过小时,由于滞燃期的存在,着火位置可能越过上止点,导致爆发压

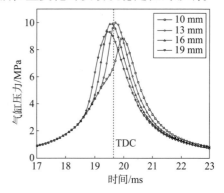

图9.6 喷油位置对爆发压力分布的影响

力的急剧降低及燃烧的恶化。这两种极端情况对输入能量的分布影响很大,应当尽量避免。燃油喷入气缸内并不能直接燃烧,而是经过一系列的物化反应达到着火条件时才能着火。因此滞燃期对柴油机的着火点影响很大。而影响柴油机滞燃期的主要因素有很多:其他条件相同时,燃烧室压力增加,滞燃期缩短;压缩比越大,滞燃期越短;进气温度越高,滞燃期越短;喷油提前位置越大,滞燃期越长等。以上因素在自由活塞运行时,若自由活塞处于稳定运行状态,则滞燃期波动范围并不大。而对于不稳定运行工况时,自由活塞的上止点、下止点波动较大,尤其是下止点的变化影响到扫气,进而带来滞燃期的变化。

循环喷油量的多少直接决定了能量输入的多少,从图9.5中也可以看出循环喷油量多少对活塞定常振幅的影响,喷油量较大时,振幅较大,膨胀冲程活塞下止点到达的距离较远;喷油量过小时,输入系统的能量不足以克服液压力作用,直接导致系统脱离定常振动而失稳。对于喷油量过大的情况,发现活塞下止点并没有持续增加,而是导致了熄火现象。对于喷油量过小,或者由于循环喷油量的波动而造成的喷油量过小将影响到膨胀形成,严重时无法克服液压力到达扫气口而使得下一循环因为供气不足而熄火。事实上,由试验数据得出的图9.7可知,循环喷油量的

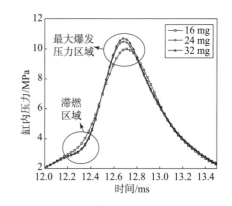

图9.7 循环喷油量对爆发压力分布的影响

不同对滞燃期有一定的影响,虽然循环喷油量有 8 mg 差距,但是最大爆发压力并没有产生巨大差异,因而可允许波动范围较大,这一特点对系统的稳定性是有利的。

9.3.2 参数稳定区域分析

前面分析了影响活塞振动定常振幅的因素,总结发现这些因素的不同直接导致活塞定常振幅的变动,而对于振幅的变动显然是有一定的限制范围。这些限制需从影响能量输入的制约条件进行分析。输入能量主要是燃烧产生的,而燃烧的主要制约因素又分为空气供应、油量供应以及压缩比这几个方面。

1. 偏心距限制

由式(9.45)可知,活塞定常振幅对应的偏心距 b_0 不但受定常振幅 a_0 的影响,还与活塞平衡位置与缸盖底平面之间的距离 L 有关,而 L 大小与控制腔压缩压力有直接关系。在进气压力一定时 L 与压缩压力 p_L 的变化关系为:

$$\begin{cases} k_g L = p_L S_2 \\ k_g = \dfrac{\pi D^2 p_0 L_0^k}{4 L^{k+1}} \end{cases} \tag{9.46}$$

式中,k_g 为气体弹性系数,N/m;L 为活塞平衡时与缸盖底平面之间的距离,m;p_L 为压缩压力,Pa;L_0 为活塞停留在下止点处与缸盖底平面之间的距离,m;k 为绝热指数。

显然,控制腔压缩压力越大时,L 值越小,液压自由活塞发动机的压缩比越大。事实上,L 值随着 p_L 增大不断变小,甚至导致活塞撞到缸盖上,这在实际工程中是不允许的,根据定常振幅及其偏心距定义则可以得出以下不等式关系:

$$a_0 - b_0 < L \tag{9.47}$$

压缩压力 p_L 虽然不影响定常振幅的大小,但对定常振幅对应的偏心距有直接的影响。式(9.46)也表明 p_L 不能过大,否则将会撞上气门或缸盖。根据式(9.47)绘制出了控制腔压力及输入能量波动对应的上止点 MAP 图(负值表示已经撞上缸盖),由图 9.8 可以看出,在活

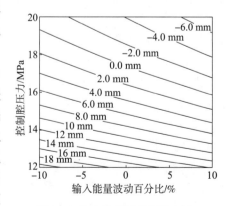

图 9.8 输入能量及控制腔压力对应的上止点位置

塞振动进入稳定过程中，控制腔压力的增大将会减小上止点的位置，从而增大了压缩比，而能量波动在 -10% ~ 10% 范围内，控制腔压力在 15 MPa，工作压力为 25 MPa 的工况下活塞不易撞上缸盖，喷油量波动超出 10% 范围后，将会增大活塞碰撞缸盖的次数。

2. 扫气限制

当发动机供气不足时，将会导致燃烧不充分甚至失火，燃烧过程的空气供应量与扫气过程的气体流量及扫气时间有直接的关系。换气过程中通过进气口的气体流量可按式（9.48）计算：

$$\frac{dm_s}{dt} = \frac{\mu_s F_s}{6} \sqrt{\frac{2gk}{k-1}} \cdot \frac{p_s}{\sqrt{RT}} \cdot \sqrt{\left(\frac{p_z}{p_s}\right)^{\frac{2}{k}} - \left(\frac{p_z}{p_s}\right)^{\frac{k+1}{k}}} \quad (9.48)$$

其中气口的流量系数 μ_s 又可以按式（9.49）进行计算：

$$\begin{cases} \mu_{s,e} = \mu_m (1 - ak) \\ k = e^{-b(h_p 0/h_{m0})} - e^{-b} \end{cases} \quad (9.49)$$

根据活塞到达下止点的位置可知扫气口最大开启位置可分成两种情况：气口全开与部分开启，如图 9.9 所示，图 9.9 将气口的位置变化段近似为线性表达，进气口开启时刻定为零点，显然扫气过程进气量的多少与气口开启情况有直接的关系，扫气口最大开启位置以及其气口全开的时间直接影响了燃烧过程获得的空气量，过量空气系数有明显的不同。根据式（9.48）、式（9.49），图 9.10 给出了不同扫气口开启状态下的空气进气量以及对应的过量空气系数，

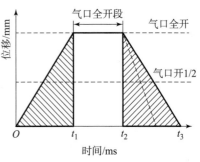

图 9.9　气口开启位置简化示意图

可见当进气口最大开启位置点恰好到达全开位置时，其过量空气系数 Φ 已经下降到 1.4，若考虑到缸内的残余废弃系数，则燃烧时实际的过量空气系数将会更小，而当气口最大开启仅一半时，进气量急剧减少，燃烧过程将急剧恶化。图 9.11 为液压自由活塞发动机高频运行时失稳的情况，可以看出在失稳区域内，活塞位移已接近上止点，同时前面几个稳定循环也达到了可燃压缩比，也采集到了喷油信号，但发动机却没有完成膨胀冲程而失稳。反观扫气过程，最大扫气位置为气口全部开启的一半，因此可以得出结论：扫气过程进气量过少导致了燃烧恶化甚至熄火。为避免上述情况发生，需对下止点进行控制，而影响下止点的因素有很多，根据前面对定常振幅的分析可知，影响下止点的因素主要包括：泵腔工作压力、控制腔压

力以及输入能量。而泵腔工作压力波动较小且受到外部液压器件的限制，本节将不讨论不同工作压力工况对活塞振动稳定性的影响。

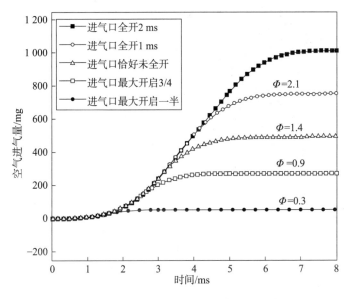

图 9.10　进气口开启特性对进气量的影响

9.3.3　液压自由活塞发动机各参数稳定区域分析

1. 能量输入稳定区域

由于气口位置已经确定，图 9.11 也指出了气口具体位置，因此在选取活塞定常振动幅值时下止点位置应当满足气口全部开启这一必要条件，图 9.11 也指出了下止点最小极限位置 L_{BDC} 为 116 mm。前面在对活塞定常振幅的稳定性进行分析时发现输入能量对下止点的影响很大，图 9.12 描述了输入能量对下止点的影响，图 9.12 表明循环喷油量波动幅度超过 -10% 时，下止点有高于 10 mm 的偏移，由于预设下止点位置位于 120～130 mm，因此活塞下止点有可能进入 116 mm 范围，从而使系统进入不稳定工况。另外，喷油提前位置过小时，由于滞燃期的存在，最大爆发压力出现在上止点后，由于活塞的快速膨胀而导致的燃烧不充分将减少系统的能量输入，从而导致下止点减小，因此在喷油位置选取时，喷油提前位置不能太小，事实上，为保证较好的等容燃烧（见图 9.6），喷油位置选取在 10～20 mm。

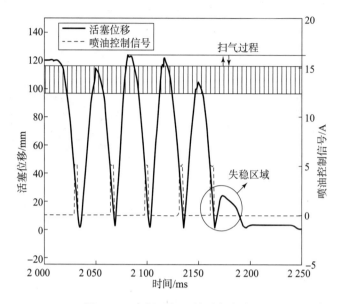

图 9.11 高频运行工况下失稳过程

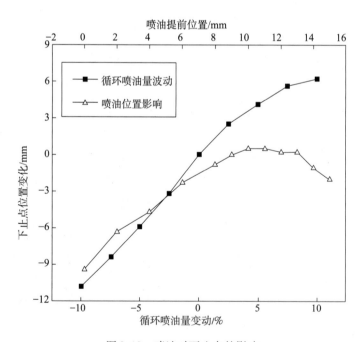

图 9.12 喷油对下止点的影响

2. 控制腔压力稳定区域

根据自由活塞的定常振幅和对应的偏心距以及平衡位置可以得出以下不等式：

$$a_0 + b_0 + L > L_{BDC} \tag{9.50}$$

联合输入能量对下止点位置的影响，将控制腔压力及输入能量波动百分比与下止点的关系绘制出 MAP 图 9.13，图 9.13 说明控制腔压力在 15 MPa、工作压力为 25 MPa 的工况下，输入能量波动在 -10% ~ 10% 范围内波动时，活塞能够顺利到达 116 mm 后的下止点，扫气口顺利打开，进气过程顺利进行，整个系统更加稳定。因此控制腔压力的选取不宜过高，在压缩比允许的范围内尽量减少控制腔压力值，而喷油量的波动仍是制约自由活塞发动机振动稳定性的一大挑战。

3. 泵腔工作压力

式（9.40）证明了泵腔工作压力对活塞定常振幅有影响，且在实际运行过程中泵腔工作压力并不是稳定的值，尤其在发动机连续运行过程中由于频率控制阀响应的差异性及气门升程的波动，泵腔压力的建立具有明显的差异性，图 9.14 随机选取了 3 个稳定循环的泵腔压力建立过程，由图 9.14 可以发现，泵腔压力建立存在滞后性，而该滞后性在不同的循环中存在着差异性。事实上，由于式（9.40）采用的是泵腔压力平均值模型，因此泵腔压力在膨胀过程中的平均值水平直接影响到活塞定常振幅的大小。由于气门变动对泵腔压力的变化影响较小，因此主要对由于单向阀响应而造成的泵腔压力功差异性进行讨论。

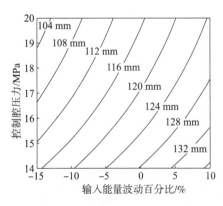

图 9.13 输入能量及控制压力对应的下止点

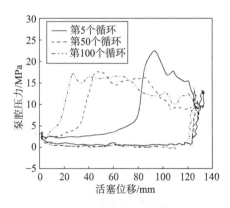

图 9.14 不同循环中泵腔压力建立过程

泵腔压力变化造成泵腔压力体积功变化，从而造成活塞定常振幅的变化，最终导致下止点的变化，图 9.15 表明燃烧输入能量在 -10% ~ 10% 范围内波动时,由于实际的泵腔体积功要比预设值小,因此就下止点位置需满足的稳定范围来说,泵腔压力的平均值水平的减小有助于扫气过程的进行,从而有助于活塞振动系统的稳定。

为验证基于活塞定常振幅特征而得出的稳定条件的有效性,对实际试验过程的运行进行了分析,图 9.16 为活塞振动稳定运行与失稳时的速度-位移图,从外部特征来看,活塞失稳前的循环中,活塞没有进入理论分析的稳定范围($L_{BDC} = 116$ mm),造成进气不足而导致燃烧恶化。事实上,造成活塞未进入稳定下止点范围的内部因素主要是燃烧的循环波动,而造成燃烧的循环波动最敏感的参数为喷油量与进气量,进一步分析发现,图 9.16 左图中,某一循环活塞下止点由于液压力反弹造成了频率控制阀失控,从而在经过一段自由滑移过程后自动进入下一循环,这一现象导致了接近上止点处,喷油时活塞的速度明显高于其他稳定循环,这就造成了喷油信号发出后,实际喷油位置产生了较大偏移,相当于喷油位置后移,而喷油位置的后移直接导致了爆发压力的下降,从而减弱了能量输入,最终导致活塞定常振幅减小,无法到达下止点稳定区域,造成扫气恶化,下一个循环来临时,虽有喷油信号,但较少的空气量不足以支持燃烧,最终使得活塞振动失稳。从上述实验结果及分析来看,试验失稳特性与理论分析相一致。

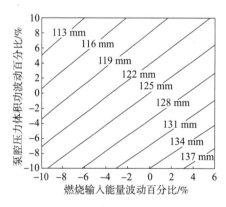

图 9.15 燃烧输入能量及泵腔压力体积功对下止点的影响

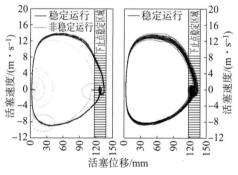

图 9.16 活塞振动稳定运行及不稳定运行对比

9.4 液压自由活塞发动机稳定性控制方法研究

9.4.1 液压自由活塞发动机参数映射能量图谱

由以上分析可知,通过建立液压自由活塞发动机的非线性振动模型,可以利用广义谐波函数 KBM 法对其非线性模型进行求解,从而获取模型的一阶近似解及定常振幅表达式,根据定常振幅的表达式可以更加直观地分析影响其定常振幅变化的因素,从而发现液压自由活塞发动机定常振幅的变化受限于一定的范围,超出变动范围液压自由活塞发动机将失稳。而影响活塞定常振幅的主要参数包括喷油位置、喷油量以及燃烧过程所需的进气量,这些因素的变化带来的定常振幅的变化,最终将导致活塞定常振幅进入不稳定区域。总之,液压自由活塞发动机不稳定区域的限制范围主要归结于能量输入过程。因此获取各运行参数与输入能量的映射图谱就成为控制液压自由活塞发动机稳定性的关键。

为探究液压自由活塞发动机能量输入的程度,可以通过 $p-V$ 示功图计算液压自由活塞发动机循环指示功。图 9.17 为循环指示功,由图可知液压自由活塞发动机不同循环工作状况下,循环指示功的范围为 500~600 J。图 9.18 为平均指示压力,与最大爆发压力和压升率的变化趋势一样,150 个循环后平均指示压力波动小,缸内燃烧状况趋于稳定。

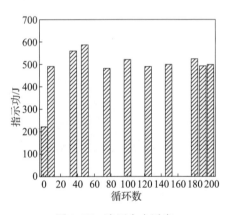

图 9.17 液压自由活塞
发动机循环指示功

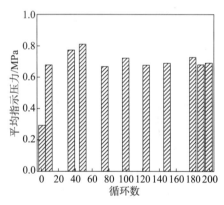

图 9.18 液压自由活塞
发动机平均指示压力

无论是循环指示功还是平均指示压力,都可以反映出在某个工作循环液压自由活塞发动机的能量输入水平。而根据第 6 章的内容可知,外部输入参数的变动将会首先引起缸内压力的波动,利用某些特定时刻的缸内压力来预测液压自由活塞发动机的放热率是可行的。同样不同循环的指示功也可由这些特定时刻的缸压进行预测。图 9.19 表明,气口开启时刻缸内压力越大,对应的循环指示功越小,这主要是由于较高的缸内压力不利于排气及扫气过程的进行,从而影响扫气效率,最终影响放热率。扫气时间过长时,又将会影响到缸内温度、液压自由活塞发动机的滞燃期等,最终影响到能量的输入。在液压自由活塞发动机的运行过程中，扫气时间可以通过频率调整，进气口开启时的缸压也可以通过排气时刻的控制进行调节。因此可以通过调节 EVO 及频率来减轻液压自由活塞发动机能量输入的不一致性。

在液压自由活塞发动机扫气过程中，进气压力存在一定的波动，从而导致扫气口关闭时刻的缸内压力不一致，液压气门动作的不一致性也会导致在气门完全关闭时的缸内压力有所不同。因此，这两组参数所对应的指示功对发动机的能量输入有预测作用，图 9.20 为进气口关闭时刻缸内压力及气门完全关闭时刻缸内压力对应的指示功大小。根据式（9.40），为满足液压自由活塞发动机稳定运行时的定常振幅，应当保证这两组参数落在一定的范围内。而这两组参数的波动性无法消除，这时为保证液压自由活塞发动机的稳定运行，需要对液压自由活塞发动机的定常振幅进行调控。

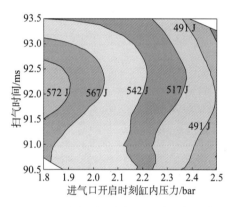

图 9.19　扫气时间与气口开启时刻缸内压力映射循环指示功 MAP 图

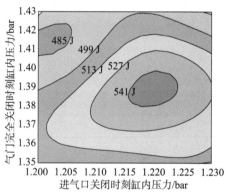

图 9.20　进气口关闭时刻缸内压力与气门完全关闭时刻缸内压力映射指示功 MAP 图

9.4.2　基于稳定判据的控制方法

通过前面的分析可知，必须保证液压自由活塞发动机的下止点落到一定的区域内才能保证其稳定性，根据式（9.40）、式（9.45）、式（9.46）及式（9.50）可以得出液压自由活塞发动机的输入能量与负载压力之间的关系，如式（9.51）所示。根据式（9.51）可知，在液压自由活塞发动机运行过程中一旦其输入能量发生变化，其输入液压负载必须做出相应的改变，进而满足式（9.51）仍能成立。其中 L 是在压缩压力为 p_L、进气压力为 p_0 条件下，活塞压缩缸内封存的气体所达到的位置与气缸盖的距离。若保持压缩行程的液压压力与进气压力不变，则 L 为定值。为了保证式（9.51）成立，只需调节液压输出压力即可。

$$\frac{W_\mathrm{b}}{2(p_\mathrm{H}-p_\mathrm{L})S_2+4F_\mathrm{C0}}+\frac{\gamma L}{1+\gamma}+$$

$$\sqrt{\left|\left(\frac{L}{1+\gamma}\right)^2-\frac{1}{3}\left[\frac{(1+\gamma)W_\mathrm{b}}{2(p_\mathrm{H}-p_\mathrm{L})S_2+4F_\mathrm{C0}}\right]^2\right|}=L_\mathrm{default} \qquad (9.51)$$

根据式（9.51）得出 W_b 与 L_default 呈线性关系（见图 9.21），若忽略式（9.51）中左边根号下第一项则可以将方程线性化，但存在一定的偏差 Δl，因此在获取 W_b 与 p_H 之间的线性关系式时必须考虑 Δl 的因素。

$$p_\mathrm{H}=\frac{C_0 W_\mathrm{b}}{2S_2}+p_\mathrm{L}-\frac{2F_\mathrm{C0}}{S_2}, C_0=\frac{1+\gamma+\sqrt{3}}{\sqrt{3}\left(L_\mathrm{default}-\frac{\gamma L}{1+\gamma}-\Delta l\right)} \qquad (9.52)$$

从式（9.52）更能直观地看出泵腔输出压力与循环指示功呈正比例关系，当其他参数一定时，循环指示功下降必然要求输出液压油的压力降低。在实际工作过程中，循环指示功可由循环指示功 MAP 输入查表获取。图 9.22 为液压自由活塞发动机动力学-热力学模型中加入循环指示功波动后的运行情况，在某一循环由于活塞未停留在预设下止点而导致液压自由活塞发动机失火，为保证液压自由活塞发动机的活塞顺利到达下止点需对膨胀过程中的液压负载进行调控。在液压自由活塞发动机稳定性控制过程中，若采用检测膨胀过程中活塞速度来判断活塞获得的能量大小的方法，需要求液压电磁阀具有非常高的响应频率才能满足设计需求。

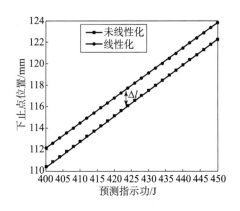

图 9.21 下止点位置与预测
指示功的线性关系

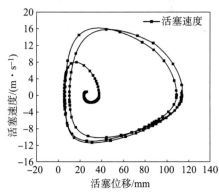

图 9.22 液压自由活塞发动机
失稳现象

在压缩过程中对某些状态点的缸压进行检测，利用对应的输入能量预判出膨胀过程液压负载的大小，这样可以降低液压阀的响应要求。

利用电工学原理，可以得出电磁阀阀芯受力方程为：

$$F_e = \frac{\phi^2}{2\mu_0 A} \tag{9.53}$$

式中，μ_0 为真空中的磁导率；A 为气隙处的磁极面积；ϕ 为磁通量，$\phi = Ni/R_m$，磁阻 $R_m = l/(\mu A)$，其中 l 为磁通通过的长度，N 为线圈匝数。

铁芯的动力学表达式为：

$$m\frac{d^2 x}{dt^2} + C\frac{dx}{dt} + K(x + x_0) = F_e - f \tag{9.54}$$

式中，x 为阀芯位移，m；m 为阀芯质量，kg；C 为阀芯运动阻尼系数，kg·m/s；f 为摩擦力，N；K 为复位弹簧刚度，N/m；x_0 为弹簧预压缩量，m。

泵腔流量方程为：

$$Q_1 = C_d \pi dx \sqrt{\frac{2}{\rho}(p_H - p_L)} \tag{9.55}$$

式中，C_d 为流量系数；d 为阀芯直径；x 为阀芯位移。

根据式（9.52）～式（9.55）建立泵腔液压压力控制模型。在能量平衡式中 p_H 为平均值，因此可以通过将高压腔与低压油路接通的方式降低泵腔膨胀过程中的平均压力大小。实际控制策略中，通过对液压电磁阀进行相应的脉宽调制来控制液压阀的开闭，达到高压油路和次级高压的连通。考虑到在活塞膨胀前期单向阀的响应存在滞后，因此液压泄压电磁阀在上止点附近开启。

在进行液压泄压阀的开启时间控制时，根据参数映射查表获取的循环指示功得出循环指示功的差值，根据差值求出液压泄压阀动作的区间 Δx，利用位移检测的方式判断液压泄压阀的关闭时刻，其控制示意图如图 9.23 所示。

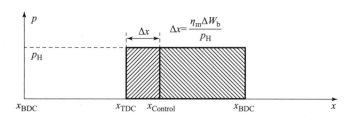

图 9.23　液压泄压阀控制触发示意图

9.4.3　失稳控制结果

图 9.24 展示了原有液压循环的位移及泵腔压力随时间的变化曲线，该图表明：当循环指示功较小时，活塞到达下止点的位置将脱离稳定区域，

从而使得下一个工作循环失稳,而在完成本循环期间,泵腔压力的建立存在一定的滞后区间,该区间可以通过增加液压单向阀的弹簧刚度进行改善,但无法避免,因此在上止点附近开启泄压阀能够保证单向阀充分落座。图 9.25 为采用液压泄压阀控制以后的活塞位移及泵腔压力曲线,从图中可以看出,活塞的位置能够顺利进入预设稳定下止点,活塞进入预设下止点后将停留在下止点处,实现频率控制,并顺利完成扫气过程,因此下一循环的稳定性得以保障。另外,从液压输出泵腔的压力可以看出,延迟响应时间进一步增加并不影响输出泵腔的压力分布情况,与原有液压循环相似,在泄压阀关闭后输出泵腔的压力急剧上升,并逐渐稳定在一定的值,当活塞停留在下止点后,输出泵腔压力迅速下降。

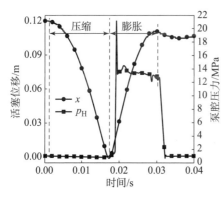

图 9.24　原有液压循环的位移及泵腔压力曲线

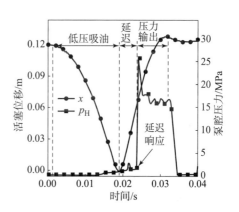

图 9.25　采用阀控后的位移及泵腔压力曲线

为更加直观地观察输出泵腔的压力建立过程,图 9.26 展示了原有液压循环与采用阀控后的液压循环的泵腔压力随活塞位移变化曲线的对比情况,从图中明显观察到,采用液压控制阀后的泵腔压力的建立更加滞后,但压力持续的距离更加接近或超过预设下止点,而且输出液压泵腔的压力略微提高,从整体范围来看,输出液压能虽然有所影响,但整体效率并没有大范围的降低。另外,图 9.27 进一步展示了原有液压循环与采用液压控制阀后的液压循环的活塞动力学的对比情况,显然活塞速度在压缩过程中相对一致,在膨胀过程中,未采用液压控制阀的液压循环的活塞速度较低,容易脱离预设下止点的稳定区域,采用液压控制阀后,活塞的膨胀速度得到了明显的提升,活塞到达的下止点位置更远,活塞更容易留在预设下止点的稳定区域。事实上,采用液压控制阀来调节液压负载,从而获取液压输出能量与燃烧输入能量的平衡方法是以牺牲发动机的部分效率为基础的,发动机的热效率将会受到影响。

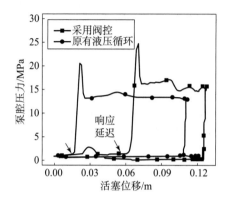

图9.26 原有液压循环与采用阀控后的液压循环的泵腔压力随活塞位移变化曲线对比图

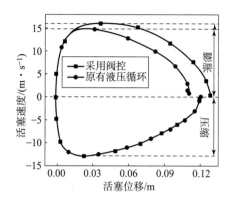

图9.27 原有液压循环与采用阀控后的液压循环的活塞速度随活塞位移变化曲线对比图

第 10 章

液压自由活塞发动机试验

本章采用试验研究的方法,针对液压自由活塞发动机区别于传统发动机的运行特性进行研究,结合液压自由活塞发动机的工作原理,重点考察液压自由活塞发动机起动特性、活塞运动规律特性、频率调节机理、运行参数影响规律等区别于传统发动机的特性与机理;试验结果对本章所用设计方法、动态分析方法及热力循环分析结果的正确性进行验证;针对液压自由活塞发动机的运行特点和实际情况进行性能指标计算。

10.1 样机试验系统简介

在对液压自由活塞发动机进行试验阶段研究时,为了方便系统参数的调整,根据试验需要在液压自由活塞发动机输出端连接一个压力可调的高压油源系统 1,用于对输出负载进行调节;压缩系统(活塞恢复系统)端连接一个压力可调的高压油源系统 2,用于对控制腔压力进行调节,如图 10.1

图 10.1 液压自由活塞发动机试验系统

所示,这两个油源系统在液压自由活塞发动机试验过程中实时地为系统补充高压油。试验室采用罗茨泵为液压自由活塞发动机的直流扫气提供压力。

10.1.1 原理样机及控制系统简介

液压自由活塞发动机试验系统是一个复杂的多参数采集与控制系统,试验平台示意图如图10.2所示。

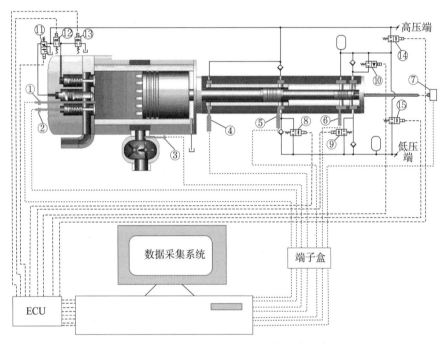

图 10.2 液压自由活塞发动机试验平台示意图
①—缸压传感器;②—气门升程传感器;③—进气压力传感器;④⑤⑥—压力传感器;
⑦—位移传感器;⑧—失火活塞回位阀;⑨—低频活塞回位阀;⑩—频率控制阀;
⑪—控制喷油电磁阀;⑫⑬—控制气门开关电磁阀;⑭⑮—蓄能器压力调节阀

为了详细监控液压自由活塞发动机的各个参数对系统的影响,在试验台上相应的位置布置了传感器,原理样机主要技术参数如表10.1所示。

表 10.1 原理样机主要技术参数

参数名称	参数值	参数名称	参数值
气缸数	1	恢复系统压力/MPa	15
气缸直径/mm	98.5	低压供油压力/MPa	0.5
活塞行程/mm	114~117	输出流量/(L·min^{-1})	0~42
排量/L	0.87	压缩比	可变

续表

参数名称	参数值	参数名称	参数值
工作频率/Hz	0~33	输出功率/kW	15
额定输出压力/MPa	25	进气压力/bar	1.2

主要仪器设备技术参数如表 10.2 所示。

表 10.2 仪器设备主要技术参数

仪器/设备名称	型号	技术参数
气缸压力传感器	Kistler6055B	0~200 bar
气门升程传感器	LVDT 位移传感器	0~15 mm
液体压力传感器	HDA3844-E	0~60 MPa
位移传感器	激光位移传感器	0~150 mm
数据采集系统	NI 数据采集系统	Labview 系统

液压自由活塞发动机试验台架测试系统分为以下五个部分：原理样机部分、数据采集系统、控制系统以及高、低压液压油源系统（示意图中未画出），原理样机如图 10.3 所示。

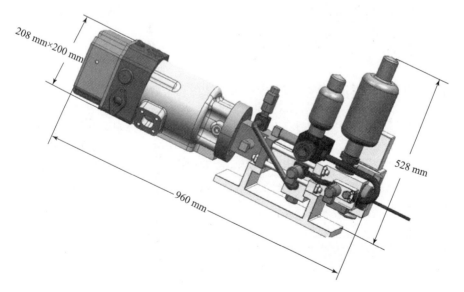

图 10.3 液压自由活塞发动机原理样机

液压自由活塞发动机数据采集系统包括数据采集卡、各种传感器和基于Labview平台的数据采集系统,用于对液压自由活塞发动机试验过程中的数据进行实时、精确的采集。由于液压自由活塞发动机没有旋转机构,对于喷油系统、配气机构的正时控制基于活塞位置进行控制,所以对于活塞位移的测量显得尤为重要,同时,对于液压自由活塞发动机缸内过程的研究也是必须基于活塞位移的精确测量。然而,活塞运动速度快、加速度大给活塞位移测量带来一定难度,综合考虑测量精度和安装条件选用非接触式激光位移传感器进行活塞位移测量。缸压测量与传统发动机缸压测量无异。由于液压自由活塞发动机气门正时基于活塞位置进行,为了考察气门正时情况,在试验台架上安装了气门升程测量传感器,实时监测气门升程和正时。液体压力测量采用液体压力传感器测量与传统液压测量无异,这里不再赘述。数据采集系统如图10.4所示。

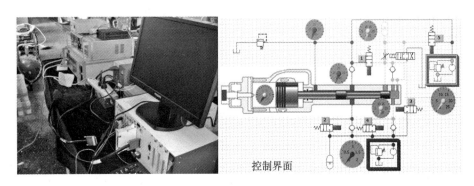

图10.4　液压自由活塞发动机数据采集系统与控制界面

10.1.2　高压油源系统

根据液压自由活塞发动机工作原理可知,液压自由活塞发动机系统存在用于活塞完成压缩过程的恢复液压系统,设计压力为15 MPa,泵端输出液压系统,设计参数为25 MPa。在液压自由活塞发动机起动时,尤其是冷起动时,恢复系统、泵端输出液压系统以及喷油系统和气门驱动系统都处于低压状态,高压油源系统用于液压自由活塞发动机起动之前的压力提供,同时,在试验过程中根据试验需要调整输出压力和控制腔压力,为参数规律研究和优化匹配研究提供条件。

10.1.3　进气系统

液压自由活塞发动机采用直流换气,试验室特性研究采用出口压力可调的罗茨泵供气系统为液压自由活塞发动机提供循环所需的新鲜压力气体，配合活塞位置和排气门开启相位完成液压自由活塞发动机的循环换气过程。

10.2 起动过程试验研究

液压自由活塞发动机的起动过程指的是液压自由活塞发动机在停止状态下，利用压缩蓄能器的液压能驱动活塞组件进入工作状态，并使液压自由活塞发动机达到第一次着火的过程。液压自由活塞发动机起动能量是由压缩蓄能器提供的，通过活塞组件的运动将该能量转化为气缸内气体内能，根据前面对液压自由活塞发动机的特性研究可知，即使在液压自由活塞发动机起动时其活塞运动规律与正常工作时活塞运动规律完全一致，即具有与正常工作一样的活塞运动速度和压缩比。所以对于液压自由活塞发动机来说，避免了传统发动机起动时由于转速低导致活塞运动速度慢带来的一系列不利于起动的因素。对于液压自由活塞发动机冷起动，与正常工作相比存在如下不利因素：①由于低温液压油黏度较大，导致液压黏滞损失增加；②由于缸内温度比较低，存在不利于柴油着火因素。上述不利因素均可以通过调节压缩蓄能器压力来增加推动活塞能量弥补，即提高压缩蓄能器压力可以达到提高活塞运动速度、提高压缩比的目的，较容易实现液压自由活塞发动机冷起动。由于上述原因，液压自由活塞发动机与传统柴油机相比无须特殊的冷起动装置。

10.2.1 液压自由活塞发动机起动过程概述

根据液压自由活塞发动机的工作原理，在活塞位于下止点时，频率控制阀控制蓄能器中的高压油经频率控制阀进入控制腔，推动活塞组件向上止点方向运动，当压缩活塞运动到打开蓄能器通道时，蓄能器中的高压油经该通道直接进入控制腔，由于蓄能器通道较频率控制阀通道流通面积大，所以进入控制腔的高压油流量增大，当压缩活塞将蓄能器通道完全打开后，频率控制阀即可关闭，活塞组件在高压油推动下完成压缩冲程；在压缩过程中，泵腔吸入低压油；泵和回弹活塞同时输出一定流量的高压油；动力活塞压缩气缸内气体，将缸内气体压缩到一定的温度压力，活塞组件到达上止点前的某个位置喷油器将雾化柴油喷入气缸，柴油自行着火燃烧，完成起动过程。

对柴油机来说，能够起动的必要条件是压缩终了缸内气体的温度、压力能够达到柴油自燃的条件即可着火。从能量转化角度分析，液压自由活塞发动机起动过程，实际上是一个将液压能通过活塞组件转化为气缸内气体内能的过程，该能量转化越多，则越容易起动，根据第4章对液压自由活塞发动机仿真特性研究结果来看，影响压缩终了缸内气体压力、温度最直接的因素是控制腔压力。另外，进气（扫气）压力对活塞压缩过程中缸内气体压力升高有直接影响，进而影响活塞运动速度，速度高则活塞动能转化为缸内气体内能的能量大，由此可知，进气压力也是影响活塞起动过程的一个重要因素。

10.2.2 控制腔压力对起动过程的影响

1. 试验方法

控制腔压力对液压自由活塞发动机起动过程的影响主要是对压缩终了缸内气体状态参数的影响，试验原理是通过测试不同控制腔压力对应活塞压缩终了时缸内气体的状态参数和压缩比的变化规律来对起动过程进行评价分析。具体实施方法是：切断液压自由活塞发动机燃油供给信号，测试控制腔压力对缸内工质状态参数的影响情况。高压油源系统1为液压自由活塞发动机的高压端和泵端施加额定负载压力p_1，高压油源系统2为蓄能器提供油源压力p_3。试验时需对液压压力、活塞位移、气缸内压力等参数进行了实时测量。

2. 试验结果及分析

根据前述对起动性能的影响分析可知，压缩终了缸内工质状态参数、压缩比以及活塞速度等参数是影响起动性能的直接因素，液压自由活塞发动机起动试验对以上参数进行考察。

图10.5给出了不同控制腔压力对起动参数的影响规律试验结果。从图中可以看出，随着控制腔压力增加，压缩终了缸内气体最大压缩压力、活塞压缩过程的最大速度以及压缩比均单调增加，可见，提高控制腔压力对于改善液压自由活塞发动机起动性能非常直接、有效。根据液压自由活塞发动机工作原理，当控制腔压力p_3增大时，作用于活塞组件向上止点方向的液压力增加，输入系统的液压能增加，活塞运动速度、加速度增大，由于活塞组件不受机械约束，则活塞所能达到的上止点位置更靠近气缸盖底平面位置，即压缩比增大，压缩终了缸内气体压力升高，这一特性为液压自由活塞发动机冷起动提供了有效的解决途径。

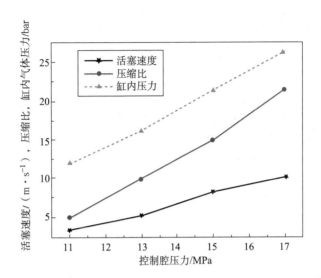

图 10.5 控制腔压力对液压自由活塞发动机起动参数的影响

10.2.3 扫气压力对起动过程的影响

图 10.6 给出了不同扫气压力对起动参数的影响规律试验结果。从图中可以看出，随着扫气压力提高，压缩终了缸内气体最大压缩压力、活塞压缩过程的最大速度以及压缩比均单调递减，可见，当其他条件不变时，提高扫气压力对液压自由活塞发动机起动不利。

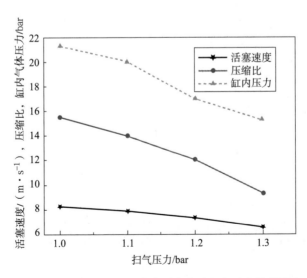

图 10.6 扫气压力对液压自由活塞发动机起动参数的影响

出现这种情况的原因主要是：根据第3章对液压自由活塞发动机能量法的分析，根据绝热压缩方程，进气压力提高则压缩过程中的缸内气体压力升高，导致了活塞压缩过程中运动的速度减小，活塞到达上止点的位置距位移零点距离增大，即压缩比降低；从能量平衡的角度来看，控制腔压力不变时，输入系统的能量一定，压缩过程转化为缸内工质的内能一定的前提下，由于进气压力的提高导致压缩终了的体积增大，即压缩比降低。这一特性与传统发动机由于曲柄连杆对活塞的约束导致增压后压缩终了缸内气体压力增加的特点恰恰相反。对于液压自由活塞发动机，若要增大扫气压力则必须提高控制腔压力来达到提高压缩比从而达到增压的目的。

10.3 活塞运动特性试验研究

本节通过试验测试了液压自由活塞发动机最大频率时的运行情况，通过试验测得的活塞位移信号进行系列变换得到活塞运动特性，同时，测试了泵腔压力、控制腔压力在活塞运动过程中的压力变化特性，给出了压力变化与活塞位移的对应关系，对于液压自由活塞发动机液压输出特性和控制腔压力变化特性进行了研究。

10.3.1 试验参数

液压自由活塞发动机内燃机部分采用二冲程柴油机原理，基于活塞位置进行运行参数的控制，图10.7所示为液压自由活塞发动机运行时各个参

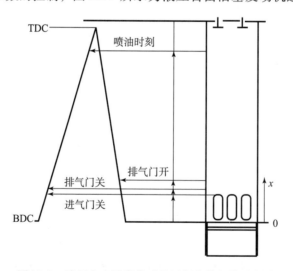

图 10.7　液压自由活塞发动机运行参数相位示意图

数与活塞位置之间的对应关系。需要指出的是试验时所使用的活塞位移坐标与仿真计算时坐标原点及方向有所变化,如图 10.7 所示,试验坐标原点为活塞下止点位置,方向指向上止点。对液压自由活塞发动机进行最大频率运行试验时给定排气门开启对应的活塞位置为 $x = 35$ mm;排气门关闭对应的活塞位置为 $x = 25$ mm;喷油时刻对应的活塞位置为 $x = 100$ mm。恢复系统的液压力 $p_3 = 15$ MPa;输出端、高压端压力 $p_1 = p_2 = 17$ MPa;低压端进油压力 $p_0 = 0.2$ MPa;扫气压力 $p_s = 1.2$ bar。

10.3.2 活塞位移特性试验结果

图 10.8 给出了液压自由活塞发动机在最大频率工作时试验测得的活塞位移曲线和气门升程曲线,液压自由活塞发动机最大频率为频率控制阀常开状态时液压自由活塞发动机的固有频率。从活塞位移曲线可以看出,活塞运动位移曲线近似正弦曲线,从整体上看与传统发动机活塞运动轨迹类似。由于液压自由活塞发动机活塞处于"自由"状态,其运动过程中的上、下止点处于"浮动"状态,同时,从试验结果来看,由于活塞恢复系统液压力相对稳定,保证了压缩过程各循环的一致性较好,主要表现在试验位移曲线中活塞每次到达上止点的位置相对稳定。但是,膨胀过程的循环变动较大,从活塞位移曲线来看,活塞到达下止点位置的循环一致性较差。出现膨胀过程循环变动大的主要原因来自液压自由活塞发动机换气不彻底造成的燃烧条件变化而带来的循环波动。从图 10.8 中给出的气门升程与活塞位移在同一时间轴下的对应关系可以看出,尽管控制系统给定排气门开

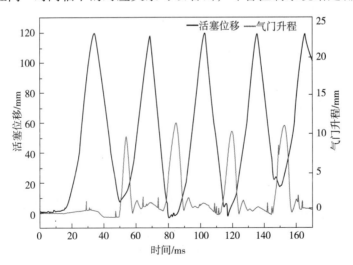

图 10.8 液压自由活塞发动机活塞位移、气门升程实测曲线

启时刻为活塞运动到 $x=35$ mm 位置，但是由于气门驱动机构中的液压 – 机械滞后导致气门的真正开启时刻与控制系统给定位置之间的差别随活塞运动速度而变化，从而出现气门开启位置循环波动，影响了液压自由活塞发动机换气质量。液压自由活塞发动机连续运行时各个循环缸内废气率不同，膨胀过程循环变动量大。通过对气门驱动机构的优化改进可以改善气门开启与活塞位移之间的协调匹配，保证液压自由活塞发动机换气充分、彻底，减小循环波动，是液压自由活塞发动机稳定运行的先决条件。

从试验结果来看，活塞的循环运行周期为 33 ms，从活塞运动位移曲线形状等特点来看，试验结果与前述仿真计算结果两者在趋势上一致性较好，进一步验证了仿真模型的正确性。

10.3.3 活塞速度特性试验结果

图 10.9 所示为活塞组件在液压自由活塞发动机连续工作状态时的速度曲线，该速度曲线是由实测活塞位移曲线图 10.8 进行光顺后进行一阶求导得到的。

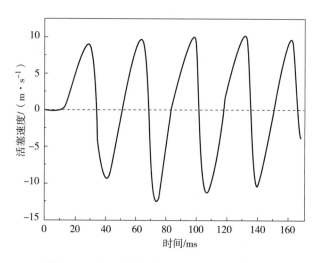

图 10.9 液压自由活塞发动机活塞速度曲线

从图 10.9 可以看出，活塞运动的速度曲线在压缩过程中速度的一致性较好，而在膨胀过程中速度最大值波动较大，仍然来自液压自由活塞发动机膨胀过程的循环波动；从图中还可以看出，压缩过程中速度的最大值相对一致性较好，速度峰值约为 10 m/s，膨胀过程中速度最大值循环之间的差别较大，最大值约为 13 m/s，对于一个循环内，压缩过程和膨胀过程中速度曲线关于上止点的不对称性等特点，试验结果与液压自由活塞发动机运动特性仿真计算结果具有较好的一致性。

10.3.4 活塞加速度特性试验结果

对图 10.8 活塞位移曲线光顺后进行二阶求导可以得到活塞组件在工作过程中的加速曲线,如图 10.10 所示,从图中可以看出活塞加速度曲线各个循环的变化规律是一致的;由于试验坐标系与仿真时采用的坐标系不同,速度、加速度方向与仿真计算结果相反,但是不影响对系统特性的分析。反方向加速度峰值出现在每循环活塞上止点处;正方向加速度峰值出现在活塞组件下止点处。这些特点与第 3 章仿真计算结果一致。

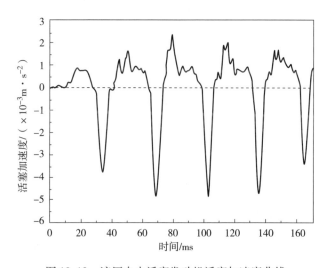

图 10.10　液压自由活塞发动机活塞加速度曲线

根据前述对液压自由活塞发动机运行特性的分析可知,活塞加速度正比于缸内气体压力,由于液压自由活塞发动机燃烧循环波动较大,必然导致各个循环之间缸内压力的较大波动,进而导致如图 10.10 所示反向加速度峰值的较大波动,所以各个循环加速度曲线重复性较差也来源于膨胀过程的不一致性。

从图 10.10 还可以看出,活塞在上止点处的反向加速度峰值为 $-5\,000\ \text{m/s}^2$,活塞在下止点处的正向加速度峰值为 $2\,000\ \text{m/s}^2$。

10.3.5 液压特性试验结果

图 10.11 给出了液压自由活塞发动机输出端为 15 MPa 压力时试验测得的泵腔压力与活塞位移之间的对应曲线,从图中可以看出,当活塞在压缩冲程时,泵腔压力为低压,试验时为 0.5 MPa,在活塞膨胀过程中,泵活塞

输出15 MPa高压油，当活塞到达下止点进入下一循环时，活塞速度方向改变，泵活塞随之进入吸油过程，泵腔压力降低，在整个循环过程中以脉冲压力形式输出，输出压力根据负载溢流阀进行调整。

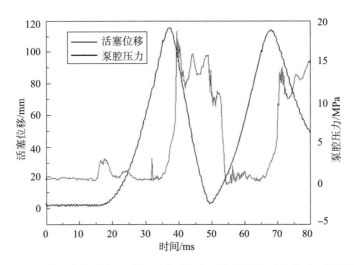

图10.11 液压自由活塞发动机泵腔压力与活塞位移的对应关系（附彩插）

图10.12给出了实测液压自由活塞发动机工作过程中控制腔压力与活塞位移之间的对应曲线，从图中可以看出，由于压缩蓄能器的作用，活塞在运动过程中控制腔压力基本维持给定压力不变，在活塞压缩冲程由于活塞消耗压缩蓄能器能量，压力略低于给定压力值，在活塞膨胀冲程活塞将控

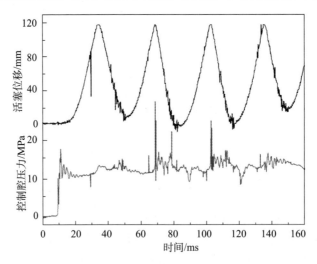

图10.12 液压自由活塞发动机控制腔压力与活塞位移的对应关系（附彩插）

制腔的高压油压回到压缩蓄能器，导致压力略高于给定压力值。由于液压自由活塞发动机连续运行、频率控制阀常开状态，活塞在下止点没有停止间歇，所以控制腔压力在活塞运动过程中相对较平稳，没有较大波动。

10.4　频率控制特性试验研究

根据前面对液压自由活塞发动机特性的分析可知，液压自由活塞发动机可以通过"调频"方式实现输出功率调节，这也是单活塞式液压自由活塞发动机具有的独特性能。液压自由活塞发动机工作原理表明，对于液压自由活塞发动机能够进行频率调节的关键是活塞可以在下止点处通过力平衡与能量转化实现停止，通过频率控制阀控制循环与循环之间的停止间隔，达到工作频率调节目的。

10.4.1　活塞下止点位置对液压自由活塞发动机的影响

根据前述对液压自由活塞发动机原理和试验研究结果来看，液压自由活塞发动机循环过程中"自由"状态的活塞"浮动"上、下止点位置一定程度反映了循环输入能量的大小及参数之间的匹配情况，尤其是活塞下止点位置，由于液压自由活塞发动机压缩活塞在工作过程中兼作液压柱塞和液压阀的作用，一方面要通过压缩活塞传递液压力，另一方面，通过压缩活塞在下止点处的运动位置不同遮盖不同位置的液压油孔，实现液压油路的切断与连通，起到滑阀的作用。由于液压自由活塞发动机压缩活塞滑阀功能，使得活塞组件在循环过程中到达下止点的不同位置对液压自由活塞发动机有不同的影响。

根据液压自由活塞发动机的工作原理，正常工作时活塞的理想下止点位置应位于蓄能器孔 d 和频率控制阀孔 e 之间，如图 10.13 所示 BD 两点之间。但是，液压自由活塞发动机在实际工作过程中，由于循环喷油量、液压力等参数的变化，活塞下止点位置可能出现图中所示Ⅰ、Ⅱ、Ⅲ、Ⅳ四种情况，下面对于活塞下止点的几种不同情况对液压自由活塞发动机运行特性的影响进行分析。

1. 活塞下止点位于Ⅰ区间

当活塞下止点位置出现在如图 10.13 所示Ⅰ区间时，即膨胀过程中压缩活塞尚不能封闭蓄能器油孔通道 d 孔时已经停止。由于蓄能器孔 d 没有被完全关闭，蓄能器中的压力油与控制腔相通，在该压力作用下活塞必然进入下一循环，这种情况下，频率控制阀不起作用，活塞处于非控制状态，液压自由活塞发动机无法实现频率调节。

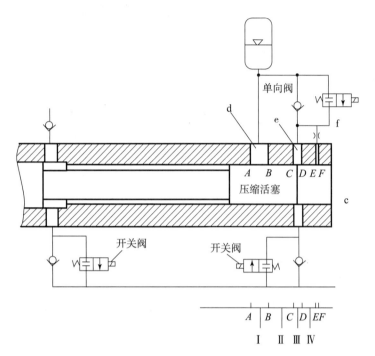

图 10.13 液压自由活塞发动机活塞下止点位置的影响

出现活塞下止点位于 I 区间的原因有：循环供油量不足，燃烧产生的能量不足以推动压缩活塞封闭 d 孔；排气门开启过早，由于膨胀末期缸内气体经排气门排出导致缸内压力降低，从而使活塞在膨胀后期能量降低所致。

2. 活塞下止点位于 II、III 区间

液压自由活塞发动机工作的理想状态时的活塞应该停止在图示 BD 两点之间，即 II、III 两个位置区间，活塞停止在 II、III 两个区间时，压缩活塞将蓄能器压力通道 d 封闭，将蓄能器压力油与控制腔切断，则活塞停止后再次起动必须通过频率控制阀开启将蓄能器的高压油通过频率控制阀通道引入控制腔，推动活塞组件进入下一循环，保证活塞运动频率的可控性。活塞停止在理想区间 II、III 的必要条件是循环喷油量等参数的合理匹配。

3. 活塞下止点位于 IV 区间

当循环供油量过大时，燃料燃烧能量推动活塞膨胀过程中到达下止点位置更远，压缩活塞将频率控制阀通道 e 完全关闭，进入如图 10.13 所示 IV 区间。当活塞停止在该区间时，由于压缩活塞将频率控制阀通道封闭，频率控制阀开启后蓄能器的高压油不能顺利进入控制腔，活塞进入下一循环可控性较差。同样，在调整参数时尽可能避免该区间。

10.4.2 活塞在下止点处停止机理

通过上一节对液压自由活塞发动机活塞下止点位置的分析可知，活塞能够实现频率控制的条件是活塞运行到下止点位置应该在蓄能器通道与频率控制阀通道之间，即下止点位于Ⅱ、Ⅲ的区间内。活塞在膨胀冲程后期由于缸内气体压力的降低，活塞速度越来越小，当压缩活塞将蓄能器通道 d 关闭后，控制腔内的高压油通过单向阀压入蓄能器，活塞组件速度进一步降低，直到速度降为零，根据动量原理，活塞被反弹向上止点方向运动，由于活塞的反弹运动导致控制腔容积增大，同时在单向阀作用下控制腔内的压力油得不到补充，导致控制腔内压力迅速降低，作用于活塞组件向上止点方向运动的力减小，活塞在此停止，处于平衡状态。

当喷油量过大时，膨胀过程将压缩活塞下止点位置推到如图10.13所示Ⅳ区间时，由于压缩活塞将频率控制阀通道也关闭，加之液体的不可压缩性，因此活塞组件将运动的动能转化为液压热能释放。为了缓解活塞进入Ⅳ区的液压冲击，在控制腔末端设计了液压阻尼孔，可以起到减缓液压冲击的作用。同样在Ⅳ区活塞经过几次反弹后将能量以热能形式释放后停止在该区间的某个位置。

10.4.3 活塞低频循环特性分析

图10.14给出了液压自由活塞发动机在单次频率控制信号作用下活塞位移、控制腔压力的试验曲线，图10.15所示为活塞速度曲线。从图中可以看

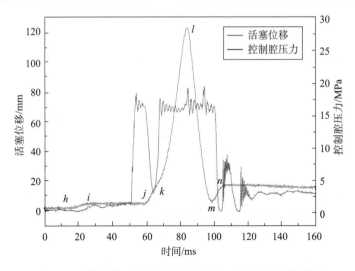

图10.14 单次循环活塞位移、控制腔压力曲线（附彩插）

出活塞在下止点处先后两次达到速度零点，即图中 m、n 两点，其中，m 点活塞到达下止点处瞬时速度为零，在控制腔压力作用下活塞向上止点方向反弹，活塞位移由 m 点到 n 点，速度再次达到零，根据前述对活塞下止点停止机理的分析，在 n 点活塞达到平衡点，处于稳定状态。

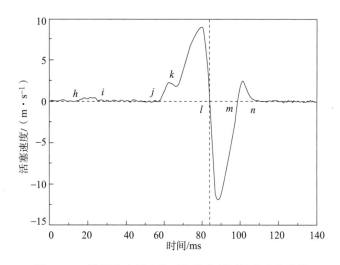

图 10.15　液压自由活塞发动机单次循环活塞速度曲线

对于液压自由活塞发动机来说，起动时活塞的下止点位置对起动过程有一定的影响。根据液压自由活塞发动机工作原理，当其在工作过程中失火时，活塞不能自行回到下止点位置，在该系统中采用了液压回位方式以实现活塞失火后的回位功能，当失火时将开关阀打开，将泵腔、控制腔与低压油接通，撤除了作用于活塞组件向上止点方向的高压液压力，泵和回弹活塞在输出端高压液压力作用下将活塞组件推至下止点。从图 10.13 可知，当活塞组件在向下止点回位时，由于开关阀处于开启状态，则压缩活塞在进入下止点区域时将控制腔内的液压油通过开关阀推入低压端，使得活塞组件最终停止在图 10.13 所示的Ⅳ区域，当液压自由活塞发动机起动时，频率控制阀开启，由于频率控制阀通道 e 被压缩活塞关闭，蓄能器的高压油无法顺利进入控制腔，只能通过间隙泄漏到控制腔，使控制腔压力逐渐升高，当压力升高到足以克服活塞组件摩擦力时，开始向上止点方向蠕动，即图 10.14 位移曲线中，活塞从 h 点蠕动到 i 点，由于活塞组件向上止点方向的蠕动，导致控制腔压力再次降低，低于摩擦力，活塞再次停止，即图中 i 点到 j 点，随着时间推移，泄漏量增大，控制腔压力再次升高，活塞组件继续蠕动，如此几次，直到压缩活塞将频率控制阀通道 e 打开后，大量高压油进入控制腔，活塞组件进入正常工作区域，控制腔压力油推动活塞组件快速向上止点方向运动。图 10.14、图 10.15 中 j 到 k 区间是压缩活塞从频率控制阀通道到蓄能器通道之间的运动情况,该区域内推动活塞组件运动的液压流量受制于频率控制阀流量,导致其运动速度相对较低,当压缩活塞将蓄能器通道 d 孔打开后,即图中 k 点之后,流量迅速增大,活塞组件在大流量作用下快速向上止点方向运动。图 10.16 给出的活塞位移 – 速度曲线可以很明显看出该过程中速度随活塞运动位置的变化情况。图 10.17 给出了液压自由活塞发动机单次循环活塞加速度曲线。

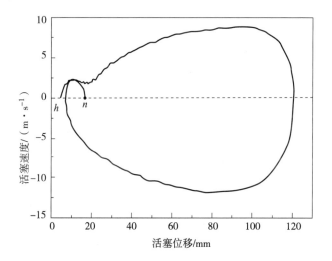

图 10.16 液压自由活塞发动机单次循环活塞位移 – 速度试验结果

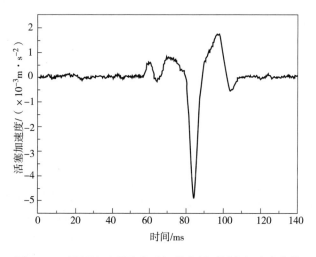

图 10.17 液压自由活塞发动机单次循环活塞加速度曲线

当液压自由活塞发动机完成了起动后的第一个循环之后，活塞再次回到下止点的时候，由于开关阀处于关闭状态，上述情况不复存在。在图10.14和图10.16中，活塞下止点停止位置为 n 点，较起动时活塞的初始位置 h 点向左移动了约10 mm，保证了停止在区域Ⅱ、Ⅲ内。

上述活塞运动特性趋势、特征点与第4章液压自由活塞发动机动态特性仿真结果吻合较好，对于具体的特征参数值与仿真结果有一定出入，这与所建立仿真模型的计算目的、简化与特征处理等因素有关。试验结果进一步验证了仿真模型对于液压自由活塞发动机特性的研究具有一定的可信度，同时，证明了在建立仿真模型时所做的假设与力的简化处理方法等模型处理手段对于液压自由活塞发动机运动特性的仿真计算是正确的。

10.4.4　影响液压自由活塞发动机运行最低频率因素分析

按照液压自由活塞发动机理论工作循环，其最低运行频率可以是无限小，但是，实际液压自由活塞发动机工作循环由于压缩活塞必然存在泄漏，当活塞在下止点处停止时，明显有一部分高压油不断地通过压缩活塞泄漏到控制腔，使控制腔压力逐渐升高，导致活塞向上止点方向蠕动，所以实际液压自由活塞发动机运行的最低频率取决于活塞在下止点处的停止时间，该时间取决于压缩活塞对频率控制阀通道的密封程度，密封越好则活塞组件可停滞在下止点处的时间越长，液压自由活塞发动机可运行的最低频率越小，反之则增大。然而，在实际液压自由活塞发动机设计时，液压部分的配合间隙又受到润滑、摩擦损失、容积损失等诸多因素的制约，所以，该处的泄漏必然存在，也是限制液压自由活塞发动机运行最低频率的关键因素。

图10.18给出了频率控制阀只给一次信号时，试验测得的活塞位移曲线与控制腔压力的对应关系。当活塞完成第一个循环回到下止点时，由于频率控制阀关闭，所以活塞经过反弹后停滞于下止点，即图中 n 点，控制腔压力由于活塞的反弹而降低，活塞处于平衡状态，随着时间推移，蓄能器的高压油经过压缩活塞泄漏至控制腔，控制腔压力逐渐升高，当控制腔压力增大到足以克服活塞摩擦力时，活塞开始蠕动，如图10.18中 p 点所示，经过几次蠕动，活塞将蓄能器通道 d 孔打开后，活塞在蓄能器高压油作用下迅速向上止点方向运动，在图中 q 点位置，活塞在频率控制阀没有开启的情况下进入下一循环。液压自由活塞发动机最低频率对应的下止点停止时间不能超过该时间。

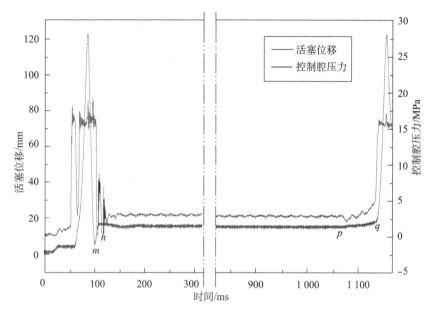

图 10.18 液压自由活塞发动机最低频率试验结果（附彩插）

10.5 参数影响规律试验研究

液压自由活塞发动机活塞的"自由"状态的特殊性，导致运行参数影响规律与传统发动机存在很大差别。本节针对喷油正时、排气门正时以及进气压力等与传统发动机影响规律差异较大的参数进行试验研究分析，寻求上述参数对液压自由活塞发动机的影响规律。

10.5.1 喷油正时的影响

对于液压自由活塞发动机来说，由于活塞处于"自由"状态，随着喷油正时的改变缸内着火时刻随之发生变化，导致缸内工质状态参数变化，尤其是缸内工质压力变化对"自由"状态的活塞运动规律的影响是直接的，而活塞运动规律又反作用于缸内工质状态参数，所以喷油正时耦合了活塞运动规律、缸内气体状态参数等多个环节参数之间的变化关系，进而涉及液压自由活塞发动机压缩比、预胀比、压力升高比等参数的变化。

试验时喷油正时按活塞位置定义，喷油时刻对应于活塞相对于下止点的位置定义为喷油正时，为了在表述上与传统发动机一致，与传统发动机喷油提前角类似，这里定义喷油时刻对应于活塞运动的位置称为液压自由活塞发动机相对于上止点的喷油提前位置（或喷油提前量），以喷油时刻相对于活塞上止点位置的提前距离表示，单位为 mm。

图 10.19 给出了试验测得的不同喷油提前量对应液压自由活塞发动机压缩比的变化趋势，在活塞压缩冲程接近上止点前的某个位置喷油器将高压柴油喷入气缸，由于喷入的燃料在高温高压环境下自行着火燃烧，缸内气体压力迅速升高，由于液压自由活塞发动机活塞不受机械约束，升高的缸内气体压力阻碍了活塞进一步向上止点运动，喷油提前量越大，这种阻碍作用越明显，即出现如图 10.19 所示当喷油提前量大于 20 mm 时，液压自由活塞发动机压缩比迅速下降。当喷油提前量减小，图中喷油位置向上止点方向靠近时，活塞压缩冲程后期由于燃料喷入气缸内较晚，燃料燃烧导致阻碍活塞运动的气体压力向上止点方向移动，活塞压缩冲程达到的上止点位置更靠近气缸盖底平面，压缩比提高，但是，当喷油提前量小于 16 mm 时，由于活塞已经接近上止点，此时活塞速度较小，由于喷油提前量所导致的压力升高对活塞运动影响减弱，压缩比变化不明显。

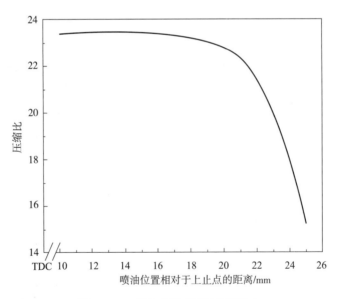

图 10.19 喷油时刻对压缩比的影响

喷油提前量对缸内循环过程的影响在本书第 2 章的热力循环及热效率分析一节中做了详细分析。

图 10.20 给出了喷油提前量分别为上止点前 15 mm、20 mm、25 mm 时对应的缸内压力曲线。

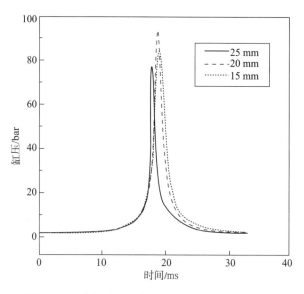

图 10.20　不同喷油时刻对缸压的影响（附彩插）

从图 10.20 可以看出，由于喷油之前缸内气体压力变化趋势不随喷油提前量而变化，当活塞运动到喷油位置时，喷入的燃料着火，缸压曲线偏离压缩线，喷油提前量越大，缸压线越早偏离压缩线，则阻碍活塞继续向上止点方向运动的气缸压力随着缸内燃料着火气体压力急剧升高而迅速增大，使得活塞"提前"到达上止点，如图中所示喷油提前量为上止点前 25 mm 对应的压力曲线；随着喷油位置向上止点方向靠近，燃料被喷入缸内时对应的气体压力温度较高，有利于柴油着火，另外，燃料着火时刻活塞仍然处于压缩过程中，由于活塞压缩和燃料燃烧两方面共同导致缸内气体最大爆发压力有所提高，如图中喷油提前量为上止点前 20 mm 对应的压力曲线；但是，随着喷油位置进一步靠近上止点，虽然喷入燃料时缸内工质状态更有利于燃料着火，但是由于活塞已经接近上止点，因容积变化引起的压力升高非常小，相反，燃料着火引起的压力升高，推动活塞进入膨胀冲程，最大爆发压力随之下降，如图中喷油提前量为上止点前 15 mm 所对应的缸压曲线。

与传统发动机相比需要特别提出的是，如果喷油提前量过小，由于液压自由活塞发动机活塞在上止点处具有很大的加速度，过小的喷油提前量导致较晚喷入燃油，大部分燃料燃烧在活塞膨胀过程中进行，加之活塞较大的加速度导致燃烧室容积迅速增大，缸内气体温度、压力急剧降低，导致尚未来得及完全燃烧的燃料不能继续燃烧。所以对于液压自由活塞发动机,需要更高喷射压力的喷油系统与活塞运动规律匹配方可实现有效的燃料控制与优化。

10.5.2 气门正时的影响

液压自由活塞发动机内燃机部分采用二冲程气口-气门式直流换气,没有单独的进气和排气行程,换气过程是在活塞行至下止点前、后一段时间内进行的。在图 10.21 中表示了液压自由活塞发动机换气过程气缸内压力、扫气压力以及排气门开启情况与活塞位移之间的对应关系。活塞在膨胀行程后期,运行到下止点前 32 mm 处时排气门开始开启,图中对应活塞位移 B 点所示,在排气门开启瞬间,气缸内压力 p_A 远大于排气口处的压力 p_0,缸内燃气以临界速度排出,流出量占燃气的 70%~80%,如图中气缸压力的 A 点所示;当气缸压力下降到稍低于扫气压力时,活塞运动到图中 C 点位置,进气口开启,之后进气口、排气门同时开启,新鲜空气自进气口进入气缸,把缸内剩余的废气从排气门排出,该过程一直延续到活塞越过下止点后进入下一循环压缩冲程回到 D 点将进气口关闭,图中试验情况是排气比进气口略为早关。

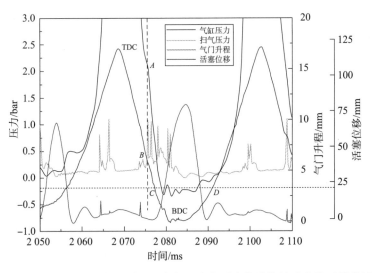

图 10.21 实测缸压、气门升程、扫气压力与活塞位移的关系曲线(附彩插)

根据上述分析,对于液压自由活塞发动机来说,进气口位置由缸套结构决定,在运行过程中不变,排气门采用电子控制液压驱动无凸轮配气机构,可以根据液压自由活塞发动机活塞位置实现正时、升程、时面值等参数的柔性调节。

1. 排气门开启时刻对液压自由活塞发动机的影响

与传统曲柄连杆式发动机不同，液压自由活塞发动机活塞不受机械约束，排气门开启时刻不仅关系到换气情况，同时，由于排气门开启引起的缸内气体压力变化，进而对活塞运动规律产生影响。当排气门开启过早时，由于缸内压力下降导致活塞冲程减小，损失功率严重。当排气门开启过晚时，导致进气口开启时缸内压力较大，出现废气倒流进气管现象，影响扫气效果。所以对于液压自由活塞发动机排气门开启时刻存在最优化位置，才能保证功率损失和换气效果的最优匹配。

2. 排气门关闭时刻对液压自由活塞发动机的影响

对于液压自由活塞发动机直流扫气二冲程发动机的换气过程，排气门关闭时刻存在两种情况，一种是排气门比进气口晚关，此种情况由于排气门关闭较晚，实现后扫气，对于缸内换气质量较好，但是，由于排气门晚关导致一部分新鲜空气流失、有效压缩比降低等情况。另一种情况是排气门比进气口早关，达到过后充气效果，与第一种情况带来的效果相反。同时由于排气门早关对于缸内 EGR 率有直接影响，对于下一循环的运行情况有一定影响。

3. 排气门时面值对液压自由活塞发动机的影响

与传统发动机排气门时面值的影响一样，时面值大则对于改善换气效果有利。

10.5.3　进气压力的影响

对于传统发动机，提高进气压力（即增压）是提高发动机升功率的一种非常有效的途径，同时，可改善经济性、排放性。下面针对液压自由活塞发动机提高进气压力带来的特性进行试验研究，为液压自由活塞发动机增压提供试验基础。

提高液压自由活塞发动机进气压力，则提高了液压自由活塞发动机工作循环始点工质状态参数（压力、温度、密度等），因而在循环过程中各点的压力、温度都有所提高。根据前面对液压自由活塞发动机活塞运动规律的研究可知，提高进气压力活塞在压缩过程中受到的缸内气体压力将增加，导致活塞压缩过程中受到缸内气体阻力增大，抑制了活塞向上止点方向的运动，如果在其他参数不变的情况下提高进气压力，液压自由活塞发动机的压缩比将减小。

图 10.22、图 10.23 分别给出了其他条件不变时，试验测得的进气压力 $p_a = 1.0$ bar 和 $p_a = 1.3$ bar 时对应的活塞位移曲线和缸内压力曲线。

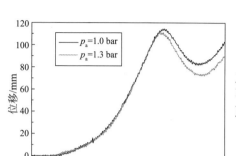

图 10.22　不同进气压力时对应的
活塞位移曲线（附彩插）

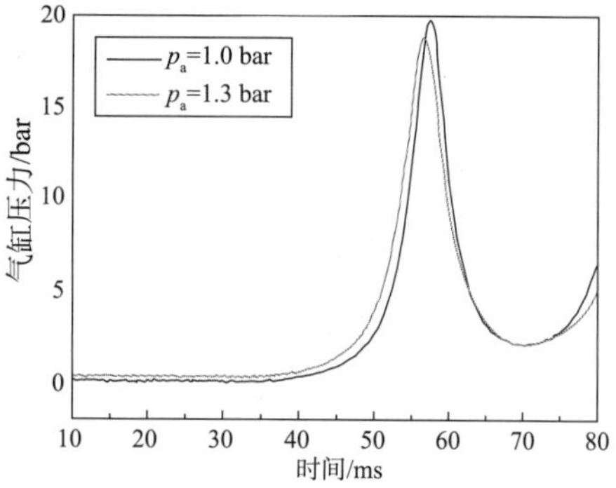

图 10.23　不同进气压力时对应的
缸内压力曲线（附彩插）

从图 10.22 位移曲线来看，提高进气压力对于活塞位移来说主要表现在活塞到达上止点时间提前，到达上止点的位置偏下，即压缩比减小；从图 10.23 气缸压力的变化情况来看，提高进气压力，同一时刻缸内气缸压力略有增加，压力峰值提前且降低。由此可见，对于液压自由活塞发动机来说，通过增压提高升功率存在如下特点：

（1）提高进气压力的同时必须提高恢复系统的液压压力来保证液压自由活塞发动机压缩比，以及压缩终了缸内工质的状态参数能够达到柴油自燃条件。

（2）提高进气压力后，由于液压自由活塞发动机活塞组件不受机械约束，增压后平均有效压力、爆发压力提高，以增加活塞膨胀冲程的速度、加速度的形式释放能量，其增压不受活塞组件机械负荷条件限制。

（3）增压后，虽然使得整个工作循环的温度升高，但是由于增压后活塞在上止点处加速度的提高导致上止点处容积增大率提高，最高温度升高受到限制，限制了活塞热负荷的提高。

综上所述，液压自由活塞发动机有条件实现高增压、高压缩比情况下的运行，可以实现较高的功率密度。

10.6　液压自由活塞发动机低频运行试验

液压自由活塞发动机活塞运动规律与缸内工作过程具有较强的耦合性，同时也受到液压泵部分各个液压腔压力的影响，液压自由活塞发动机的稳定运行需要各参数的合理匹配，在仿真研究的基础上，需要通过试验对各控制参数的影响规律进行研究，并在发动机的不同运行工况下进行标定。

本着先易后难的原则，本节的试验研究以液压自由活塞发动机低频运行为主，并在前期试验的经验积累基础上，适当降低液压自由活塞发动机输出压力等级，探索液压自由活塞发动机连续稳定运行的条件，为液压自由活塞发动机高频、高压力输出工作奠定基础。

10.6.1 液压自由活塞发动机起动控制试验

（一）压缩腔压力对起动过程的影响

由于柴油压燃需要活塞压缩终了缸内具有一定的温度、压力环境，因此，对于传统柴油机，冷起动是一个不容忽视的问题。传统柴油机起动采用电动机倒拖起动，一般能达到的转速为 100～150 r/min，然而，柴油机运行的最低转速一般稳定在 1 000 r/min 左右，这种低速起动存在两个主要问题：①泄漏严重；②热损失大。

液压自由活塞发动机的起动过程是指液压自由活塞发动机活塞停止在下止点位置，利用压缩蓄能器的液压能推动活塞组件向上止点运动，并使液压自由活塞发动机完成第一次着火的过程。根据对液压自由活塞发动机工作的原理分析可知，即使在液压自由活塞发动机起动时其活塞运动规律与正常工作时活塞运动规律完全一致，即具有与正常工作一样的活塞运动速度和压缩比。所以对于液压自由活塞发动机来说，避免了传统发动机起动时由于转速低导致活塞运动速度慢而带来的一系列不利于起动的因素。对于液压自由活塞发动机冷起动，可以通过调节压缩蓄能器压力来增大推动活塞的能量，克服起动时缸内温度低、液压油黏度大等不利于着火的因素，即提高压缩蓄能器压力可以达到提高活塞运动速度、提高压缩比的目的，因此，液压自由活塞发动机较容易实现冷起动。

传统柴油机要完成起动，其压缩冲程终了的压缩空气压力需要达到 3～4 MPa，温度达到 723～823 K，这个压力、温度条件同样适用于以柴油作为燃料的液压自由活塞发动机。从能量转化角度分析液压自由活塞发动机起动过程，压缩腔液压能转化为气缸内气体内能、高压腔液压能以及各种形式的能量损失，其中约 50% 的能量被缸内气体吸收，40% 作为液压能输出到系统高压油路。因此，压缩腔液压能越大，转化为缸内气体内能的能量越多，越容易起动，根据对液压自由活塞发动机仿真特性研究结果来看，影响压缩终了缸内气体压力、温度最直接的因素是压缩腔压力。

根据以上分析，对压缩腔压力对液压自由活塞发动机起动过程的影响进行了试验研究。试验方法为：通过测试不同的压缩腔压力，分析相应的活塞压缩冲程终了的缸内气体状态参数和压缩比的变化。在进行此项试验时，喷油器、气门均不动作，只测试压缩腔压力对缸内气体压力和活塞压缩冲程运动的影响。外部的两个油源系统分别作为负载压力和压缩压力油源。

图 10.24 为不同的压缩腔压力对起动压缩冲程的影响情况。从图中可以看出，随着压缩腔压力的增加，压缩终了缸内气体最高压力、活塞压缩冲程的最大速度和压缩比均单调增加，因此，提高压缩腔压力可以直接有效改善液压自由活塞发动机起动性能。根据液压自由活塞发动机工作原理，当压缩腔压力增大时，作用于活塞组件向上止点方向的液压力增加，输入系统的液压能增加，活塞运动速度、加速度增大，由于活塞组件不受机械约束，则活塞所能达到的上止点位置更靠近气缸盖底平面位置，即压缩比增大，压缩终了缸内气体压力升高，这一特性为液压自由活塞发动机冷起动提供了有效的解决途径。

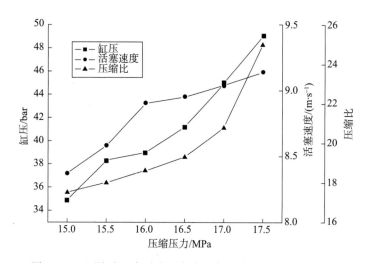

图 10.24　压缩腔压力对液压自由活塞发动机起动过程的影响

（二）起动过程的频率控制阀控制方法试验研究

液压自由活塞发动机起动前必须先使活塞位于下止点，而根据液压自由活塞发动机工作原理可知，液压自由活塞发动机停机或熄火后活塞均停留在上止点处，因此起动前必须通过控制活塞回位阀使活塞返回并停留在下止点。这个过程是通过将压缩腔和泵腔与低压油路连通，撤除作用于活塞组件向上止点方向的高压液压力，利用高压腔压力将活塞推回下止点。

在实际操作中，活塞在进入下止点范围时将压缩腔内的液压油通过回位控制阀推入低压油路，这将造成活塞实际位置偏离设计下止点位置且向远离缸盖底平面的方向移动，并封闭频率控制阀与压缩腔连通口，如图10.25 所示，从图中可以看出活塞初始位置在起动工况与稳定工况的区别。

当液压自由活塞发动机完成了起动循环之后，活塞再次回到下止点时，由于活塞回位阀已经关闭，压缩腔形成液压死区，限制了活塞在下止点处向远离缸盖底平面的方向移动，上述起动问题将不复存在。

以上所述起动控制的特点是：应用了PPM方法对频率控制阀进行控制，即频率控制阀每一次开启的脉宽是固定的，因此不能保证频率控制阀开启后可以将活塞组件推动至压缩蓄能器与压缩腔的直通口，需要若干次频率控制阀的开启，将活塞压缩初始位置进行调整后，才能开始压缩过程，这就无法实现活塞压缩过程连续加速，造成活塞压缩速度降低、压缩比减小，这对于缸内温度低、油液黏度大的起动工况是尤为不利的。如果将频率控制阀开启固定脉宽加长以保证活塞起动过程的连续加速，则过长的脉宽将导致后续稳定工况的活塞无法在下止点停留，工作频率失去控制。

基于以上对PPM控制方法存在问题的分析，本节对PPM方法针对液压自由活塞发动机起动工况的特点做了改进，提出了活塞位置反馈调制（PFM）控制方法，即频率控制阀的开启频率为设定的液压自由活塞发动机工作频率，频率控制阀打开信号发出时刻是固定的，但没有固定的频率控制阀信号脉宽，其关闭时刻是根据活塞位置信号确定的。PFM控制可以完全避免频率控制阀关闭，而压缩蓄能器接口没有完全开启情况的发生，保证了活塞依靠频率控制阀流量持续加速的连续性。此外，在发动机稳定工作情况下，由于每循环压缩始点不尽一致，PFM方法则保证了频率控制阀每循环输入能量切断时刻的一致，减少了可能产生循环间变动的因素。

此外，通过上述试验说明，起动过程频率控制阀的开启时刻还应与活塞回位阀关闭时刻相协调，在活塞回位阀关闭信号发出后，应在长于活塞回位阀响应时间（70 ms）的延时之后开启频率控制阀，以保证频率控制阀对活塞压缩过程前期加速过程控制。

图10.28为使用PFM方式控制活塞起动的过程，从图中可以看出，起动过程所需的频率控制阀开启时长远大于稳定工作时的频率控制阀开启时长，保证了活塞起动过程的连续加速。图10.29为PPM和PFM两种频率控制阀控制方式起动工况活塞压缩冲程的速度比较。图中PPM数据为图10.26中起动循环数据，压缩腔压力为18.9 MPa，而PFM起动循环所使用的压缩腔压力为16.5 MPa，可见，尽管压缩腔压力水平较低，PFM控制方法可以利用较低的压缩压力达到PPM控制方法较高压缩压力才能达到的压缩冲程最大活塞速度，并且活塞速度增长明显较快。将该方法应用于整体推进系统能量管理中的液压自由活塞发动机起停和工作频率控制，可以有效改善起动性能，提高起动能量利用效率。

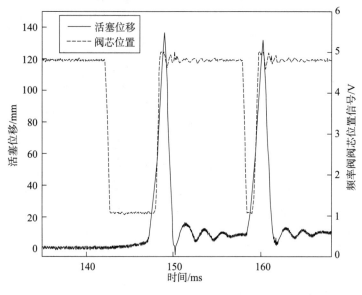

图 10.28 PFM 方式起动控制

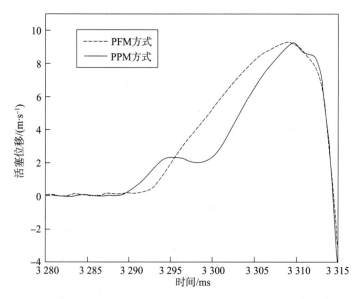

图 10.29 PPM 和 PFM 方式下的活塞压缩速度比较

图 10.30 为液压自由活塞发动机稳定运行时 PFM 方法的控制效果,频率控制阀按照液压自由活塞发动机设定的工作频率周期性地开启,从图中可以看出,频率控制阀在每一循环压缩冲程距设定下止点 35 mm 处关闭,

图中右侧循环压缩起始位置较左侧循环偏向下止点，因此右侧循环的频率控制阀开启时间较左侧长 1.6 ms，控制信号宽度进行了自适应变化。

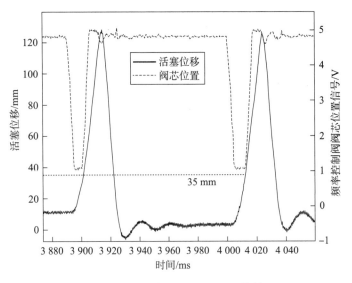

图 10.30　稳定工况下的 PFM 控制

通过以上试验可以得出，在 PPM 控制方法基础上改进的 PFM 控制方法更为柔性、有效地控制了液压自由活塞发动机每循环压缩冲程的起始阶段，保证了活塞依靠频率控制阀流量持续加速的连续性和一致性，能够有效、可靠地控制液压自由活塞发动机的起动和工作频率。

10.6.2　液压自由活塞发动机稳定运行特性研究

在对液压自由活塞发动机关键部件进行测试的基础上，掌握了液压自由活塞发动机起动及工作频率控制的特点后，本节开展了液压自由活塞发动机低频连续稳定运行的研究。

（一）液压自由活塞发动机稳定运行的条件

根据对液压自由活塞发动机工作特性的分析可知，运动件活塞组件在液压力、缸内可变气体压力共同作用下往复运动，活塞运动可视为一个变阻尼、变刚度的单自由度的受迫振动系统。在系统稳定运行时，外部激励持续地按一定频率向系统内输入能量，而且该能量在数量上与阻尼耗散的能量相平衡。激励主要取决于缸内的燃烧情况，与循环喷油量、喷油正时、进排气过程等直接相关。因此，液压自由活塞发动机系统能够连续稳定运行的条件是：液压自由活塞发动机循环供油量燃烧释放的能量必须满足系统输入能量与消耗能量相平衡。影响液压自由活塞发动机稳定运行的因素主要有缸内气体初始压缩压力、作用于活塞组件上的液压力、柴油燃烧产生的缸内气体压力的释放位置和释放规律等，通过第4章对液压自由活塞发动机动态过程仿真，可以初步得到控制参数的基本范围和影响规律，仍需要通过试验对各控制参数进行反复调整和参数间的匹配，才能达到液压自由活塞发动机稳定运行条件。

（二）控制变量对活塞运动的影响

在液压自由活塞发动机试验运行时，可调整的参数为循环喷油量、喷油正时（提前量）、气门正时、压缩压力等。由于在试验中压缩压力是由外接的高压油源系统提供的，在一定的负载压力下，通过调整高压油源输出压力，满足压缩终了对缸内压力的要求，在试验中一般不做调整，试验过程中主要对循环喷油量、喷油提前量和气门正时这三个参数进行调整，以达到液压自由活塞发动机稳定运行的目的。

活塞位移传感器输出信号零点对应液压自由活塞发动机起动前活塞停留的下止点位置，并以该点为坐标原点，正方向指向上止点方向。图10.31为不同的喷油脉宽对活塞运动的影响，从图中可以看出，循环喷油量的变化对活塞膨胀冲程长度和速度影响明显，喷油脉宽越长，活塞的下止点位置越小，反弹量越大，活塞运动对于循环喷油量的变化比较敏感，且喷油器喷油量存在一定的循环间变动，这将造成在液压自由活塞发动机连续运行时下止点位置出现循环间变动。

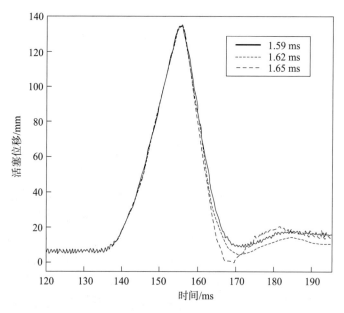

图10.31　循环喷油量对活塞位移的影响

图 10.32 为喷油提前量对活塞位移的影响，图中为喷油信号触发位移分别为 111 mm 和 105 mm 时的活塞位移情况。从图中可以看出，曲线与仿真结果类似，喷油提前量的变化对活塞运动影响有限，喷油提前量减小会造成活塞上止点位置略有提高。喷油提前量的影响相对明显地体现在缸压曲线上，如图 10.33 所示，喷油提前量大则缸压越早偏离压缩线，若喷油提前量减小，则缸内温度压力更有利于着火，缸压峰值略有上升。

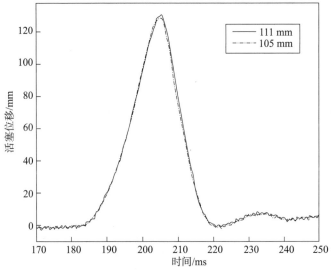

图 10.32　喷油正时对活塞位移的影响

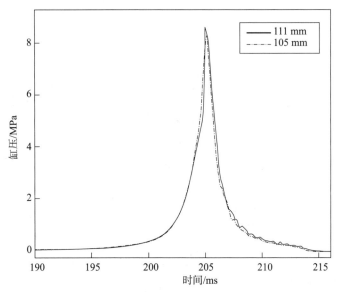

图 10.33　喷油正时对缸压的影响

图 10.34 为气门开启信号触发位移分别为 82 mm 和 78 mm 时的活塞位移情况,正如仿真模型的分析结果,气门正时对活塞运动的影响主要体现在活塞下止点位置和反弹量上,气门开启越早,缸内压力越早开始下降,活塞提前减速,膨胀冲程越短,反弹量越小。对于液压自由活塞发动机低频运行方式,门开启时长(即气门关闭时刻)无须与进气口开闭协调,但应尽可能地增加气门开启时面值,保证换气效率。

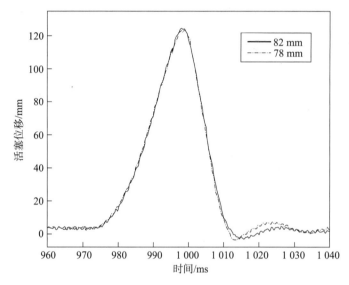

图 10.34　气门正时对活塞位移的影响

上述试验结果说明了第 4 章动态仿真模型的有效,能够为试验中参数的范围和调整方向提供依据。

(三) 试验参数

液压自由活塞发动机内燃机部分采用二冲程直流扫气柴油机原理,基于活塞位移信号对起动过程、燃油喷射和气门开闭进行控制,经过对各参数的反复调整与匹配,在进行初步试验时,对一些液压自由活塞发动机样机设计参数进行了调整,表 10.3 列出了试验中的各参数值。

表 10.3　试验参数

试验参数	参数值
压缩腔压力/MPa	16.5
高压油路压力/MPa	13
低压油路压力/MPa	1

续表

试验参数	参数值
配气和供油系统驱动压力/MPa	16.5
扫气压力/bar	1.2
喷油位置（距坐标原点）/mm	110
循环供油量/mg	21.9
气门开启位置（距坐标原点）/mm	76
气门开启时间/ms	10
液压自由活塞发动机工作频率/Hz	8.7

（四）液压自由活塞发动机活塞位移特性

图 10.35 为液压自由活塞发动机起动后连续 5 个循环的活塞位移曲线，工作频率设定为 8.7 Hz。从图中可以看出，由于起动前活塞初始位置的影响，液压自由活塞发动机起动工况压缩冲程长度明显大于稳定工况压缩冲程。同时可以看到，稳定工况各循环活塞位移曲线存在较为明显的差别，主要体现在膨胀冲程长度、下止点位置和循环间活塞停留位置的不同上。相对于膨胀冲程，压缩冲程则具有较好的一致性。膨胀冲程长度大于压缩冲程，且膨胀冲程的末段活塞有明显的反弹与振荡。

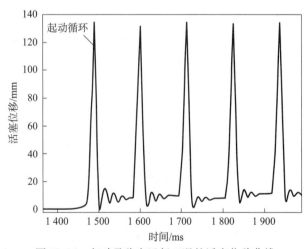

图 10.35 起动及稳定运行工况的活塞位移曲线

图 10.36 为低频工作状态下活塞单一循环位移曲线，从图中可以看出，液压自由活塞发动机单一循环活塞位移包括四个阶段：压缩冲程、膨胀冲程、反弹与振荡阶段和活塞停止阶段。压缩冲程所用时间小于膨胀冲程，活塞运动曲线关于上止点具有明显的不对称性，这是与传统内燃机的活塞

运动规律最主要区别之一。试验结果与仿真计算所得特性一致。此外,活塞工作循环包含反弹与振荡阶段和活塞停止阶段,这是与曲轴式内燃机的另一明显区别。液压自由活塞发动机在低于最大频率下工作时,活塞位移曲线将一直包含上述四个阶段。

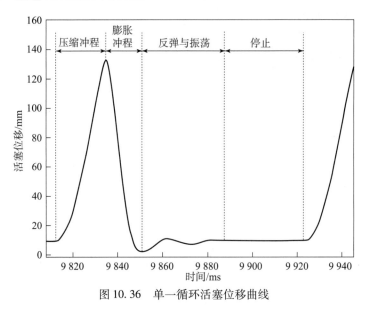

图 10.36　单一循环活塞位移曲线

图 10.37 为单一循环活塞速度曲线,压缩冲程最大速度约 8.4 m/s,膨

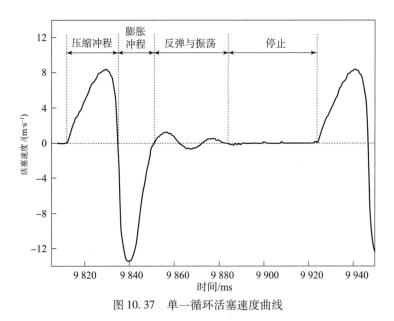

图 10.37　单一循环活塞速度曲线

胀冲程速度峰值约 12.5 m/s，活塞速度曲线同样呈现了关于上止点的不对称性，膨胀冲程最大速度超出压缩冲程最大速度 50% 左右，压缩冲程速度较低，对于泵腔的吸油过程是有利的。

图 10.38 为单一循环活塞加速度曲线，从图中可以看出，由于在上止点附近燃烧开始，缸内压力迅速增长，导致活塞负向加速度峰值出现在上止点处；正向加速度则位于膨胀冲程下止点前约 24 mm 处，这是由于活塞将压缩腔与压缩蓄能器连通口封闭，压缩腔形成液压死区，腔内压力迅速增大所致。从图中可以看出，活塞在上止点处的反向加速度峰值为 $-8\,600$ m/s^2，超出相当条件下传统内燃机 3 倍以上。

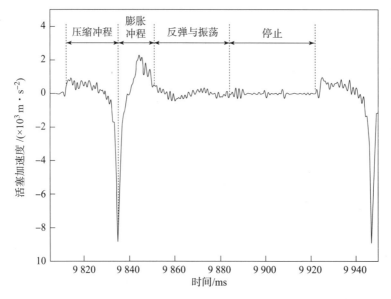

图 10.38　单一循环活塞加速度曲线

图 10.39 为液压自由活塞发动机进行 100 次工作循环的活塞位移 - 速度曲线，也可称为液压自由活塞发动机相轨迹图，从振动特性的角度来看，活塞处于自激振动状态，能量输入和消耗相互平衡，是一种稳定状态。

（五）**液压自由活塞发动机燃烧特性**

液压自由活塞发动机内燃机部分采用柴油机工作原理，具有柴油机燃烧过程的特点：燃烧时间极短，所处的空间很小，同时，燃烧空间在一定限度内是变化的，燃烧反应物很不均匀，并且具有一定的流动和扰动，反应物和燃烧产物混合存在于同一容积，同时柴油机的自燃和多点着火，使得燃烧过程十分复杂多变。液压自由活塞发动机除了具有上述柴油机燃烧

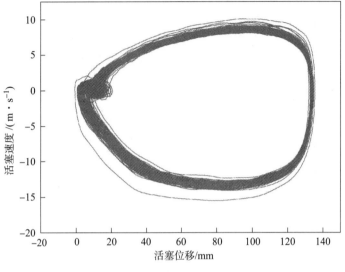

图 10.39 活塞位移 – 速度曲线

的特点外,由于上止点附近的巨大加速度导致上止点处缸内容积变化率增大,燃烧速度急剧增加,放热过程变快,从而导致一系列与传统柴油机不同的特点。

图 10.40 为试验测得的活塞位移 – 缸压 – 喷油控制信号关系曲线。从图中可以看出,喷油控制信号在活塞向上止点运行至 110 mm 处触发,根据喷

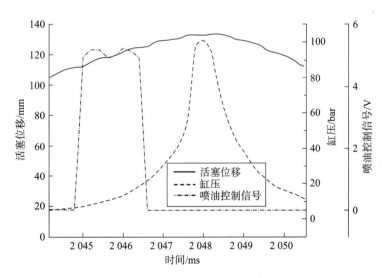

图 10.40 位移 – 缸压 – 喷油控制信号关系

油器的响应时间，约 1.5 ms 后燃油喷入气缸。从缸压曲线可以初步判断燃烧开始于 2 047.6 ms 时，约 0.7 ms 后活塞到达上止点。从喷油器控制信号发出到燃烧开始滞后时间约为 2.8 ms。

图 10.41 为试验测得的液压自由活塞发动机燃烧过程中缸内压力、放热率和温度随时间的变化关系。参照传统柴油机对燃烧阶段的划分，液压自由活塞发动机的燃烧过程可以分为滞燃期、速燃期、缓燃期和后燃期四个阶段。图中所示 A 点为喷油始点，B 点为燃烧始点，即放热率开始上升的时刻，C 点为缸内压力最大值对应时刻，D 点为缸内最高温度对应时刻，E 点为燃烧结束，即放热率回到零的时刻。t_1、t_2、t_3 和 t_4 分别对应滞燃期、速燃期、缓燃期和后燃期。从图中可以看出，液压自由活塞发动机的燃烧过程中，速燃期为燃烧的主要阶段，而不是传统柴油机的缓燃期，燃烧持续期很短，仅为 1.5 ms 左右。燃烧结束后缸内温度下降很快，这有利于减少热损失，优化液压自由活塞发动机的效率和排放。

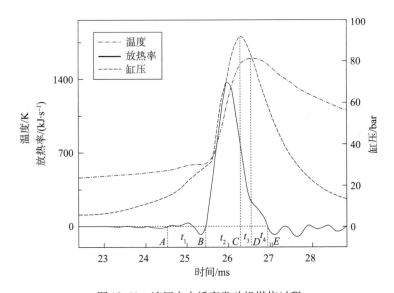

图 10.41 液压自由活塞发动机燃烧过程

（六）液压自由活塞发动机液压泵特性

液压自由活塞发动机泵腔在活塞压缩冲程通过单向阀吸入低压油，在膨胀冲程将油液输出到高压管路，实现液压泵功能。图 10.42 为试验中泵腔压力和活塞位移随时间的变化曲线，从图中可以看出，当活塞压缩冲程开始，由于泵腔容积增大，泵腔压力迅速下降，低压油路中的液压油经单向阀被吸入泵腔。在活塞到达 TDC 开始膨胀冲程时，理想情况是吸油单向阀落座，泵腔压力随膨胀冲程迅速升高，但实际情况是单向阀落座存在一定时间的滞后，如图中所示，在活塞膨胀冲程开始后 Δt 时间，单向阀才实现完全落座，泵腔压力上升，Δt 在试验中约为 4.8 ms。

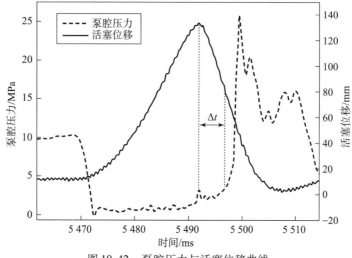

图 10.42 泵腔压力与活塞位移曲线

泵腔吸油单向阀的滞后造成了以下三方面的不良效果：

（1）由于吸油单向阀不能及时关闭，导致部分油液直接输入低压油路，膨胀冲程的初始阶段不能通过泵腔向外输出液压能，造成效率的损失。

（2）由于膨胀冲程的初始阶段泵腔无法建立压力，导致活塞运动阻力小，速度快，加速过程长，进而造成活塞在下止点反弹量大。

（3）活塞速度的增大使缸内燃烧过程短暂，虽然对于减少热传递损失和与温度相关的污染物排放是有利的，但是造成了气缸容积效率低下，喷入气缸的燃油不能全部燃烧，进而导致效率降低。

此外，泵腔排油单向阀的响应对活塞下止点反弹过程也有着直接的影响。从图 10.42 中可以看出，活塞在到达下止点时，由于泵腔排油单向阀关闭响应慢，导致高压油路部分高压油回流，泵腔压力升高，为活塞向上止点反弹提供了能量，不利于实现活塞在下止点的停留。

为消除以上所述不良效果，根据第 4 章的仿真结果，最直接有效的方法是提高单向阀的响应速度。图 10.43 为提高了单向阀响应速度后的泵腔压力与活塞位移曲线。从图中可以看出，吸油单向阀的响应时间 Δt 缩短至 2 ms 以内，排油单向阀响应速度提高后，活塞在下止点时泵腔压力呈下降趋势，活塞反弹量减小。

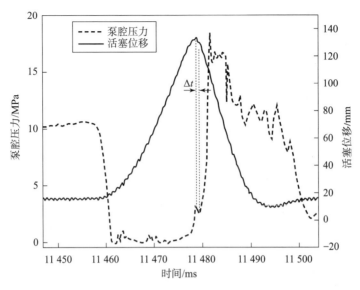

图 10.43　改进单向阀后的泵腔压力与活塞位移曲线

（七）液压自由活塞发动机最低可控频率的确定

按照液压自由活塞发动机工作循环理论，其最低工作频率可以无限小，但是，由于液压泄漏的不可避免，当活塞在下止点处停止时，必然有一部分高压油不断地通过泄漏进入到压缩腔，使压缩腔压力逐渐升高，导致活塞向上止点方向蠕动，直至将压缩蓄能器与压缩腔连通口打开，活塞开始一个不受控制的循环。所以液压自由活塞发动机实际运行的最低频率取决于活塞和压缩腔之间的密封程度，密封程度越好则活塞组件可停止在下止点处的时间越长，液压自由活塞发动机可控的最低频率越小，反之则增大。然而，在实际液压自由活塞发动机结构设计时，液压部分的配合间隙受到润滑、摩擦损失、容积损失等诸多因素的制约，所以，该处的泄漏必然存在，也是限制液压自由活塞发动机运行最低频率的关键因素。

液压自由活塞发动机最低可控频率的测试方法为：在若干次由频率控制阀控制的稳定循环之后，活塞停止在下止点，此后不再控制频率控制阀打开，然后测试通过泄漏使活塞开始一个新的冲程所需的时间。图 10.44 为测试结果，从图中可以看出，活塞在下止点停止后，蠕动至将压缩蓄能器通道打开所用的时间约为 780 ms，因此本节所开发的液压自由活塞发动机最低可控频率为 1.28 Hz。

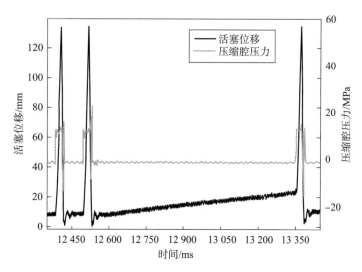

图 10.44　液压自由活塞发动机最低可控频率测试结果（附彩插）

10.6.3　液压自由活塞发动机连续运行的气门控制试验

图 10.45 为活塞位移–缸压–气门升程–气门控制信号关系曲线。图中气门开启信号触发位置为活塞向下止点运行至 76 mm 处，由于电控液压驱动气门机构存在响应滞后，气门在信号发出 2 ms 后开始动作，气门实际开启对应的活塞位移为 48 mm，气门开启时，缸内压力约为 1.8 bar，大于排气口处的压力，使缸内燃气可以迅速排出。进气口开启位置为 40 mm，由于气门已经打开，此时缸内压力下降至 0.8 bar 左右，低于扫气压力，新鲜空气自进气口进入气缸，把缸内剩余的废气从气门排出。由于液压自由活塞发动机低频运行，活塞应在下止点停留，因此气门关闭时间与进气口关闭时间无对应关系，但应保证足够的气门开启时间，满足缸内换气要求。图中气门升程出现负值是由于液压自由活塞发动机运行时机体振动造成的。

由于液压自由活塞发动机应用了电控液压驱动气门，气门升程和响应时间均受到液压驱动压力的影响，进而会影响换气过程以及缸内燃烧过程。图 10.46 说明了液压驱动气门初始动作特性，图中为液压自由活塞发动机起动后，气门最初的三个升程曲线和控制信号。可以看出，气门第一次开启升程明显小于之后的气门升程，经分析得出第一次动作气门的响应时间为 2.6 ms，随后的气门响应时间均保持在 2 ms 左右。这是由于在起动前，气门驱动机构的液压柱塞缸及管路中没有压力油液，驱动气门的液压力需要

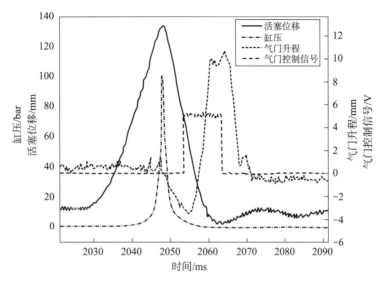

图 10.45 位移 - 缸压 - 气门升程 - 气门控制信号关系

一定的建立时间,驱动力的增长速度也相对缓慢。而第一次动作之后,上述影响因素消失,气门升程和响应时间基本保持在正常水平。

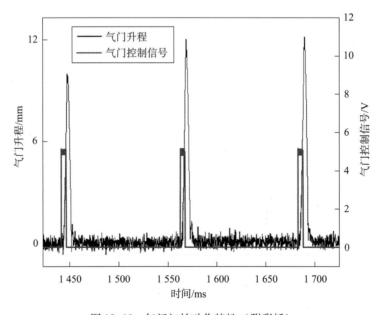

图 10.46 气门初始动作特性(附彩插)

针对上述气门动作特点，为保证液压自由活塞发动机起动循环的气门升程和响应时间，应在起动前控制气门预动作 1~2 次，使液压自由活塞发动机开始运行后每一次气门升程和响应时间保持一致。在试验中，起动信号发出后，由于活塞回位阀关闭响应时间较长，频率控制阀在起动信号发出 100 ms 之后才开始动作，利用这段时间完成气门预动作，保证了液压自由活塞发动机工作过程中气门动作的一致性。

在液压自由活塞发动机连续运行过程中，由于燃烧不正常，可能导致膨胀冲程活塞无法回到下止点，甚至发生失火，根据液压自由活塞发动机的工作原理，活塞将在膨胀冲程途中迅速向上止点折返，如果已经触发气门控制信号，就有可能造成活塞与气门的撞击。第 8 章中针对此种情况设计了防止活塞与气门撞击的保护程序，并应用在液压自由活塞发动机连续运行试验中。

图 10.47 为液压自由活塞发动机活塞位移、速度和气门控制信号关系。图中气门开启信号发出时刻设定在膨胀冲程活塞位移为 84 mm 处，气门保护程序在每循环活塞位移为 94 mm 处检测活塞速度。由于活塞速度直接表征了活塞运动的动能，因此当检测点的速度达不到某一设定的阈值时，控

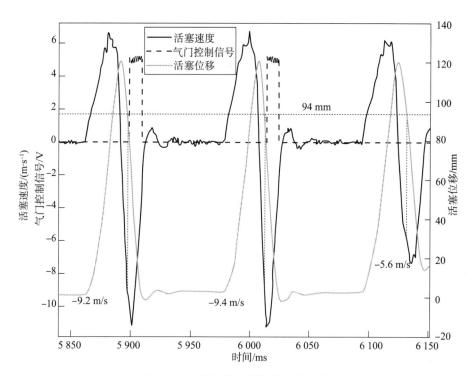

图 10.47　气门保护程序的试验验证

制器认为活塞将无法到达下止点或出现失火,则在活塞到达设定的气门开启位置时,不发出气门控制信号,图中的3个工作循环在检测点的速度分别为 -9.2 m/s、-9.4 m/s 和 -5.6 m/s,其中第 3 个循环无法回到下止点并向上止点折返,由于其速度未达到保护阈值,气门保护程序没有发出气门开启信号。试验中速度阈值的设定是随气门开启位置的不同而变化的,速度检测点一般设置在气门开启位置前 10 mm 处。通过试验说明,气门保护程序以预测方式控制气门开闭,可以从根本上防止活塞与气门撞击这种致命性破坏。

10.6.4　液压自由活塞发动机连续运行的循环间变动

由于没有曲柄连杆机构的限制,液压自由活塞发动机运行过程中由于受到循环间缸内燃烧情况、液压腔压力变化的影响,作用在活塞组件上的合力随之发生变化,活塞运动规律必然存在循环间的变动。

图 10.48 为液压自由活塞发动机低频连续运行时其中部分循环的活塞位移、速度和加速度情况,从图中可以直观地看出活塞运动每循环间的变动情况。

为研究液压自由活塞发动机的循环间变动情况,选取液压自由活塞发动机稳定运行中的 151~200 之间的 50 个循环,对最大燃烧压力、上止点位置、下止点位置和压缩比进行分析,并计算循环变动率。图 10.49（a）、(b)、(c) 和 (d) 分别为 50 个循环的最大燃烧压力、上止点位置、下止点位置和循环压缩比变动曲线。

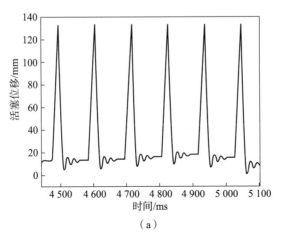

图 10.48　连续运行的活塞位移、速度和加速度
(a) 活塞位移

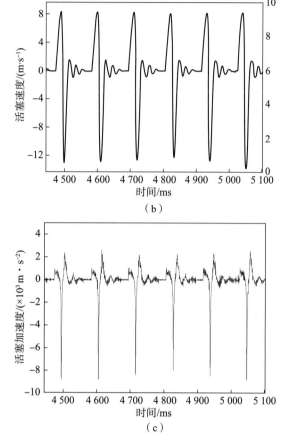

图10.48 连续运行的活塞位移、速度和加速度（续）
(b) 活塞速度；(c) 活塞加速度

从图10.49可知，最大燃烧压力在84~96 bar变动，上止点循环间变动幅度为0.4 mm，远小于下止点的变动幅度6.5 mm，由于上、下止点的变动，循环间的压缩比变化范围在16.8~15.7。通过以下公式计算各参数的循环变动率：

$$CoV_x = \frac{\sigma_x}{\bar{x}} \tag{10.1}$$

式中，$\bar{x}$为参数的平均值；σ_x为标准偏差，通过下式计算：

$$\sigma_x = \sqrt{\sum_{j=1}^{n} \frac{(x(j) - \bar{x})^2}{n-1}} \tag{10.2}$$

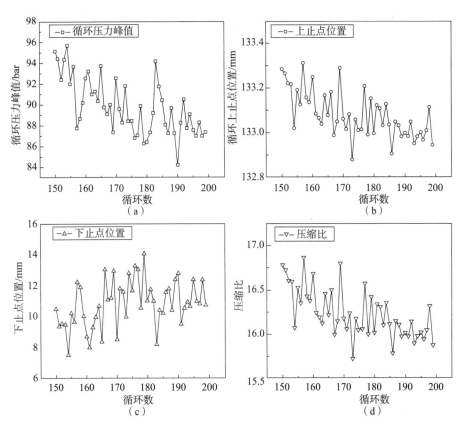

图 10.49 液压自由活塞发动机运行参数循环间变动情况
(a) 缸压循环间变动；(b) 上止点循环间变动；(c) 下止点循环间变动；
(d) 压缩比循环间变动

表 10.4 为各参数循环间变动率的计算结果，表中 $CoV_{P_{max}}$、CoV_{TDC}、CoV_{BDC} 和 CoV_{CR} 分别代表最大燃烧压力、上止点、下止点和压缩比的循环间变动率。可以看出，上止点循环间变动较小，说明活塞压缩冲程一致性较好，压缩能量输入的大小和时刻比较稳定。下止点循环间变动较大的原因在于影响下止点的因素较多，循环喷油量、燃烧过程的变动以及膨胀冲程末了泵腔和压缩腔压力的动态变化都可能对下止点位置产生影响。缸内最高压力的变动也说明了缸内燃烧循环变动较大。尽管上止点基本稳定，但由于下止点的较大变动，导致每循环冲程长度的变动，进而造成了压缩比的不稳定。

表 10.4　液压自由活塞发动机运行参数循环间变动率

CoV_{Pmax}	CoV_{TDC}	CoV_{BDC}	CoV_{CR}
3.0%	0.078%	13.84%	1.69%

10.7　液压自由活塞发动机试验性能指标计算

液压自由活塞发动机是一种将燃料燃烧释放的热能通过活塞组件直接转化为液压能的一种特种内燃机，本节参考传统内燃机性能指标的定义和计算方法，对液压自由活塞发动机试验结果的性能指标进行介绍与计算，通过对性能指标的考核研究其能量转换效率。

10.7.1　指示性能指标

1. 液压自由活塞发动机运行最高频率 f

液压自由活塞发动机结构参数和设计运行参数给定的情况下，其最高运行频率 f 可确定，根据实测活塞运动位移曲线可知，活塞运动周期为 33 ms，即活塞完成一个压缩、膨胀冲程所用时间，由此可得液压自由活塞发动机最大运行频率为：

$$f = \frac{1}{33} \times 10^3 \approx 30 \ (\text{Hz}) \tag{10.3}$$

设定 $f = 30$ Hz 为液压自由活塞发动机标定工况，下面指标按 30 Hz 计算。

2. 循环指示功 W_i

液压自由活塞发动机指示功 W_i 可定义为：液压自由活塞发动机完成一个工作循环时工质对活塞所做的有用功。根据实测缸压，通过 $p-V$ 示功图计算可得出循环指示功 W_i。

将试验实测 $p-V$ 示功图积分可得：

$$W_i = \oint p dV = 537 \ (\text{J}) \tag{10.4}$$

3. 平均指示压力 p_{mi}

指示功反映了液压自由活塞发动机气缸在一个工作循环中所获得的有用功的数量，它除了和循环中热功转换的有效程度有关外，还和气缸容积的大小有关。为了更清楚地对不同工作容积的液压自由活塞发动机工作循环的热功转换有效程度做比较，与传统发动机性能指标类似，引入平均指示压力 p_{mi} 的概念。平均指示压力是衡量发动机工作循环的热功转换有效程度的一个与结构参数无关的评价指标,即单位气缸容积一个循环所做的指示功。

根据定义,液压自由活塞发动机的平均指示压力可以按下式计算:

$$p_{mi} = \frac{W_i}{V'_h} = 0.79 \text{ (MPa)} \tag{10.5}$$

式中,V'_h 为液压自由活塞发动机有效工作容积,即气口完全关闭时所对应的工作容积。

平均指示压力是从实际循环的角度评价发动机气缸工作容积利用率高低的一个参数,p_{mi} 越高,同样大小的气缸容积可以发出更大的指示功,气缸工作容积的利用程度越佳。平均指示压力是衡量发动机实际循环动力性能的一个很重要的指标。

4. 指示功率 P_i

液压自由活塞发动机单位时间内所做的指示功称为指示功率 P_i,即:

$$P_i = \frac{W_i}{T} = W_i \cdot f = 537 \times 30 = 16.1 \text{ (kW)} \tag{10.6}$$

5. 指示热效率 η_{it} 和指示燃油消耗率 b_i

指示热效率是发动机实际循环指示功与所消耗的燃料热量的比值,即:

$$\eta_{it} = \frac{W_i}{Q_i} = \frac{W_i}{g_f \cdot H_u} = \frac{537}{0.03 \times 41\,868} = 42.75\% \tag{10.7}$$

式中,Q_i 为得到指示功 W_i 所消耗的热量,J。

与传统发动机类似,如果测得液压自由活塞发动机的指示功率 P_i(kW) 和每小时燃油消耗量 B(kg/h) 时,根据 η_{it} 定义,可得:

$$\eta_{it} = \frac{3.6 \times 10^3 P_i}{B \cdot H_u} \tag{10.8}$$

式中,3.6×10^3 为 1 kW·h 的热当量,kJ/(kW·h);B 为每小时发动机的耗油量,kg/h;H_u 为柴油的低热值,kJ/kg。

指示燃油消耗率 b_i 是指单位指示功的耗油量,可用下式求得:

$$b_i = \frac{B}{P_i} \times 10^3 = \frac{g_f \times f \times 3\,600 \times 10^{-3}}{16.1} \times 10^3 = 201 \text{ [g/(kW·h)]} \tag{10.9}$$

因此,实际循环的经济性指标 η_{it} 和 b_i 之间存在如下关系:

$$\eta_{it} = \frac{3.6 \times 10^6}{b_i \cdot H_u} \tag{10.10}$$

10.7.2 有效性能指标

指示性能指标是评价液压自由活塞发动机工作循环好坏的指标,实际的液压自由活塞发动机发出的指示功率需要扣除运动件摩擦功率、附件消耗的功率，以及液压系统损失功率等之后才能变为有效的功率。

1. 循环有效功 W_e 和有效功率 P_e

对于液压自由活塞发动机来说，其输出的功和功率以液压能的形式存在，即输出一定流量的高压液压油，其循环有效功和有效功率的计算与传统发动机有所不同，液压自由活塞发动机每循环输出的液压功即为循环有效功。根据定义可得：

$$W_e = \Delta P \cdot Q = \Delta P \cdot S_2 \cdot X = 477 \, (\text{J}) \tag{10.11}$$

式中，ΔP 为液压自由活塞发动机输出的高压油与吸入的低压油的压力差；Q 为液压自由活塞发动机每循环输出的液压排量；S_2 为泵活塞面积；X 为活塞冲程长度。

液压自由活塞发动机的有效功率为实际输出的液压功率，即液压自由活塞发动机的指示功率 P_i 减去各个环节的损失功率 P_m 所得到的就是液压自由活塞发动机输出的净功率 P_e，故此，其输出功率计算可用液压能输出功率公式进行计算：

$$P_e = P_i - P_m = W_e \cdot f = \Delta P \cdot S_2 \cdot X \cdot f = 14.3 \, (\text{kW}) \tag{10.12}$$

平均有效压力 p_{me} 与指示性能指标中平均指示压力类似，平均有效压力指液压自由活塞发动机单位气缸工作容积所做的有效功。根据定义，得：

$$p_{me} = \frac{W_e}{V_h'} = \frac{P_e}{V_h' \cdot f} = 0.69 \, (\text{MPa}) \tag{10.13}$$

2. 升功率 P_L

升功率定义为在标定工况下，发动机每升气缸工作容积所发出的有效功率，即：

$$P_L = \frac{P_e}{V_h} = 19.8 \, (\text{kW/L}) \tag{10.14}$$

升功率是从液压自由活塞发动机有效功率的角度对气缸工作容积的利用率作总的评价，是评估液压自由活塞发动机整机动力性能和强化程度的重要指标之一。

3. 有效热效率 η_{et} 和有效燃油消耗率 b_e

总的衡量液压自由活塞发动机经济性能的重要指标是有效热效率 η_{et} 和有效燃油消耗率 b_e，有效热效率是实际循环的有效功与为得到此有效功所消耗的热量的比值，即：

$$\eta_{et} = \frac{W_e}{Q_i} = \frac{P_e}{g_f \cdot H_u \cdot f} = \frac{14.3}{0.03 \times 41\,868 \times 30} = 37.9\% \tag{10.15}$$

有效燃油消耗率 b_e 是指单位有效功的耗油量，通常用每有效 $kW \cdot h$ 所消耗的燃料质量来表示，即：

$$b_e = \frac{B}{P_e} \times 10^3 = \frac{g_f \times f \times 3\,600 \times 10^{-3}}{14.3} \times 10^3 = 227 \; [\text{g/(kW.h)}] \tag{10.16}$$

4. 机械效率 η_m

液压自由活塞发动机的机械效率 η_m 定义为有效功率 P_e 与指示功率 P_i 之比，即：

$$\eta_m = \frac{P_e}{P_i} = \frac{14.3}{16.1} = 88.8\% \tag{10.17}$$

5. 总效率 η

液压自由活塞发动机的机械效率 η 定义为有效功率 P_e 与燃料燃烧所释放的总功率之比，即：

$$\eta = \frac{P_e}{g_f \cdot H_u \cdot f} = \frac{14.3 \times 10^3}{0.03 \times 41\,868 \times 30} = 37.9\% \tag{10.18}$$

第 11 章

液压自由活塞发动机应用

将内燃机-液压泵组合作为动力源应用于液压混合动力车辆已成为人们探索节能技术的重要尝试。液压自由活塞发动机是将传统内燃机与液压泵结合起来的新型动力系统,在效率、结构紧凑性、功率密度等方面,特别在应用于恒压网络(Common Pressure Rail,CPR)系统时,较传统内燃机-液压泵组合相比具有明显优势。因此,利用液压自由活塞发动机向恒压网络系统提供能量是一种很具竞争力的液压混合动力技术方案。

本章根据所开发的液压自由活塞发动机原理样机参数,提出一种基于恒压网络的液压自由活塞发动机整体推进系统方案,对系统组成部件进行选择,初步提出液压混合动力系统控制策略,并根据搭建的整体推进系统模型进行仿真研究。

11.1 液压自由活塞发动机整体推进系统设计

液压自由活塞发动机整体推进系统是基于恒压网络系统进行设计的。恒压网络系统类似于电力传输网络系统,可以同时驱动多个负载工作,具有较高的效率和较强的适应性。对于恒压网络系统中的旋转负载的调节,通常是使用变量液压执行元件、液压伺服控制机构组成的二次调节元件来实现,对于非变量元件则难以应用。同时,对于恒压网络应用于车辆驱动系统的情况而言,若采用变量泵/马达作为车轮驱动装置,将造成在低负荷条件下变量泵/马达效率低下。此外,对于工程机械车辆中的直线载荷,必须采用节流阀来实现负载匹配,这种方式无法实现升压,而且会产生节流损失,并使系统温度升高,性能变差。

液压变压器技术在恒压网络系统中的应用可以有效解决上述问题,理论上它可以在输入压力不变的条件下,无节流损失地调整输出压力和流量,以适应执行元件及负载的需要,实现非变量元件在恒压网络中的应用;其变压过程是双向的,既可以向负载输出能量,也可以从负载向恒压网络回收能量。

基于以上考虑，本章设计的液压自由活塞发动机整体推进系统，采用恒压网络系统+液压变压器+定量泵/马达的方案，如图 11.1 所示。该推进系统为一种串联式液压混合动力系统，主要应用于小型乘用车城市行驶工况，即频繁起停、加速和减速的变化。

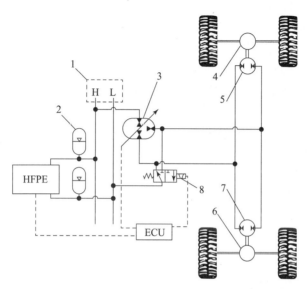

图 11.1　液压自由活塞发动机整体推进系统原理图
1—恒压网络管路；2—高压蓄能器；3—液压变压器；4—前轴减速器；
5—前轴驱动马达；6—后轴减速器；7—后轴驱动马达；8—换向控制阀

11.1.1　恒压网络系统

恒压网络系统由能量源、蓄能器和液压管路等组成。能量源为恒压网络系统提供基本恒定压力，系统中各液压元件相互独立地连接于系统的高低压管路上，使用相同的系统压力。本章采用液压自由活塞发动机作为恒压网络的能量源，所开发的液压自由活塞发动机原理属于单柱塞阀配流液压泵，采用传统液压泵研究方法，定义液压自由活塞发动机的排量为活塞往复循环一次所能排出的油液体积，显然，液压自由活塞发动机属于定量泵。所谓恒压网络并非指系统压力是恒定不变的，而是在一定范围内变化，是准恒压系统；蓄能器作为辅助油源提供车辆驱动功能，同时用于回收存储车辆制动或下坡的能量。与负载敏感系统相比，恒压网络系统具有如下特点：有效分离负载和动力源，可以实现多负载的不相关控制；节流损失小，系统效率高；吸收压力、流量脉动，还能从负载端回收能量；控制直接作用于负载端，能量源的动态性能不影响负载性能。

11.1.2 液压变压器介绍

液压自由活塞发动机整体推进系统车辆是通过车辆前后轴的定量液压马达驱动的,避免了使用变量马达在低负荷下的效率低下问题,而对定量马达负载变化的匹配是通过对液压变压器的调节实现的,液压变压器是本章所设计的液压混合动力系统的关键部件。

液压变压器可以把特定压力下的输入液压能转换为另一种压力下的输出液压能,相比于利用液压阀节流控制方式,液压变压器不但能实现降压,还能实现升压,同时工作过程中能量损失也较小,能量转换效率高。液压变压器的工作原理如图 11.2 所示。

在忽略液压变压器中机械摩擦和泄漏的功率损失时,可得其变化曲线如图 11.2 中曲线箭头所示,即液压变压器在变压过程中

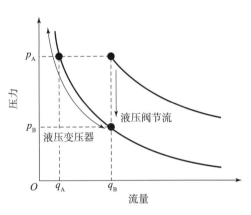

图 11.2 液压变压器工作原理

的变压特性理论上是恒功率特性,且满足关系:

$$p_A q_A = p_B q_B \tag{11.1}$$

式中,p_A 为液压变压器入口端压力;p_B 为液压变压器出口端压力;q_A 为液压变压器入口端流量;q_B 为液压变压器出口端流量。

由式(11.1)可知,通过改变液压变压器的 A、B 口的排量比就能够改变 A、B 口的压力比值。

液压变压器可以将恒压网络高压压力变换成负载端压力。当恒压网络高压压力高于负载端压力,则实现降压,此时恒压网络输入到液压变压器的流量小于液压变压器输出到负载的流量;反之,当需要升压时,恒压网络输入到液压变压器的流量大于液压变压器输出到负载的流量。根据液压变压器以上工作特征,流量的差值需要通过第 3 个油口的流量来平衡,即要有第 3 个油口连接到恒压网络低压压力端。液压变压器实际工作回路如图 11.3 所示,其中的 T 口充当了第 3 个油口的角色。

传统液压变压器由两个同轴变量泵/马达构成,油口各自独立且分别连接恒压网络高低压压力端和负载,图 11.4 为传统液压变压器的三种连接方式,试验研究表明传统液压变压器的效率可达 80%。

荷兰 Innas 和 Noax 公司提出了一种新型液压变压器,如图 11.5 所示。

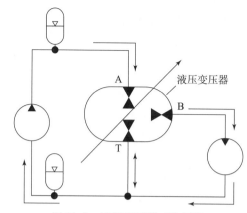

图 11.3　液压变压器工作回路

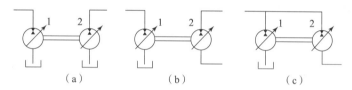

图 11.4　传统液压变压器的连接方式
1—泵/马达；2—变量泵/马达

与传统液压变压器相比，该液压变压器在变压过程中将液压马达的驱动功能与液压泵的输出油液功能集为一身，形成一个独立的液压元件。该类型液压变压器较传统型惯量更小，动态响应更快，通过改变配流盘的旋转角度，可以快速改变油源和负载间的流量比、压力比，这为液压变压器效率的提高提供了发展空间。图 11.6 是北京理工大学研制的液压变压器原理样机，其基于斜轴式马达改造而成。

图 11.5　新型液压变压器结构

图 11.6　斜轴式新型液压变压器样机

11.1.3 液压自由活塞发动机整体推进系统工作原理

液压自由活塞发动机整体推进系统特别适合于较低速、频繁起停车辆，如城市车辆、工程机械、越野车辆等。其工作原理是：液压自由活塞发动机为液压恒压网络提供高压油并保持网络压力在设定的范围内变动，控制器通过控制液压自由活塞发动机的活塞循环频率来实现对其输出流量的控制，进而控制输出功率，这样可以有效避免传统动力源的怠速能量损失；液压变压器可以在四象限内工作，控制器通过对液压变压器的控制来实现对车辆前后轴定量液压泵/马达输入压力的控制，进而调节马达的输出转矩，实现对车辆牵引状态的控制；当车辆制动或处于下坡行驶状态时，定量液压泵/马达工作在液压泵工况，此时液压泵在反拖扭矩下转动，通过对液压变压器进行调节，改变液压泵的负载压力，进而形成对车轮制动转矩的控制，同时将车辆的动能转换为液压能，以高压油液的形式存储在高压蓄能器中。当车辆再次起动或加速时，高压蓄能器中存储的能量得以释放，通过液压变压器输出到工作在马达工况的液压泵/马达，通过前后桥减速器驱动车辆，实现能量的回收和重新利用。

该系统的工作原理较传统液压混合动力系统具有如下优势：

（1）液压自由活塞发动机将内燃机技术与现代液压技术结合起来，实现不同形式能量的高效转化。可以充分利用液压自由活塞发动机压缩比连续可变的特性优化燃烧过程；可以瞬时、逐循环地改变输出功率；可以利用较少的能量快速起动，并且利用可变压缩比提高起动过程的效率并产生较少的冷起动排放，这便为串联式混合动力的发动机间歇起停工作策略带来了效率和排放方面的优势，可以消除对发动机怠速的需求。

（2）液压变压器是一种新型能量转换元件，可以无节流损失地按负载需求调节流量和压力。

（3）充分利用了液压自由活塞发动机和液压变压器效率高的优势，并用恒压网络系统取代负载敏感系统，同时利用液压传动所具备的柔性的特点，使整个驱动系统达到了效率和柔性高度的结合。

液压自由活塞发动机整体推进系统借助恒压网络和液压变压器技术，实现了发动机输出功率与车轮负载间的解耦，推进系统通过液压变压器的调节改变驱动泵/马达的输入压力和流量以适应负载需求，而液压自由活塞发动机只需根据恒压网络系统压力变化来改变活塞运动频率以调节向恒压网络系统输入的能量。本章结合车辆驱动系统具体参数，通过仿真模型研究利用液压变压器实现车辆牵引和制动的控制方法,并设计液压自由活塞发动机和恒压网络系统的能量管理策略,通过仿真计算分析能量管理策略对车辆节能性能的影响。

11.2 液压自由活塞发动机整体推进系统关键部件参数选型

根据所设计的液压自由活塞发动机整体推进系统的适用范围,本节以小型乘用车辆为应用对象,对系统关键部件进行选型计算,分析部件参数对车辆性能的影响,初步确定系统匹配方案。

所研究的车辆技术参数见表 11.1。

表 11.1 车辆技术参数

参数	数值
整车质量/kg	1 500
迎风面积/m²	2.3
车轮半径/m	0.32
风阻系数	0.3
最高车速/(km·h⁻¹)	120
最大爬坡度/(°)	16

11.2.1 液压自由活塞发动机功率选择

在车辆动力系统设计中,一般是以车辆的最高行驶速度作为发动机功率初步选择的依据,车辆的最高速度越高,相应的发动机最大功率也就越大,车辆具有较高的后备功率。这同样也适用于以液压自由活塞发动机为动力源的液压混合动力车辆。根据上述的车辆技术要求,发动机的最大功率可通过下式计算:

$$P_{\text{HFPEmax}} = \frac{1}{\eta}\left(\frac{Gfu_{\text{amax}}}{3\ 600} + \frac{C_D A u_{\text{amax}}^3}{76\ 140}\right) \quad (11.2)$$

式中,P_{HFPEmax} 为发动机最大功率,kW;η 为传动系效率;G 为整车重量,N;f 为滚动阻力系数;u_{amax} 为车辆最高速度,km/h;C_D 为空气阻力系数;A

为车辆迎风面积，m^2。

其中，传动系效率 η 取 0.65；滚动阻力系数 f 受车速影响较大，采用下式计算车辆滚动阻力系数：

$$f = 0.007\,6 + 0.000\,056 u_a \tag{11.3}$$

式中，u_a 为车辆行驶速度。

将车辆参数代入式（11.2），可得发动机的最大功率应不小于 35 kW。本节所开发的液压自由活塞发动机，在工作压力范围为 20～30 MPa 时，在 25 MPa 下单缸最大功率为 18.3 kW，因此需要使用双缸液压自由活塞发动机才可以满足车辆的功率需求。

11.2.2 驱动马达排量与传动比的选择

前后轴定量马达通过减速器将扭矩传递给车轮，而定量马达输出的转矩决定于液压马达两端的压差和马达的排量。液压马达两端的压差即液压变压器出口压力，该压力值受限于液压马达元件工作所允许的最高压力，国内液压马达的工作压力等级可以达到 40 MPa，所以应以此值作为液压马达输出最大扭矩时的压差，通过选择合适的马达排量与传动比满足车辆的最大扭矩需求。在此以车辆的最大爬坡工况初步确定液压马达的最大输出扭矩和传动比，车辆爬坡的扭矩需求为：

$$T_{\text{slope}} = \left(Gf\cos\alpha + G\sin\alpha + \frac{C_D A u_a^2}{21.15} \right) \cdot r \tag{11.4}$$

式中，T_{slope} 为车辆爬坡驱动扭矩，N·m；α 为车辆爬坡坡度，(°)；r 为车轮半径，m；u_a 为车速，km/h。

液压马达在 40 MPa 下的输出扭矩为：

$$T_M = \frac{V_M \cdot \Delta p \cdot \eta_{\text{mh}}}{2\pi} = \frac{20 V_M \eta_{\text{mh}}}{\pi} \tag{11.5}$$

式中，T_M 为液压马达输出扭矩，N·m；V_M 为液压马达排量，mL/r；Δp 为液压马达两端的压差，MPa；η_{mh} 为液压马达的机械效率。

在此，取车辆前后轴驱动液压马达排量、传动比均相等，则有

$$T \le 2 \cdot i \cdot T_M \tag{11.6}$$

式中，i 为前后轴传动比。

此外，在液压马达选取时，应考虑在最高车速下，马达的转速不超过其允许的最高工作转速，即：

$$\frac{u_{a\max} \cdot i}{0.377 \cdot r} \le n_{M\max} \tag{11.7}$$

式中，$n_{M\max}$ 为液压马达最高转速，r/min。

要求车辆能够以 10 km/h 的速度在 16°坡道上行驶，将车辆参数代入，根据式（11.4）~式（11.7），选择型号为 A2F32 的定量液压马达，排量为 32 mL/r，传动比为 3.6。

11.2.3 液压变压器的选择

由于不同形式的液压变压器其基本原理是相同的，考虑到模型的简化，本章进行仿真研究时，基于传统的马达-泵式液压变压器形式，即利用两台变量泵/马达同轴连接方式建立液压变压器仿真模型，为新型液压变压器的应用建立理论基础。变量泵/马达的选取原则是满足车辆驱动马达的功率需求，在负载功率最大时，在满足变压比和流量的需求的同时，泵/马达的转速不应超出其允许的最大转速。根据以上原则，选用两台型号为 A6V80 的变量泵/马达组成液压变压器。

11.2.4 液压蓄能器的选择

液压蓄能器作为能量储存装置，其工作压力范围即恒压网络系统的压力变化范围，而恒压网络系统的压力受限于液压自由活塞发动机的工作压力范围。因此，液压蓄能器的最高与最低工作压力分别为 20 MPa 和 30 MPa。恒压网络系统采用皮囊式蓄能器回收能量，在蓄能器的工作过程中，气体状态的变化符合理想气体状态方程：

$$p_{a0}V_{a0}^n = p_{a1}V_{a1}^n = p_{a2}V_{a2}^n = \text{constant} \tag{11.8}$$

式中，p_{a0} 为蓄能器充气压力，MPa；V_{a0} 为蓄能器容积，L；p_{a1} 为系统最高工作压力，MPa；p_{a2} 为系统最低工作压力，MPa；V_{a1}、V_{a2} 分别为最高、最低工作压力下蓄能器内气体体积，L；n 为多变指数，等温条件下 $n=1$，绝热条件下 $n=1.4$。

蓄能器的压力变化时，蓄能器释放或吸收的油液体积，即气体体积的变化量 ΔV_a 可按下式计算：

$$\Delta V_a = V_{a0} \cdot p_{a0}^{\frac{1}{n}} \left[\left(\frac{1}{p_{a2}}\right)^{\frac{1}{n}} - \left(\frac{1}{p_{a1}}\right)^{\frac{1}{n}} \right] \tag{11.9}$$

蓄能器吸收的能量 E_{rec} 为：

$$E_{rec} = -\int_{V_{a0}}^{\Delta V_a} p_a dV = -\frac{p_{a0}V_{a0}}{1-n}\left[\left(\frac{\Delta V_a}{V_{a0}}\right)^{1-n} - 1\right] = -\frac{p_{a0}V_{a0}}{1-n}\left[\left(\frac{p_{a0}}{p_a}\right)^{\frac{1-n}{n}} - 1\right]$$

$$\tag{11.10}$$

液压蓄能器充气压力一般用下式计算：

$$\frac{p_{a0}}{p_{a2}} = 0.8 \sim 0.9 \tag{11.11}$$

本节所设计的恒压网络系统最低压力为 20 MPa，此处取蓄能器充气压力为 18 MPa，多变指数 n 取中间值 1.2，计算蓄能器吸收能量在不同蓄能器容积下随系统压力的变化，计算结果如图 11.7 所示。从图中可以看出，在多变指数不变、系统工作压力相同的情况下，蓄能器吸收的能量随蓄能器容积的增大而增大，容积为 16 L、25 L 和 40 L 的蓄能器所能吸收的最大能量分别为 128 235 J、20 0367 J 和 320 588 J。

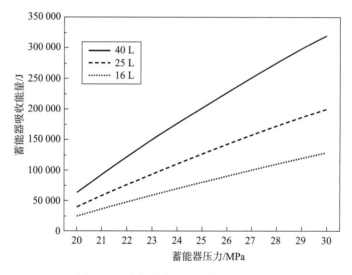

图 11.7　蓄能器容积对吸收能量的影响

蓄能器容积的选择应遵循能够吸收车辆在巡航速度下的动能的原则。图 11.8 为车辆在不同速度时的动能，车速为 60 km/h 时的动能为 208 333 J，容积为 16 L 和 25 L 的蓄能器所能吸收的能量分别为 61.6% 和 96.2%；当车速上升至 70 km/h 时，16 L 和 25 L 的蓄能器所能吸收的能量分别为 45.2% 和 70.7%，而容积为 40 L 的蓄能器则可以全部吸收车速在 74 km/h 以下的制动能量。可见，蓄能器容积越大，所能回收的制动能量越高，但是，随着蓄能器容积增大，其重量和占用的空间也随之增大，同时会减小车辆制动时恒压网络系统压力的增长速度，在车内布置困难。因此，综合考虑车型及使用要求，选择容积为 25 L 的蓄能器。

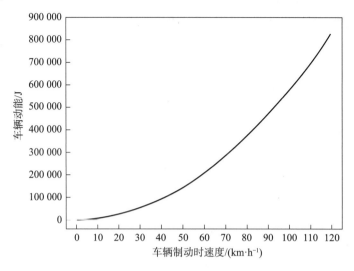

图 11.8 车辆在不同速度时的动能

11.3 整车模型

整车模型基于 AMESim 软件平台搭建。整车模型包括液压自由活塞发动机模型、恒压网络系统液压蓄能器模型、液压变压器模型、液压泵/马达模型、车辆行驶模型和控制模型。其中液压自由活塞发动机模型已在第 4 章通过 Matlab/Simulink 建立，在 AMESim 中建立液压驱动部分模型和部分控制模型。在进行整车计算时，利用 AMESim 提供的 Matlab/Simulink 接口，进行联合仿真。其中液压自由活塞发动机的 Matlab/Simulink 模型向 AMESim 中的恒压网络系统输出流量，而恒压网络系统压力则作为液压自由活塞发动机的工作压力。

11.3.1 液压变压器变量机构数学模型

本节按照传统液压变压器工作原理，如图 11.9 所示，即变量马达和变量泵串联的传统形式建立仿真模型。为准确模拟变量泵/马达的动态调节过程，建立其变量调节机构的数学模型。

变量泵/马达采用电液伺服阀和排量控制油缸作为变量机构对排量进行调节。电液伺服阀

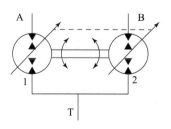

图 11.9 液压变压器结构
1—泵/马达；2—变量泵/马达

通过电流控制输出流量，进而控制排量控制油缸内活塞的运动，达到调节泵/马达排量的目的。

（1）电液伺服阀数学模型。

电液伺服阀的数学模型可表示为：

$$\frac{Q_s(s)}{I(s)} = \frac{K_s}{\dfrac{s^2}{\omega_s^2} + \dfrac{2\xi_s}{\omega_s}s + 1} \tag{11.12}$$

式中，Q_s 为伺服阀输出流量，m^3/s；I 为伺服阀控制电流，A；K_s 为伺服阀静态流量增益，$m^3/(s \cdot A)$；ω_s 为伺服阀固有频率，rad/s；ξ_s 为伺服阀阻尼系数。

考虑到电液伺服阀的固有频率较高，可将伺服阀近似处理为比例环节，其模型简化为

$$\frac{Q_s(s)}{I(s)} = K_s \tag{11.13}$$

（2）排量控制油缸的流量连续性方程：

$$q_c = A_c \frac{dx_c}{dt} + c_{tc} p_c + \frac{V_c}{\beta_e} \frac{dp_c}{dt} \tag{11.14}$$

式中，q_c 为控制油缸的输入流量，m^3/s；A_c 为控制油缸活塞有效作用面积，m^2；x_c 为控制油缸活塞位移，m；c_{tc} 为控制油缸总泄漏系数，$N \cdot m/s$；p_c 为控制油缸高压腔与低压腔的压差，Pa；V_c 为控制油缸高低压腔总容积，m^3；β_e 为液压油弹性模量，Pa。

（3）排量控制油缸的力平衡方程：

$$A_c p_c = m_c \frac{d^2 x_c}{dt^2} + B_c \frac{dx_c}{dt} + k_c x_c + F_{fc} \tag{11.15}$$

式中，m_c 为控制油缸活塞部分运动件总质量，kg；B_c 为控制油缸黏性阻尼系数，$N \cdot m^{-1} \cdot s$；k_c 为控制油缸中弹簧的刚度，N/m；F_{fc} 为控制油缸所受的外部阻力，N，相对于液压油压力和弹簧弹力可忽略不计。

对式（11.14）、式（11.15）进行拉氏变换可得：

$$Q_c = A_c s + \left(c_{tc} + \frac{V_c}{\beta_e} s \right) p_c \tag{11.16}$$

$$p_c = \frac{1}{A_c} (m_c s^2 + B_c s + k_c s) X_c \tag{11.17}$$

近似认为伺服阀输出流量与排量控制缸输入流量相等，得到控制油缸活塞位移对伺服阀输出流量的传递函数为：

$$\frac{X_c}{Q_s} = \cfrac{\cfrac{1}{A_c}}{\cfrac{V_c m_c}{\beta_e A_c^2}s^3 + \left(\cfrac{c_{tc}m_c}{A_c^2} + \cfrac{V_c B_c}{\beta_e A_c^2}\right)s^2 + \left(\cfrac{c_{tc}B_c}{A_c^2} + \cfrac{k_c V_c}{\beta_e A_c^2} + 1\right)s + \cfrac{k_c}{A_c^2}} \quad (11.18)$$

液压缸液压弹簧固有频率 ω 和阻尼比 ξ 可分别表示为：

$$\omega = \sqrt{\frac{\beta_e A_c^2}{m_c V_c}} \quad (11.19)$$

$$\xi = \frac{c_{tc}}{A_c}\sqrt{\frac{\beta_e m_c}{V_c}} \quad (11.20)$$

则式（11.18）可化简为：

$$\frac{X_c}{Q_s} = \cfrac{\cfrac{1}{A_c}}{s\left(\cfrac{s^2}{\omega^2} + \cfrac{\xi}{\omega^2}s + 1\right)} \quad (11.21)$$

由于 ω 较大，式（11.21）可进一步化简为：

$$\frac{X_c}{Q_s} = \frac{1}{A_c s} \quad (11.22)$$

（4）变量泵/马达排量：

$$V_1 = \frac{V_{1max}}{x_{cmax}}x_c \quad (11.23)$$

$$V_2 = \frac{V_{2max}}{x_{cmax}}x_c \quad (11.24)$$

式中，V_1、V_2 为泵/马达 1、2 的排量，m^3/rad；V_{1max}、V_{2max} 为泵/马达 1、2 的最大排量，m^3/rad；x_{cmax} 为控制油缸活塞的最大位移，m。

由此得到变量泵/马达排量的开环控制回路如图 11.10 所示。

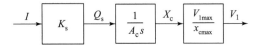

图 11.10 变量泵/马达排量的开环控制回路

在仿真模型中，通过控制油缸活塞位移反馈形成变量机构内部闭环控制系统。

11.3.2 整车联合仿真模型

图 11.11 为基于 Matlab/Simulink 与 AMESim 搭建的联合仿真模型。从图中可以看出，仿真模型中除了液压自由活塞发动机的 Matlab/Simulink 接口外，

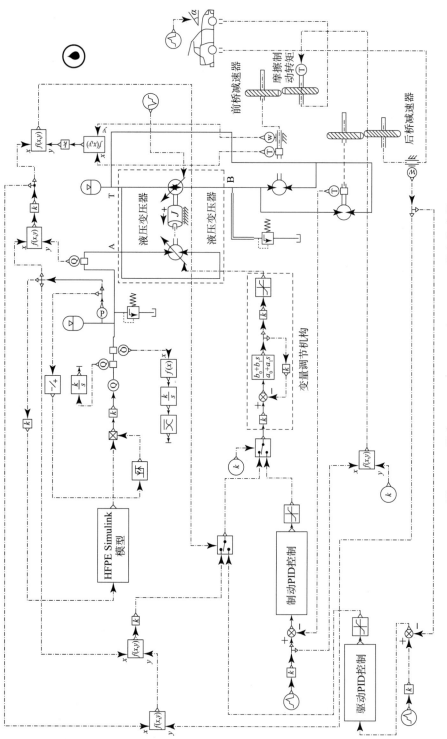

图11.11 整车Matlab/Simulink与AMESim联合仿真模型

还包括用于驱动和制动过程的两个 PID 控制器的 Matlab/Simulink 接口,具体将在整车控制策略小节中进行介绍。

11.4 整车控制策略

传统车辆由驱动和制动两套系统来实现车辆的行驶功能,通过对动力传动装置和摩擦制动器的控制使车辆加速或减速行驶。本节设计的液压自由活塞发动机整体式推进系统,对车辆行驶的控制则是通过对液压变压器的调节来实现的,将驱动和制动两种车辆行驶工况进行集成控制。控制系统根据驾驶员对车辆行驶状态的命令和推进系统的状态参数,利用合理有效的控制策略对液压变压器进行调节,实现驾驶员对车辆速度的要求。

11.4.1 液压变压器的控制方式

1. 车辆驱动状态的控制方式

在液压自由活塞发动机整体推进系统中,液压变压器与车辆前后轴定量马达组成静液传动系统,通过对液压变压器进行二次调节,使驱动马达获得与负载相适应的工作压力和流量,满足车辆行驶要求。

在车辆驱动过程中,控制器根据油门踏板位置计算期望车速,通过实际车速与期望车速的误差信号来控制液压变压器的动作。实际车速的变化将引起液压变压器变压比的调节,从而改变液压变压器的输出压力,使驱动马达的转矩发生变化,进而使车辆加速直至达到期望车速。

由于仿真模型中的液压变压器具有两个控制变量,即组成液压变压器泵/马达 1 和 2 的排量,为降低控制难度,将泵/马达 2 的排量固定,只对泵/马达 1 的排量进行调节。本节采用 PID 控制器对液压变压器进行控制以实现对车速的跟踪,在 PID 控制系统中,当系统开、停或大幅度变化设定值时,系统输出会出现较大偏差,经过积分项累加后,可能使控制量超出范围,因此需要在 PID 控制器中对动态工况增益进行修正。

(1) 比例增益 k_p 修正:为保证系统有较快的响应速度,当误差的绝对值 $|e_k|$ 超过一定值时,控制器将放大 k_p 值;同时为了减小系统的超调量,当 $|e_k|$ 回到一定范围时,则控制器视为被控对象进入了稳态工况,将 k_p 减回初始值,k_p 的修正函数如下:

$$k_p = \begin{cases} a_p, & |e_k| \leq A \\ a_p \times b_p, & |e_k| > A \end{cases} \tag{11.25}$$

式中,a_p 为稳态 k_p 值;b_p 为比例修正因子;A 为误差范围。

(2) 积分增益 k_i 修正：当误差绝对值 $|e_k|$ 较大时，应使积分增益尽可能小，以减小超调量；当误差绝对值 $|e_k|$ 较小时，应使积分增益增大，以消除系统的稳态误差。

$$k_i = \begin{cases} a_i, & |e_k| \leq B \\ a_i \times b_i, & |e_k| > B \end{cases} \tag{11.26}$$

式中，a_i 为稳态 k_p 值；b_p 为比例修正因子；B 为误差范围。

根据以上控制设计的 PID 控制器对液压自由活塞发动机整体推进系统车辆起动过程进行仿真。液压混合动力车辆一般使用液压蓄能器储存的能量实现起动，恒压网络系统压力在工作压力范围内大幅变化，因此分别设计不同的起动工作压力进行仿真实验。图11.12为油门踏板阶跃变化时的车辆起动情况，从图中可以看出，当起动时，蓄能器压力为30 MPa时，车速上升至期望车速的时间约为2.4 s，而当蓄能器压力为25 MPa时，车速上升时间约为2.9 s，但在20 MPa下车速超调量略小。图11.13为油门踏板斜坡变化时车速的响应情况，从图中可以看出，在不同的蓄能器压力下，实际车速都能够较好地跟踪期望车速的变化。

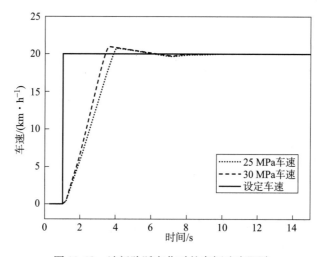

图11.12 油门阶跃变化时的车辆速度跟随

在对液压变压器进行调节时，应保证负载端功率不超过恒压网络系统所能提供的功率，否则将会造成恒压网络系统压力下降，甚至出现恒压网络系统压力无法保持的情况。负载端的功率可以通过定量马达的转矩和转速计算，而马达的转矩与其两端的压差成正比，前后轴减速器传动比为定值，车速与定量马达转速成正比，因此可以通过液压变压器的输出压力和车速计算出输出功率。恒压网络系统的输入功率为系统压力和输入流量的乘积。

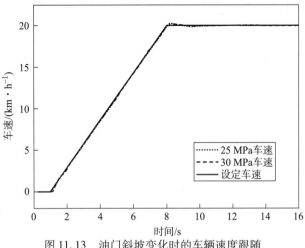

图 11.13　油门斜坡变化时的车辆速度跟随

图 11.14 说明了车辆驱动状态的液压变压器控制方式,在输出功率未达到当前系统输入功率之前,PID 控制器根据实际车速信号和期望车速信号之差控制液压变压器输出需求压力,车速随之提高,当车速与液压变压器输出压力乘积达到当前系统输入功率时,控制器根据等功率线减小液压变压器输出压力,直至达到期望车速后,PID 控制器调整液压变压器输出压力,使车辆等速行驶。图 11.14 中三条曲线分别为系统输入功率为最大功率、50% 最大功率和 25% 最大功率的等功率曲线,液压变压器的最大输出压力 p_{Bmax} 为 40 MPa,在此压力作用下,车辆能够以最大加速度行驶。根据选择的液压元件参数,最高车速限制在 120 km/h。

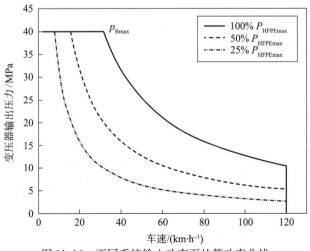

图 11.14　不同系统输入功率下的等功率曲线

图 11.15 为联合仿真模型中的车辆驱动控制模型，控制系统根据车辆负载功率与系统输入功率的比较结果决定 PID 控制和等功率控制的切换。

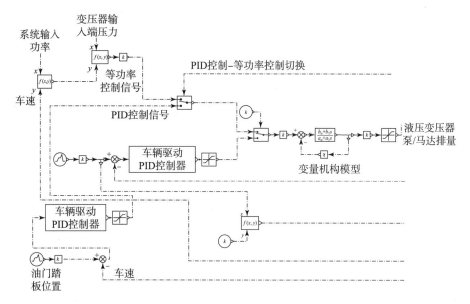

图 11.15　车辆驱动状态控制模型

根据以上控制策略，对车辆 0~120 km/h 加速行驶过程进行仿真研究。仿真过程中，油门踏板使用 0 到最大行程的阶跃信号，对应期望车速为最高车速 120 km/h，恒压网络系统压力保持在 30 MPa，以向静液传动系统提供最大功率。图 11.16 为车速和液压变压器输出压力的仿真结果，从图中可以看出，在最大输入功率下，车辆加速至最高速度的用时约 49 s，0~100 km/h 加速时间约 26.5 s，液压变压器维持最高输出压力时间约为 3 s，在此时间段内定量马达输出转矩最高，车辆加速度最大。在达到期望车速后，驱动马达不再需要加速功率，其输入压力降低以保持车辆匀速行驶。图 11.17 为车速 - 变压器输出压力曲线，从图中可以看出，在车速达到约 7 km/h 时，液压变压器输出压力上升至最高压力，这主要是由于液压变压器的排量控制油缸等效为积分环节，排量的变化存在滞后，在车速达到约 30 km/h 后，控制器按照等功率线调整液压变压器输出压力。

2. 车辆制动状态的控制方式

在车辆制动时，考虑到一般驾驶员的驾驶习惯，制动踏板行程被翻译为对制动转矩的需求。在液压自由活塞发动机整体式推进系统中，具有液压再生制动和摩擦制动两套制动系统，在高效回收车辆制动能量的同时确保车辆制动安全。根据车辆制动强度的不同，控制器对两种制动力进行分

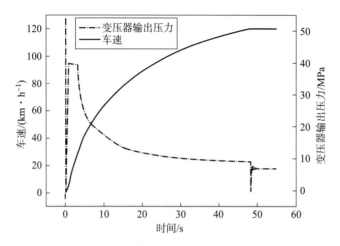

图 11.16　车辆加速过程与驱动压力

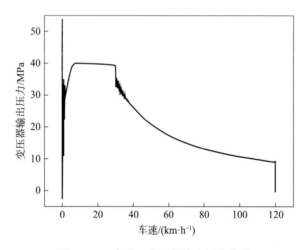

图 11.17　车速－变压器输出压力曲线

配，以满足驾驶员对车辆制动转矩的不同需求。

车辆进行液压再生制动时，前后轴的定量泵/马达工作在液压泵状态，制动转矩的大小与定量泵的负载压力（即液压变压器的输出端压力）呈线性关系。控制器根据制动强度来判断驾驶员的制动意图，计算制动转矩大小，调整液压变压器输出端达到相应的压力。根据本节设计的推进系统液压元件及整车参数，定量泵最大负载压力为 40 MPa，经过前后轴减速器，总的制动转矩最高可以达到 1 519 N·m，最大制动强度 z 可以达到 0.32。其中，制动强度 z 的定义为车辆加速度与重力加速度之比，即 $z = a/g$。

根据车辆制动时需求的制动强度，按以下方式对制动力进行分配：

（1）当制动强度 $z \leq 0.32$ 时，整车制动转矩完全由定量泵/马达提供，制动模式为液压再生制动，对于一般车辆行驶状态，液压再生制动可以提供绝大部分车辆制动情况时的需求扭矩，并尽可能多地回收制动能量。

（2）当制动强度 $0.32 < z < 0.7$ 时，整车制动转矩由定量泵/马达和摩擦制动器共同提供，其中主要的制动转矩由液压再生制动提供，液压制动转矩与需求制动转矩之差由摩擦制动补充。

（3）当制动强度 $z \geq 0.7$ 时，车辆为紧急制动状态，考虑到车辆的安全性，制动转矩完全由摩擦制动器提供，液压再生制动不参与制动过程。

图 11.18 为制动过程的液压变压器控制模型。将制动强度转换为目标制动转矩，与最大液压再生制动转矩对比，计算是否需要摩擦制动介入和摩擦制动转矩的大小。在液压再生制动能够满足制动强度的情况下，PID 控制器通过控制液压变压器排量调节液压再生制动转矩。

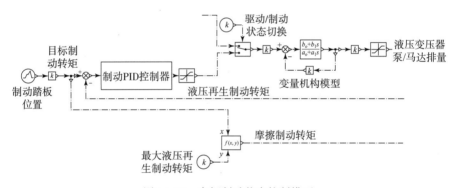

图 11.18　车辆制动状态控制模型

根据以上制定的车辆制动控制方式，针对不同的制动强度，进行仿真研究。图 11.19 为完全采用液压再生制动时（制动减速度小于 3.1 m/s²），制动系统工作情况的仿真结果。从图中可以看出，车辆在 50 km/h 的速度下进行制动，制动过程中控制器检测制动踏板信号的变化，且制动强度均在液压再生制动可以达到的范围内，摩擦制动器不参与工作，通过对液压变压器输出端压力进行调节，进而得到与制动踏板行程相对应的期望制动转矩。制动过程开始时液压蓄能器的压力为 21 MPa，制动过程结束时压力上升至 27.4 MPa，仍未达到蓄能器的最高工作压力 30 MPa。为分析制动能量回收效果，定义能量回收率 ε 为车辆动能变化与蓄能器吸收能量之比，可通过下式计算：

$$\varepsilon = \frac{\dfrac{p_1 V_1^n}{n-1}(V^{1-n} - V_1^{1-n})}{\dfrac{1}{2}m(v_2^2 - v_1^2)} \qquad (11.27)$$

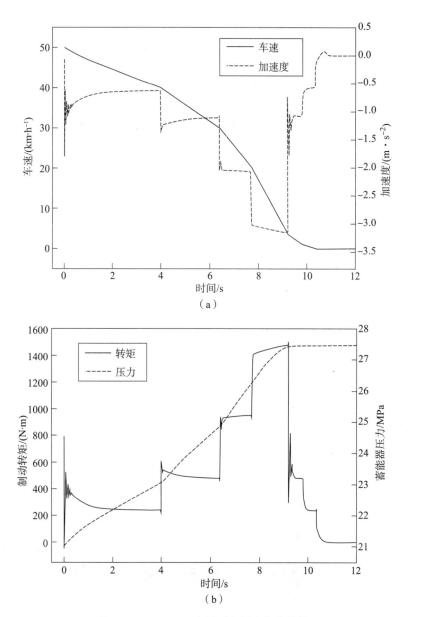

图 11.19 21 MPa 液压再生制动仿真结果
（a）车速和加速度；（b）制动转矩和蓄能器压力

计算可得上述制动过程能量回收率 ε 约为 61%，能量回收损失主要为液压变压器、驱动泵/马达和管路产生的损耗。

图 11.20 为蓄能器初始压力为 25 MPa 的制动过程，与蓄能器初始压力为 21 MPa 的制动过程相比，完全制动时间略有减少，在车辆制动至 26 km/h 时，蓄能器达到其最大工作压力，蓄能器无法吸收剩余的制动过程能量，该制动过程的能量回收率 ε 约为 45%。由此可见，制动过程开始时的液压蓄能

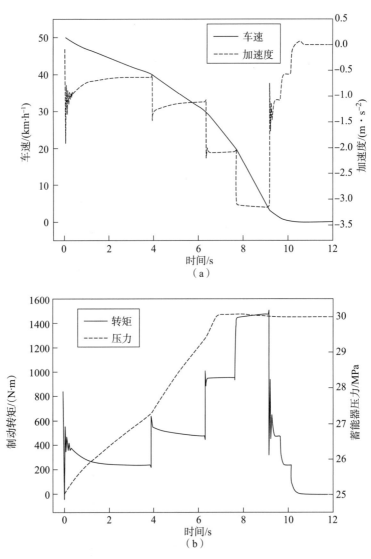

图 11.20　25 MPa 液压再生制动仿真结果
(a) 车速和加速度；(b) 制动转矩和蓄能器压力

器压力对能量回收效果有明显影响,压力越高,蓄能器可供吸收能量的体积越小,能量回收率越低。

图 11.21 为蓄能器初始压力为 21 MPa 时,采用液压再生制动和摩擦制动系统协同工作的仿真结果。从图中可以看出,制动过程进行至 6.3 s 时,制动转矩需求突增,所需的制动减速度增加至 3.5 m/s^2,超出了液压再生制动能达到的最大减速度,因此摩擦制动介入,提供制动转矩补充,而液压再生制动仍保持最大制动转矩。两种制动模式相互协调,保证制动安全,

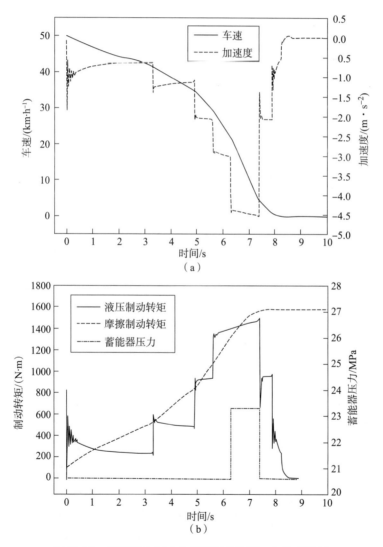

图 11.21 液压再生制动和摩擦制动协同工作仿真结果
(a) 车速和加速度;(b) 制动转矩和蓄能器压力

同时又能够高效地回收车辆制动能量，上述制动过程能量回收率与完全采用液压再生制动的情况基本一致。

11.4.2　整车能量管理策略

液压自由活塞发动机整体推进系统作为一种串联式液压混合动力系统，发动机和车轮实现解耦，发动机与车辆行驶工况没有直接联系，因此需要特定的能量管理策略实现车辆动力性要求，同时控制整车能量分配，提高整车效率，尽可能地降低燃油消耗。串联式混合动力系统可以从以下三个方面提高燃油经济型：回收制动能量；优化发动机工况点；利用储能装置驱动车辆，发动机间歇工作。

传统串联式混合动力技术控制策略的目标是使发动机工作在最佳效率区，而对于液压自由活塞发动机来说，其通过控制工作频率来调节输出流量，进而改变输出功率，工作过程中活塞各个循环运动基本一致，保证了液压自由活塞发动机缸内循环状况的单一性，使得液压自由活塞发动机能够保持在一个预先匹配好的良好工况下运行，而不会因液压自由活塞发动机工作频率的改变而恶化。但是，在实际工作过程中，工作频率的变化仍会对液压自由活塞发动机的效率产生影响，这主要体现在以下两个方面：

(1) 在液压自由活塞发动机以较低频率运行时，活塞在下止点停止时不可避免地存在泄漏，并且活塞停止时间越长泄漏量越大，因此工作频率较低将造成效率的下降。

(2) 在液压自由活塞发动机以较低频率运行时，辅助系统（水泵、燃油泵、扫气泵等）的能量消耗较高频运行时高。

因此，从效率的角度出发，液压自由活塞发动机应以较高的频率运行。

与油电混合动力技术相比，液压混合动力以液压蓄能器作为储能装置，其特点是功率密度大而能量密度较低，即蓄能器不能长时间提供辅助能量，因此液压混合动力系统的能量管理策略较油电混合动力系统有较大不同。本节采用"恒温器"的能量管理策略，当液压蓄能器的储能系统状态（State Of Charge，SOC）即蓄能器压力降至设定的最低阈值 SOC_{min} 时，液压自由活塞发动机起动并以预设的工作频率 f_{pre} 工作，一部分输出功率用于满足车辆驱动的功率要求，另一部分输出功率向液压蓄能器充压，当蓄能器压力升高至设定的最高阈值 SOC_{max} 时，液压自由活塞发动机关闭，由液压蓄能器驱动车辆。由于液压蓄能器能量密度较低，蓄能器瞬态压力快速变化，在车辆功率需求超出液压自由活塞发动机在预设工作频率下的输出功率时，蓄能器 SOC 将迅速降低，并且可能出现 SOC 小于 SOC_{min} 甚至下降为 0 的情况，此时控制系统应立即通过液压自由活塞发动机频率调节方法，利用液压自由活塞发动机可以瞬间改变工作频率的特性,提高液压自由活塞发动机输出功率,以满足车辆行驶功率需求,使蓄能器压力维持在最低工作压力以上。

图 11.22 为"恒温器"控制模型。蓄能器压力作为系统工作压力输入液压自由活塞发动机模型,液压自由活塞发动机模型输出流量至恒压网络系统,一部分流量为蓄能器充压,剩余流量流向液压变压器输入端。通过检测蓄能器压力值,控制器决定液压自由活塞发动机的起停状态,f_{pre}在液压自由活塞发动机模型中设置。

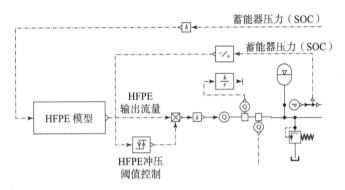

图 11.22 "恒温器"控制模型

根据以上能量管理策略,利用仿真模型对液压自由活塞发动机整体推进系统进行仿真研究。本节采用 NEDC(New European Driving Cycle)测试循环中的低速和高速工况组合作为仿真车辆的行驶工况。图 11.23 为仿真结果,图中分别显示了车速、液压蓄能器压力、液压自由活塞发动机工作频率、车辆负载功率和液压变压器输入端变量泵/马达的排量变化情况。在"恒温器"控制策略下,车辆起动时,液压自由活塞发动机关闭,完全由液压蓄能器提供驱动功率,车辆制动时,液压变压器调整工作状态,利用液压再生制动回收能量,液压蓄能器压力显著升高,存储的能量用于车辆下一次的起动或加速,测试循环中的所有制动过程均由液压再生制动独立完成,摩擦制动没有参与工作。液压蓄能器压力的高低阈值分别为 23 MPa 和 28 MPa,当车辆需求功率超过液压自由活塞发动机预设功率时,蓄能器压力下降,控制器立即提高液压自由活塞发动机工作频率,以增大输出功率。仿真中高速工况的最终加速阶段未能完全跟踪 NEDC 速度曲线,主要原因在于车辆负载功率需求已达到液压自由活塞发动机最大功率,液压变压器以恒功率方式调节输出压力,牺牲了部分加速性能以保证恒压网络系统的稳定。在车辆低速工况的 188 s 中,液压自由活塞发动机工作时间为 13 s，所占比例为 6.9%；在车辆高速工况中，液压自由活塞发动机开停频率较高，液压自由活塞发动机工作时间所占高速工况的比例为 39%。

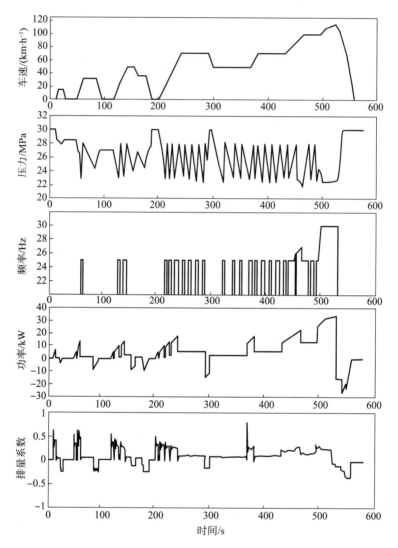

图 11.23　NEDC 行驶工况下推进系统工作状态

根据以上仿真结果可知，所制定的能量管理策略充分利用液压蓄能器回收的制动能量，控制发动机间歇运行，在保证恒压网络系统基本稳定的情况下满足车辆动力性要求，同时大幅降低燃油消耗。

液压自由活塞发动机预设工作频率 f_{pre}、液压蓄能器最低充压阈值

SOC_{min} 和最高充压阈值 SOC_{max} 是能量管理策略的关键参数。根据液压混合动力的工作原理及本节设计的整车使用工况,针对城市工况下能量管理策略控制参数对节能效果的影响进行仿真研究。仿真中采用的车辆行驶工况循环运行时间为 660 s,行驶距离为 4.16 km,平均车速为 22.7 km/h。

根据之前所述,液压自由活塞发动机的工作频率应选择在较高的范围。图 11.24~图 11.26 为液压自由活塞发动机预设工作频率 f_{pre} 分别为 20 Hz、25 Hz 和 30 Hz,SOC 范围为 23~28 MPa 时的推进系统工作状况。从图中可以看出,f_{pre} 提高将导致液压自由活塞发动机起停频率增大,f_{pre} 降低则使液压自由活塞发动机提供的充压功率减小,液压自由活塞发动机在 20 Hz 工作时,部分工况负载功率超出预设功率,需要随之提高液压自由活塞发动机工作频率,液压自由活塞发动机在 25 Hz 和 30 Hz 预设工作频率工作时,可以满足 11~15 所有循环的功率需求。将以上三种预设工作频率的循环耗油量折算成百公里油耗分别为 3.76 L、3.34 L 和 3.26 L,其中 f_{pre} 为 20 Hz 时油耗最高,25 Hz 和 30 Hz 的油耗基本一致,但 f_{pre} 为 30 Hz 时发动机起停相对更加频繁,造成液压自由活塞发动机和系统部件的寿命降低。

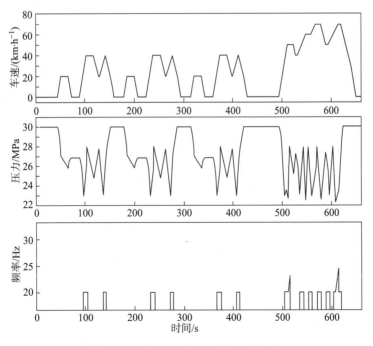

图 11.24 f_{pre} = 20 Hz 时系统工作状态

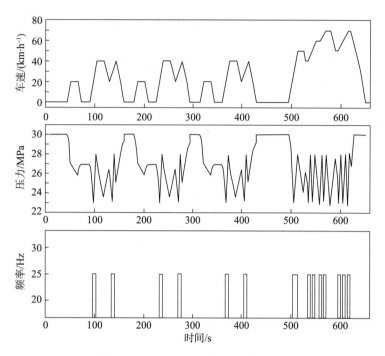

图 11.25 $f_{pre}=25$ Hz 时系统工作状态

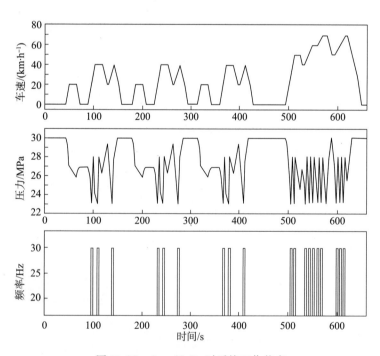

图 11.26 $f_{pre}=30$ Hz 时系统工作状态

图 11.27 为液压蓄能器采用不同的充压最低阈值 SOC_{min} 的压力变化。仿真中分别采用 22 MPa、23 MPa 和 24 MPa 作为 SOC_{min} 值,SOC 的控制范围为 5 MPa,f_{pre} 为 25 Hz。若 SOC_{min} 设置较低,可以在制动过程中更多地回收能量,但是为了应对车辆行驶负荷的瞬态变化,SOC_{min} 与液压蓄能器最低工作压力之间应有一段压力缓冲区,以使控制系统能够根据突增的负载调整液压自由活塞发动机工作频率,保证系统压力。若 SOC_{min} 设置过高,液压蓄能器较容易达到系统最高压力,致使可回收的液压再生制动能量减少。仿真结果表明,SOC_{min} 为 23 MPa 时车辆燃油消耗最少,SOC_{min} 为 22 MPa 和 24 MPa 时油耗基本一致。

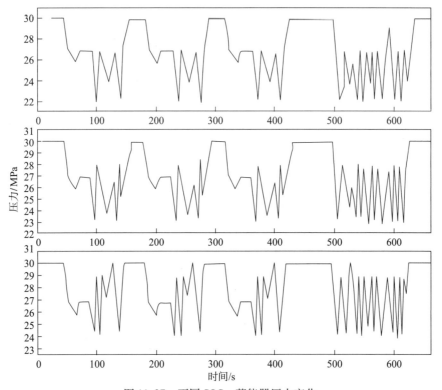

图 11.27 不同 SOC_{min} 蓄能器压力变化

最高充压阈值 SOC_{max} 提高会造成液压蓄能器充压时间延长,充压频率降低。在预设工作频率 f_{pre} 为 25 Hz,SOC_{min} 为 23 MPa 的条件下,将 SOC_{max} 分别设置为 27 MPa、28 MPa 和 29 MPa 进行仿真计算,仿真结果表明,当 SOC_{max} 为 27 MPa 时,车辆节油效果最好,百公里燃油消耗为 3.18 L。综合上述仿真结果,f_{pre} = 25 Hz,SOC_{min} = 23 MPa,SOC_{max} = 27 MPa 是最优的能量管理策略参数。

参 考 文 献

[1] Mikalsen R, Roskilly A P. A Review of Free-piston Engine History and Applications [J]. Applied Thermal Engineering, 2007, 27: 2339 – 2352.

[2] 中国科学技术协会. 工程热物理学科发展报告 [M]. 北京: 中国科学技术出版社, 2008.

[3] Noboru H. A View of the Future of Automotive Diesel Engines [J]. SAE Transactions, 1997, 106 (3): 2076 – 2081.

[4] 杨华勇, 夏必忠, 傅新. 液压自由活塞发动机的发展历程及研究现状 [J]. 机械工程学报, 2001, 2 (37): 1 – 7.

[5] 赵振峰, 赵长禄, 张付军. 一种新型混合动力系统: 液压自由活塞发动机整体推进系统 [J]. 兵工学报, 2009, 6 (30): 773 – 778.

[6] Xia B Z, Su G, Xie H B, et al. Analysis on Energy Flow of a Bipropellant Powered Hydraulic Free Piston Engine [J]. Applied Mechanics and Materials, 2012 (1498): 3102 – 3106.

[7] 杨华勇, 夏必忠, 傅新. 液压自由活塞发动机——未来的动力之星 [J]. 中国机械工程, 2001, 3 (3): 353 – 356.

[8] Seppo T, Mika L, Mika H, and Matti V. First Cycles of the Dual Hydraulic Free Piston Engine [C]. SAE, 2000 – 01 – 2546, 2000.

[9] Achten P, Oever J, Potma J, et al. Horsepower with Brains: The Design of the Chiron Free Piston Engine [J]. SAE Transactions, 2000 (109): 34 – 50.

[10] Ren H, Xie H, Yang H, et al. Asymmetric Vibration Characteristics of Two-cylinder Four-stroke Single-piston Hydraulic Free Piston Engine [J]. Journal of Central South University, 2014, 21: 3762 – 3768.

[11] Mikalsen R, and Roskilly A P. A Review of Free-piston Engine History and Applications [J]. Applied Thermal Engineering, 2007, 10 (27): 2339 – 2352.

[12] Mikalsen R, Roskilly A P. Coupled Dynamic-multidimensional Modeling of Free-piston Engine Combustion [J]. Applied Energy, 2008, 86 (2009): 89 – 95.

[13] 吕云嵩. 液压自由活塞发动机的惯性负载与热效率研究 [J]. 南京理工大学学报, 2007, 6 (31): 735-738.

[14] Justin W R, Kazerooni H. Analysis and Design of a Novel Hydraulic Power Source for Mobile Robots [C]. IEEE, 2005. 7: 226-232.

[15] Timothy G M, Justin W R, Kazerooni H. Monopropellant-driven Free Piston Hydraulic Pump for Mobile Robotic Systems [C]. ASME, 2004: 75-81.

[16] 周盛, 徐兵, 杨华勇, 等. 双活塞式液压自由活塞发动机运动特性 [J]. 机械工程学报, 2006, 42 (B05): 1-4.

[17] 朱仙鼎. 特种发动机原理与结构 [M]. 上海: 上海科学技术出版社, 1998.

[18] Aichlmayr H T. Design Considerations, Modeling, and Analysis of Micro-homogeneous Charge Compression Ignition Combustion Free-piston Engines [D]. University of Minnesota, 2002.

[19] [美] Taylor C F. 内燃机 (上册) [M]. 王景祜, 译. 北京: 人民交通出版社, 1982.

[20] Li K, Sadighi A, Sun Z. Motion Control of a Hydraulic Free-piston Engine [C]. 2012 American Control Conference (ACC). IEEE, 2012: 2878-2883.

[21] 中国科学院. 十年来的中国科学动力 (1949—1959) [M]. 北京: 科学出版社, 1965.

[22] 杜玖玉, 苑士华, 魏超, 等. 车辆液压混合动力传动技术发展及应用前景 [J]. 机床与液压, 2009 (2): 181-184.

[23] 张立军. 汽车混合动力技术发展现状及前景 [J]. 中国汽车制造, 2006 (7): 20-22.

[24] 张维刚, 朱小林, 等. 液压技术在混合动力汽车节能方面的应用 [J]. 机床与液压, 2006 (6): 144-146.

[25] 魏英俊, 柏军玲, 等. 液驱混合动力技术—车辆节能新技术 [J]. 拖拉机与农用运输车, 2007 (1): 13-14.

[26] Zhang C, Sun Z. Using Variable Piston Trajectory to Reduce Engine-out Emissions [J]. Applied Energy, 2016, 170: 403-414.

[27] Kepner R P. Hydraulic Power Assist-A Demonstration of Hydraulic Hybrid Vehicle Regenerative Braking in a Road Vehicle Application [C]. SAE, 2002-01-3128, 2002.

[28] Paul Matheson, Jacek Stecki. Development and Simulation of a Hydraulic-Hybrid Powertrain for Use in Commercial Heavy Vehicles [C]. SAE, 2003-

01-3370, 2003.

[29] Nakazawa N, Kono Y, Takao E, et al. Development of a Braking Energy Regeneration System for City Busses [C]. SAE, 872265, 1987.

[30] 龙贻欢,林镜双. 新型液驱混合动力系统的研究 [J]. 液压与气动, 2008, 9: 40-43.

[31] 赵振峰, 张付军, 赵长禄, 等. 基于 Matlab/Simulink 的液压自由活塞柴油机动态特性研究 [J]. 车辆与动力技术, 2008 (2): 9-13.

[32] 赵振峰, 张付军, 赵长禄. 设计参数对液压自由活塞柴油机性能的影响分析 [J]. 车用发动机, 2009 (03): 53-56.

[33] 赵振峰, 张付军, 郭锋. 液压自由活塞柴油机缸内燃烧过程研究 [J]. 工程热物理学报, 2015 (2): 445-450.

[34] Zhao Z, Zhang F, Huang Y, et al. An Experimental Study of the Hydraulic Free Piston Engine [J]. Applied Energy, 2012, 99: 226-233.

[35] Zhao Z, Wu D, Zhang Z, et al. Experimental Investigation of the Cycle-to-Cycle Variations in Combustion Process of a Hydraulic Free-piston Engine [J]. Energy, 2014, 78: 257-265.

[36] Zhang S, Zhao Z, Zhao C, et al. Cold Starting Characteristics Analysis of Hydraulic Free Piston Engine [J]. Energy, 2017, 119 (15): 879-886.

[37] Joop H. E. Somhorst and Peter A. J. Achten. The Combustion Process in a DI Diesel Hydraulic Free Piston Engine [J]. SAE Transactions, 1996 (105): 66-73.

[38] Li L J, and Norman H B. Design Feasibility of a Free Piston Internal Combustion Engine/Hydraulic Pump [C]. SAE, 880657, 1988.

[39] 赵振峰, 张付军, 黄英, 等. 一种新型车用动力——液压自由活塞发动机 [C]. 中国汽车工程学会年会, 2009.

[40] Zhao Z, Huang Y, Zhang F, et al. Experimental Study on Hydraulic Free Piston Diesel Engine [J]. SAE Technical Papers, 2010-01-2149

[41] 赵振峰;张付军;李国岫, 等. 液压自由活塞发动机动力学参数研究 [J]. 车用发动机, 2011: (5): 33-37.

[42] 赵振峰, 张付军, 郭锋. 液压自由活塞柴油机控制参数影响特性试验 [J]. 内燃机学报, 2014 (1): 84-90.

[43] 赵振峰, 张付军, 郭锋. 液压自由活塞柴油机缸内燃烧过程研究 [J]. 工程热物理学报, 2015 (2): 445-450.

[44] Zhang S, Zhao C, Zhao Z. Stability Analysis of Hydraulic Free Piston

Engine [J]. Applied Energy, 2015: 805-813.

[45] Zhao Z, Wang S, Zhang S, et al. Thermodynamic and Energy Saving Benefits of Hydraulic Free-piston Engines [J]. Energy, 2016, 102 (1): 650-659.

[46] Zhang S, Zhao Z, Zhao C, et al. Experimental Study of Hydraulic Electronic Unit Injector in a Hydraulic Free Piston Engine [J]. Applied Energy, 2016, 179 (oct.1): 888-898.

[47] 张栓录, 赵长禄, 赵振峰, 等. 液压自由活塞柴油机喷油特性研究 [J]. 内燃机工程, 2017 (4): 1-6.

[48] Wang L, Zhao Z, Zhang S, et al. Predictions of the Heat Release Rate Model of Hydraulic-free Piston Engines [J]. Applied Thermal Engineering, 2018, 144: 522-531.

[49] Martti L, Sten I, Seppo T, et al. Performance Simulation of a Compression Ignition Free Piston Engine [C]. SAE, 2001-01-0280, 2001.

[50] Sten. Simulation of a Two-Stroke Compression Ignition Hydraulic Free Piston Engine [C]. GT-Suite Users Conference October 30, 2000.

[51] Ossi K. Comparison Between Single-Step and Two-Step Chemistry in a Compression Ignition Free Piston Engine [C]. SAE, 2000-01-2937, 2000.

[52] 夏必忠, 王劲松, 傅新, 等. 双活塞液压自由活塞发动机原理样机的研制及其压缩比 [J]. 机械工程学报, 2006, 3 (3): 117-123.

[53] 夏必忠, 张辉, 段广洪, 等. 液压自由活塞发动机动态特性的仿真研究 [J]. 机械科学与技术, 2005, 11 (24): 1331-1333, 1386.

[54] 张压强, 夏必忠, 等. 液压自由活塞发动机点火系统的研制 [J]. 小型内燃机与摩托车, 2003, 1 (32): 13-15.

[55] 夏必忠, 傅新, 杨华勇. 液压自由活塞发动机的能量平衡分析 [J]. 内燃机工程, 2002, 3 (23): 76-80.

[56] 赵阳, 徐兵, 杨华勇, 等. 液压自由活塞发动机起动过程的实验研究 [J]. 浙江大学学报, 2006, 3 (40): 424-428.

[57] 夏必忠, 徐兵, 傅新, 等. 液压自由活塞发动机起动过程的能量分析 [J]. 农业机械学报, 2003 (04): 13, 38.

[58] 周盛, 徐兵, 杨华勇, 等. 双活塞式液压自由活塞发动机仿真研究 [J]. 机械工程学报, 2005, 4 (41): 96.

[59] 周盛, 徐兵, 杨华勇, 等. 双活塞式液压自由活塞发动机活塞组件振动特性 [J]. 煤炭学报, 2005 (06): 792-795.

[60] Hibi A, Ito T. Fundamental Test Results of a Hydraulic Free Piston Internal

Combustion Engine [J]. Proceedings of the Institution of Mechanical Engineers, Part D: Journal of Automobile Engineering, 2004, 218 (10): 1149-1157.

[61] Hibi A, Hu Y. Aprime Mover Consists of a Free Piston Internal Combustion Hydraulic Power Generator and a Hydraulic Motor [C]. SAE, 930313, 1993.

[62] Zhang C, Li K, Sun Z. Modeling of Piston Trajectory-based HCCI Combustion Enabled by a Free Piston Engine [J]. Applied Energy, 2015, 139: 313-326.

[63] Li K, Sadighi A, Sun Z. Active Motion Control of a Hydraulic Free Piston Engine [J]. IEEE/ASME Transactions on Mechatronics, 2014, 19 (4): 1148-1159.

[64] Li K, Zhang C, Sun Z. Transient Control of a Hydraulic Free Piston Engine [C]. ASME 2013 Dynamic Systems and Control Conference. American Society of Mechanical Engineers, 2013: V001T12A006-V001T12A006.

[65] Li K, Sun Z. Stability Analysis of a Hydraulic Free Piston Engine with HCCI Combustion [C]. ASME 2011 Dynamic Systems and Control Conference and Bath/ASME Symposium on Fluid Power and Motion Control. American Society of Mechanical Engineers, 2011: 655-662.

[66] Sadighi A, Li K, Sun Z. A Comparative Study of Permanent Magnet Linear Alternator and Hydraulic Free-piston Engines [C]. ASME 2011 Dynamic Systems and Control Conference and Bath/ASME Symposium on Fluid Power and Motion Control. American Society of Mechanical Engineers, 2011: 137-144.

[67] Zhang C, Li K, Sun Z. A Control-oriented Model for Piston Trajectory-Based HCCI Combustion [C]. 2015 American Control Conference (ACC). IEEE, 2015: 4747-4752.

[68] Zaseck K, Kolmanovsky I, Brusstar M. Extremum Seeking Algorithm to Optimize Fuel Injection in a Hydraulic Linear Engine [J]. IFAC Proceedings Volumes, 2013, 46 (21): 477-482.

[69] Zaseck K, Brusstar M, Kolmanovsky I. Constraint Enforcement of Piston Motion in a Free-Piston Engine [C]. 2014 American Control Conference. IEEE, 2014: 1487-1492.

[70] Zaseck K, Kolmanovsky I, Brusstar M. Adaptive Control Approach for Cylinder Balancing in a Hydraulic Linear Engine [C]. 2013 American Con-

trol Conference. IEEE, 2013: 2171-2176.

[71] Willhite J A, Yong C, Barth E J. The High Inertance Free Piston Engine Compressor-Part I: Dynamic Modeling [J]. Journal of Dynamic Systems, Measurement, and Control, 2013, 135 (4): 041003.

[72] Yong C, Barth E J. The High Inertance Free Piston Engine Compressor-Part II: Design and Experimental Evaluation [J]. Journal of Dynamic Systems, Measurement, and Control, 2013, 135: 041002-1.

[73] Willhite J A. Dynamic Model-Based Design, Validation, and Characterization of a Compact, High-Inertance Free Liquid Piston Engine Compressor [D]. Vanderbilt University, 2010.

[74] Riofrío J A. Design, Modeling and Experimental Characterization of a Free Liquid-Piston Engine Compressor with Separated Combustion Chamber [D]. Vanderbilt University, 2008.

[75] Riofrio J A, Barth E J. Design and Analysis of a Resonating Free Liquid-Piston Engine Compressor [C]. ASME 2007 International Mechanical Engineering Congress and Exposition. American Society of Mechanical Engineers, 2007: 239-246.

[76] Kleemann A P, Dabadiet J C, and Henriot S. Computational Design Studies for a High-Efficiency and Low-Emissions Free Piston Engine Prototype [C]. SAE, 2004-01-2928, 2004.

[77] Goldsborough S S, and Blarigan P V. Optimizing the Scavenging System for a Two-Stroke Cycle, Free Piston Engine for High Efficiency and Low Emissions: A Computational Approach [C]. SAE, 2003-01-0001, 2003.

[78] Jakob F, Miriam B, Valeri I. Modeling the Effect of Injection Schedule Change on Free Piston Engine Operation [C]. SAE, 2006-01-0449, 2006.

[79] Douglas C, and Edward W. The Free Piston Power Pack: Sustainable Power for Hybrid Electric Vehicles [C]. SAE, 2003-01-3277, 2003.

彩　　插

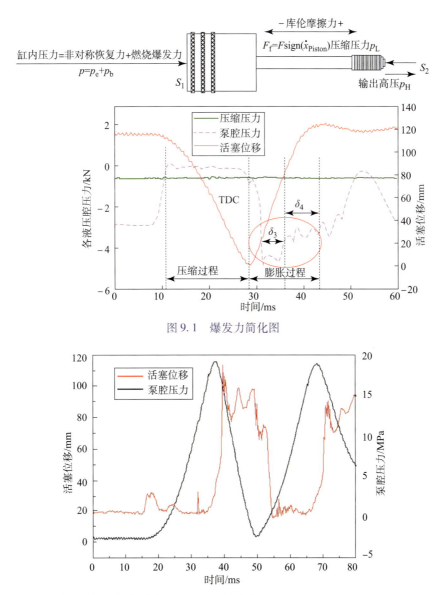

图 9.1　爆发力简化图

图 10.11　液压自由活塞发动机泵腔压力与活塞位移的对应关系

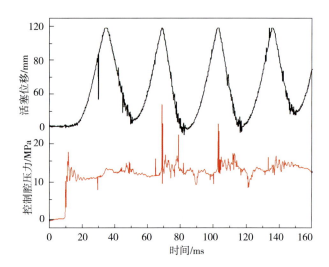

图 10.12　液压自由活塞发动机控制腔压力与活塞位移的对应关系

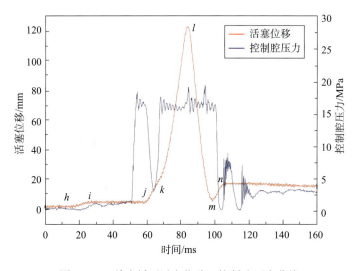

图 10.14　单次循环活塞位移、控制腔压力曲线

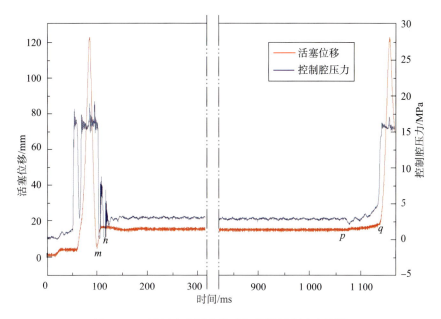

图 10.18 液压自由活塞发动机最低频率试验结果

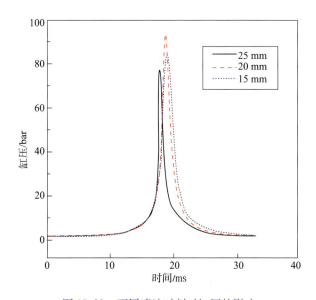

图 10.20 不同喷油时刻对缸压的影响

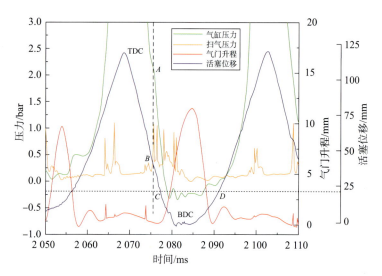

图 10.21 实测缸压、气门升程、扫气压力与活塞位移的关系曲线

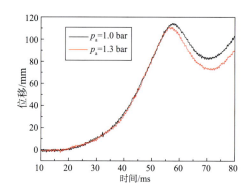

图 10.22 不同进气压力时对应的活塞位移曲线

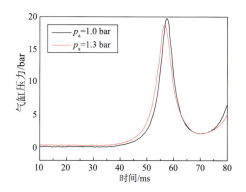

图 10.23 不同进气压力时对应的缸内压力曲线

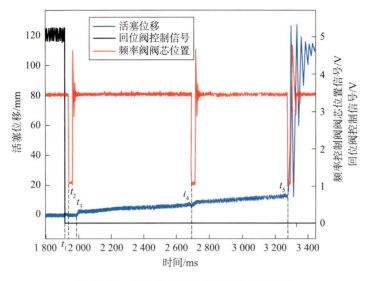

图 10.26 固定频率控制阀脉宽的起动过程

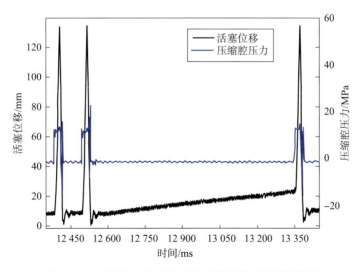

图 10.44 液压自由活塞发动机最低可控频率测试结果

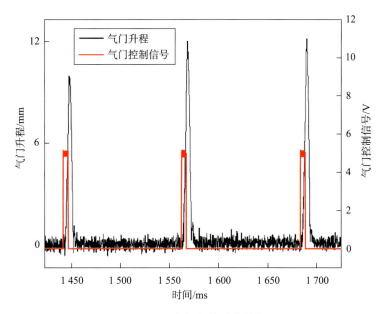

图 10.46 气门初始动作特性